"十三五"国家重点出版物出版规划项目
高分辨率对地观测前沿技术丛书
主编 王礼恒

高分辨率对地观测系统
管理与控制技术

巫震宇 陈金勇 祁羽 等编著

国防工业出版社

·北京·

内 容 简 介

随着我国在轨高分辨率对地观测卫星的数量大幅增长与性能的不断提升，卫星的控制方法日益复杂，用户的观测需求也日益多样化和精细化，对地观测卫星任务管理和控制技术便成为卫星能力发挥的关键所在。本书首先介绍卫星对地观测任务管理与控制的原理和技术体系，然后介绍一种对地观测任务管理与控制系统的典型设计，再分别介绍需求筹划、任务规划、载荷控制、状态监控和动态管理控制 5 项关键技术，最后对未来技术进行展望。

本书作为卫星对地观测任务管理与控制一线工作的经验总结与相关工程、研究的成果总结，可作为卫星任务管控从业人员、工程技术人员及科技工作者研究学习的参考用书。

图书在版编目(CIP)数据

高分辨率对地观测系统管理与控制技术 / 巫震宇等编著． -- 北京：国防工业出版社，2021.7
（高分辨率对地观测前沿技术丛书）
ISBN 978-7-118-12375-3

Ⅰ．①高… Ⅱ．①巫… Ⅲ．①高分辨率-测地卫星-系统管理-研究 ②高分辨率-测地卫星-控制系统-研究 Ⅳ．①V474.2

中国版本图书馆 CIP 数据核字(2021)第 149419 号

※

国防工业出版社出版发行
（北京市海淀区紫竹院南路 23 号　邮政编码 100048）
北京龙世杰印刷有限公司印刷
新华书店经售

*

开本 710×1000　1/16　印张 22¾　字数 346 千字
2021 年 7 月第 1 版第 1 次印刷　印数 1—2000 册　定价 128.00 元

（本书如有印装错误，我社负责调换）

国防书店：(010)88540777　　书店传真：(010)88540776
发行业务：(010)88540717　　发行传真：(010)88540762

丛书学术委员会

主　　任　王礼恒

副 主 任　李德仁　艾长春　吴炜琦　樊士伟

执行主任　彭守诚　顾逸东　吴一戎　江碧涛　胡　莘

委　　员　(按姓氏拼音排序)

　　　　　　白鹤峰　曹喜滨　陈小前　崔卫平　丁赤飚　段宝岩
　　　　　　樊邦奎　房建成　付　琨　龚惠兴　龚健雅　姜景山
　　　　　　姜卫星　李春升　陆伟宁　罗　俊　宁　辉　宋君强
　　　　　　孙　聪　唐长红　王家骐　王家耀　王任享　王晓军
　　　　　　文江平　吴曼青　相里斌　徐福祥　尤　政　于登云
　　　　　　岳　涛　曾　澜　张　军　赵　斐　周　彬　周志鑫

丛书编审委员会

主　　编　王礼恒

副 主 编　冉承其　吴一戎　顾逸东　龚健雅　艾长春
　　　　　彭守诚　江碧涛　胡　莘

委　　员　(按姓氏拼音排序)
　　　　　白鹤峰　曹喜滨　邓　泳　丁赤飚　丁亚林　樊邦奎
　　　　　樊士伟　方　勇　房建成　付　琨　苟玉君　韩　喻
　　　　　贺仁杰　胡学成　贾　鹏　江碧涛　姜鲁华　李春升
　　　　　李道京　李劲东　李　林　林幼权　刘　高　刘　华
　　　　　龙　腾　鲁加国　陆伟宁　邵晓巍　宋笔锋　王光远
　　　　　王慧林　王跃明　文江平　巫震宇　许西安　颜　军
　　　　　杨洪涛　杨宇明　原民辉　曾　澜　张庆君　张　伟
　　　　　张寅生　赵　斐　赵海涛　赵　键　郑　浩

秘　　书　潘　洁　张　萌　王京涛　田秀岩

序 言

高分辨率对地观测系统工程是《国家中长期科学和技术发展规划纲要（2006—2020年）》部署的16个重大专项之一，它具有创新引领并形成工程能力的特征，2010年5月开始实施。高分辨率对地观测系统工程实施十年来，成绩斐然，我国已形成全天时、全天候、全球覆盖的对地观测能力，对于引领空间信息与应用技术发展，提升自主创新能力，强化行业应用效能，服务国民经济建设和社会发展，保障国家安全具有重要战略意义。

在高分辨率对地观测系统工程全面建成之际，高分辨率对地观测工程管理办公室、中国科学院高分重大专项管理办公室和国防工业出版社联合组织了《高分辨率对地观测前沿技术》丛书的编著出版工作。丛书见证了我国高分辨率对地观测系统建设发展的光辉历程，极大丰富并促进了我国该领域知识的积累与传承，必将有力推动高分辨率对地观测技术的创新发展。

丛书具有3个特点。一是系统性。丛书整体架构分为系统平台、数据获取、信息处理、运行管控及专项技术5大部分，各分册既体现整体性又各有侧重，有助于从各专业方向上准确理解高分辨率对地观测领域相关的理论方法和工程技术，同时又相互衔接，形成完整体系，有助于提高读者对高分辨率对地观测系统的认识，拓展读者的学术视野。二是创新性。丛书涉及国内外高分辨率对地观测领域基础研究、关键技术攻关和工程研制的全新成果及宝贵经验，吸纳了近年来该领域数百项国内外专利、上千篇学术论文成果，对后续理论研究、科研攻关和技术创新具有指导意义。三是实践性。丛书是在已有专项建设实践成果基础上的创新总结，分册作者均有主持或参与高分专项及其他相关国家重大科技项目的经历，科研功底深厚，实践经验丰富。

丛书5大部分具体内容如下：**系统平台部分**主要介绍了快响卫星、分布式卫星编队与组网、敏捷卫星、高轨微波成像系统、平流层飞艇等新型对地观测平台和系统的工作原理与设计方法，同时从系统总体角度阐述和归纳了我国卫星遥感的现状及其在 6 大典型领域的应用模式和方法。**数据获取部分**主要介绍了新型的星载/机载合成孔径雷达、面阵/线阵测绘相机、低照度可见光相机、成像光谱仪、合成孔径激光成像雷达等载荷的技术体系及发展方向。**信息处理部分**主要介绍了光学、微波等多源遥感数据处理、信息提取等方面的新技术以及地理空间大数据处理、分析与应用的体系架构和应用案例。**运行管控部分**主要介绍了系统需求统筹分析、星地任务协同、接收测控等运控技术及卫星智能化任务规划，并对异构多星多任务综合规划等前沿技术进行了深入探讨和展望。**专项技术部分**主要介绍了平流层飞艇所涉及的能源、囊体结构及材料、推进系统以及位置姿态测量系统等技术，高分辨率光学遥感卫星微振动抑制技术、高分辨率 SAR 有源阵列天线等技术。

丛书的出版作为建党 100 周年的一项献礼工程，凝聚了每一位科研和管理工作者的辛勤付出和劳动，见证了十年来专项建设的每一次进展、技术上的每一次突破、应用上的每一次创新。丛书涉及 30 余个单位，100 多位参编人员，自始至终得到了军委机关、国家部委的关怀和支持。在这里，谨向所有关心和支持丛书出版的领导、专家、作者及相关单位表示衷心的感谢！

高分十年，逐梦十载，在全球变化监测、自然资源调查、生态环境保护、智慧城市建设、灾害应急响应、国防安全建设等方面硕果累累。我相信，随着高分辨率对地观测技术的不断进步，以及与其他学科的交叉融合发展，必将涌现出更广阔的应用前景。高分辨率对地观测系统工程将极大地改变人们的生活，为我们创造更加美好的未来！

王礼恒

2021 年 3 月

前 言

尽管高分辨率对地观测卫星的数量不断增加,性能也在不断提升,但是相对于用户对高分辨率对地观测需求的爆炸性增长,其资源和能力仍然有限,同时,卫星及配套系统的建设和运行成本也仍然高居不下。这就需要卫星管理、工程建设、科学研究的相关人员紧密配合,不断地优化卫星的使用效能,对对地观测卫星所执行任务进行科学合理的调度和规划,确保卫星能在其生命周期内为国民经济、社会生活及国家安全发挥出最大的应用效益。

对高分辨率卫星对地观测任务的管理与控制,既需要考虑用户的需求、观测目标的特点、卫星平台与载荷的特点、测控数传资源的特点等因素,也需要考虑观测需求突发、观测环境条件变化以及卫星和测控数传资源状态的不断变化等因素,整体上呈现较为典型的大规模组合优化问题特点。

目前,国内外对卫星任务规划等技术的研究成果较多,但是对于卫星任务管理与控制全流程实践过程中涉及的关键技术尚缺乏体系化的梳理与研究。特别是随着高分辨率对地观测系统的快速发展,对于适应高分辨率对地观测卫星特点的任务管理与控制相关技术的总结梳理,需求更加迫切。

本书作者均长期工作在对地观测卫星任务管理与控制的系统研发、工程建设、管理使用的一线,具有丰富经验,本书即是对作者长期积累的技术和经验的一次系统性总结、梳理与提炼。

本书在国内首次全面系统梳理高分辨率对地观测卫星管理控制领域相关技术,系统归纳了高分辨率对地观测系统管理与控制的技术全貌和实现途径,构建了高分辨率对地观测系统管理与控制的核心技术体系;剖析了技术体系中需求筹划、卫星任务规划、卫星载荷控制等关键技术的内涵、机理和方法;提出了卫星任务动态管理控制的技术模型等。

本书分为8章。第1章为概述,执笔人为巫震宇、祁羽、杨斌、陈勇、许宇栋等;第2章介绍典型的高分对地观测任务管理与控制系统,执笔人为陈金勇、巫震宇、张琦等；第 3 章介绍需求筹划技术，执笔人为祁羽、韩续、汤航、王俊、张丽霞、申照建、崔莉、侯可佳等；第 4 章介绍卫星任务规划技术，执笔人为何川东、冯阳、侯可佳、闫迪等；第 5 章介绍卫星载荷控制技术，执笔人为林伟、祁羽、张蔚、王国军、吴健鑫、魏巍、赵乾、梁伟等；第 6 章介绍卫星状态监控技术，执笔人为彭会湘、郝建波、车阳阳、祁羽、闫迪、马航等；第 7 章介绍动态管理控制技术，执笔人为张琦、陈金勇等；第 8 章是未来展望，执笔人为巫震宇、彭会湘、周光辉、祁羽、胡丹、许宇栋、赵锋锐、王琦等。此外，王鹏、林元、朱永智、赵冠先等对本书的成稿做出了重要贡献，提供了大量宝贵的建议和参考资料。

特别感谢周志鑫院士对本书的大力支持。

编著者
2021 年 1 月

目 录

第1章 概述 1

1.1 高分辨率对地观测系统 1

1.2 高分辨率对地观测系统的管理与控制 3
    1.2.1 对地观测卫星 5
    1.2.2 卫星测量和控制系统 11
    1.2.3 卫星数据传输系统 14

1.3 卫星对地观测任务管理和控制系统 15
    1.3.1 技术发展历程 15
    1.3.2 卫星任务管控的原理 16
    1.3.3 卫星任务管控面临的问题与发挥的作用 21
    1.3.4 卫星任务管控的技术体系 26

1.4 国内外现状 28
    1.4.1 国内外建设现状 28
    1.4.2 国外研究现状 31

第2章 典型的高分对地观测任务管理与控制系统 43

2.1 卫星任务管控系统组成 45
    2.1.1 系统功能组成 45
    2.1.2 主要工作流程 46
    2.1.3 信息交互关系 49

2.2 一种"平台+插件"式卫星任务管控系统 51
    2.2.1 基础平台 54
    2.2.2 系统集成框架 56

2.2.3　通用插件及其信息交互关系 …………………………………… 59
　　2.2.4　专用插件 …………………………………………………………… 63
　　2.2.5　基于平台/插件的系统开发与集成 ……………………………… 70

第3章　需求筹划技术 …………………………………………………………… 76

3.1　需求的分类与要素 ……………………………………………………………… 77
　　3.1.1　需求的分类 …………………………………………………………… 77
　　3.1.2　需求的描述要素 ……………………………………………………… 80
3.2　需求筹划的任务与复杂性 ……………………………………………………… 82
　　3.2.1　需求筹划的主要任务 ………………………………………………… 82
　　3.2.2　需求筹划与任务规划的关系 ………………………………………… 85
　　3.2.3　需求筹划的复杂性 …………………………………………………… 87
3.3　需求的分解 ……………………………………………………………………… 89
　　3.3.1　各类目标的分解 ……………………………………………………… 89
　　3.3.2　一种基于案例的复杂需求分解方法 ………………………………… 90
3.4　需求的优先级评估 ……………………………………………………………… 99
　　3.4.1　研究现状 ……………………………………………………………… 100
　　3.4.2　一种优先级评估方法 ………………………………………………… 101
3.5　需求的融合与聚合 ……………………………………………………………… 103
　　3.5.1　卫星对地观测需求关联融合分析 …………………………………… 105
　　3.5.2　单轨覆盖下的需求聚合 ……………………………………………… 109
3.6　需求的冲突发现与消解 ………………………………………………………… 113
　　3.6.1　用户端的冲突发现和消解 …………………………………………… 114
　　3.6.2　任务管控端的冲突发现和消解 ……………………………………… 115
3.7　需求筹划中气象要素的影响 …………………………………………………… 118
　　3.7.1　不同气象条件对对地观测的影响 …………………………………… 118
　　3.7.2　多气象要素在需求筹划中的应用 …………………………………… 120
　　3.7.3　多气象预报要素应用策略 …………………………………………… 122

第4章　卫星任务规划技术 ……………………………………………………… 126

4.1　卫星任务规划问题描述与特点分析 …………………………………………… 126
　　4.1.1　卫星成像主要约束分析 ……………………………………………… 126

4.1.2　卫星任务规划问题概述 ………………………………… 129
　　　4.1.3　点目标和区域目标联合规划难点分析 ………………… 130
　　　4.1.4　移动目标任务规划难点分析 …………………………… 132
　　　4.1.5　卫星任务规划问题的其他特点 ………………………… 134
　4.2　卫星任务规划模型 ……………………………………………… 136
　　　4.2.1　资源约束模型构建 ……………………………………… 136
　　　4.2.2　接收资源调度模型 ……………………………………… 142
　　　4.2.3　区域目标分解模型 ……………………………………… 144
　　　4.2.4　移动目标任务规划模型 ………………………………… 154
　　　4.2.5　联合任务规划模型 ……………………………………… 162
　4.3　卫星任务规划算法 ……………………………………………… 169
　　　4.3.1　数据传输接收资源调度算法 …………………………… 170
　　　4.3.2　区域目标规划算法 ……………………………………… 179
　　　4.3.3　点目标和区域目标联合任务规划算法 ………………… 182
　　　4.3.4　面向移动目标的任务规划算法 ………………………… 210
　4.4　敏捷成像卫星任务规划 ………………………………………… 216
　　　4.4.1　敏捷成像卫星的定义及发展 …………………………… 216
　　　4.4.2　敏捷卫星成像特点及成像模式 ………………………… 218
　　　4.4.3　敏捷成像卫星任务规划 ………………………………… 220
　4.5　卫星任务规划效能评估 ………………………………………… 230
　　　4.5.1　成像遥感卫星任务规划效能评估指标 ………………… 231
　　　4.5.2　面向算法性能的任务规划策略分析评价 ……………… 232
　　　4.5.3　面向需求满足度的任务规划策略分析评价 …………… 234
　　　4.5.4　面向观测卫星系统的系统效能评估评价方法 ………… 235

第5章　卫星载荷控制技术 ……………………………………………… 239

　5.1　卫星载荷控制技术 ……………………………………………… 239
　　　5.1.1　载荷控制基础 …………………………………………… 239
　　　5.1.2　载荷控制内容 …………………………………………… 242
　　　5.1.3　载荷控制参数 …………………………………………… 243
　　　5.1.4　载荷使用约束 …………………………………………… 247
　　　5.1.5　载荷控制计划 …………………………………………… 254

5.1.6 载荷控制指令 ································· 256

5.2 指令编制技术 ····································· 256

5.2.1 指令基础 ····································· 256

5.2.2 指令编制 ····································· 258

5.2.3 指令检验 ····································· 264

5.2.4 指令反演 ····································· 264

5.2.5 指令传输 ····································· 265

第6章 卫星状态监视技术 267

6.1 概述 ··· 267

6.1.1 遥感卫星基本组成 ····························· 267

6.1.2 卫星状态监视的作用 ··························· 268

6.1.3 卫星状态监视的特点 ··························· 269

6.2 卫星遥测技术 ····································· 270

6.2.1 卫星遥测系统组成和工作原理 ··················· 270

6.2.2 卫星遥测数据的特点 ··························· 273

6.2.3 卫星遥测参数变化规律 ························· 274

6.3 主要典型卫星故障 ································· 276

6.3.1 卫星故障的定义和分类 ························· 276

6.3.2 姿态控制系统故障 ····························· 277

6.3.3 电源系统故障 ································· 279

6.3.4 推进系统故障 ································· 281

6.4 卫星故障诊断技术 ································· 283

6.4.1 卫星故障诊断的要求 ··························· 283

6.4.2 卫星故障诊断技术分类 ························· 284

6.4.3 基于解析模型的卫星故障诊断方法 ··············· 284

6.4.4 基于信号处理的卫星故障诊断方法 ··············· 287

6.4.5 基于数据驱动的卫星故障诊断方法 ··············· 289

6.5 卫星健康状态预测技术 ····························· 291

第7章 动态管理控制技术 295

7.1 滚动式动态任务管控技术 ··························· 295

7.1.1 概述 ………………………………………………………… 295
   7.1.2 滚动式动态任务管控特点 ……………………………… 297
   7.1.3 滚动式动态任务管控触发模式 ………………………… 297
   7.1.4 滚动式动态任务管控运行模式 ………………………… 298
   7.1.5 滚动式动态任务规划 …………………………………… 299
 7.2 应急快速反应技术 ……………………………………………… 304
   7.2.1 概述 ………………………………………………………… 304
   7.2.2 应急快反任务处理流程 ………………………………… 305
   7.2.3 应急快反任务实施可行性分析 ………………………… 305
   7.2.4 应急快速调整策略 ……………………………………… 308
   7.2.5 其他基础支撑技术 ……………………………………… 310

第 8 章 未来技术展望 …………………………………………………… 325
 8.1 卫星精准操控技术 ……………………………………………… 325
 8.2 卫星智能自主任务管控技术 …………………………………… 327
   8.2.1 各国卫星自主任务管控技术发展现状 ………………… 328
   8.2.2 典型航天器自主任务管理规划系统 …………………… 335
 8.3 卫星任务管控系统发展趋势展望 ……………………………… 336
   8.3.1 基于天地一体化宽带网络的卫星任务
       管控模式构想 ……………………………………………… 336
   8.3.2 基于分布式云架构对等多中心的卫星
       任务管控系统 ……………………………………………… 339

参考文献 …………………………………………………………………… 340

第 1 章 概 述

1.1 高分辨率对地观测系统

一切物体,由于其种类及环境条件不同,具有反射或辐射不同波长电磁波的特性。遥感即从远处探测感知物体,也就是不直接接触物体。从远处通过探测仪器接收来自目标物体的电磁波信息,经过对信息的处理,判别出目标物体的属性。与此对应,遥感技术就是利用物体反射或辐射电磁波的固有特性,通过观测电磁波达到识别物体及判读物体存在环境条件的技术。

对地观测是指在地球表面之外,利用空间的位置优势对地球进行观测的活动。对地观测系统基于遥感技术和航天、航空等各种平台,利用可见光、红外、微波等电磁探测仪器远距离获取来自地球表层各种目标的电磁波谱信息,并经加工处理(辅助其他必要信息)形成有用信息,为人类识别各种目标、认知物体特性、判别运动状态、预测变化规律等提供空间信息服务。对地观测数据由对地观测系统产生,是电磁辐射与目标和传输介质相互作用的产物,具有波谱、空间、时间、角度、偏振、极化等特性。

对地观测卫星是对地观测系统的一个主要组成部分,是通过搭载的遥感器(也称为有效载荷)对地球表面和低层大气进行探测以获取相关信息的一类卫星平台。对地观测卫星具有空间分辨率高,能获得高清晰、高质量影像,并且获取的地面影像便于判读等特点。对地观测卫星在国民经济、社会发展和国家安全中发挥着不可或缺的作用,其应用领域包括气象预报、国土普查、作物估产、森林调查、地质找矿、海洋预报、环境保护、灾害监测、城市规划、地图测绘、军事侦察、导弹预警等方方面面。其数据和信息已经成为国家基础性与战略性资源。

目前,美国、欧洲、日本、印度等世界各主要国家和地区都在大力发展对地观测卫星。例如,美国的"锁眼"系列卫星、EO系列卫星,法国的SPOT系列卫星、Pleiades星座,我国的资源系列卫星、环境系列卫星等。截至2021年5月,全球共有951颗对地观测卫星在轨运行,约占全球在轨卫星总数的23%,共有超过30个国家和机构运营对地观测卫星系统。其中,按国家区分,美国对地观测卫星数量最多,约占46.7%;按用途区分,商用对地观测卫星数量最多,约占48.7%;按载荷区分,光学对地观测卫星数量最多,共计448颗,约占47.1%。

2020年,除中国外,全球共18个国家和地区通过45次发射将138颗对地观测卫星送入太空轨道,发射数量在全年所有类型卫星发射总数中占据显著优势,是发展最为迅速的应用卫星,体现了对天基对地观测的旺盛需求。其中,美国共发射了67颗,欧洲发射了13颗,俄罗斯发射了1颗,日本发射了2颗。从卫星用途来看,大部分为商用卫星,占发射总数的68%。

除了数量仍在不断增加外,卫星对地观测的空间分辨率也在不断提高。目前,国际上光学对地观测卫星数据的空间分辨率最高已达0.1m、光谱分辨率达5nm,微波对地观测卫星数据的空间分辨率达0.3m,并且出现以WorldView-3卫星为代表的高端对地观测卫星,具备极高空间分辨率、极强机动获取能力和极广观测谱段,以及以PlanetLab为代表的对地观测小卫星星群,具备极高的时间分辨率、较高的空间分辨率和极低的研制与运营成本。

目前,对于对地观测影像分辨率的高、中、低之间的界定尚没有一个明确的标准,一般将地面空间分辨率为米级的对地观测影像定义为高分辨率,将10m级定义为中分辨率,将100m级定义为低分辨率,也有认为空间分辨率优于5m或者5m左右的对地观测影像是高分辨率影像。

高分辨率对地观测卫星最初用于军事侦察,用于获取别国的经济、军事情报以及地理空间数据。1999年,美国太空成像公司第一颗商业高分辨率对地观测卫星IKONOS发射成功,开创了商业高分辨率对地观测卫星的新时代。目前,国外比较具有代表性的商业高分辨率对地观测影像来源有美国的QuickBird、IKONOS、OrbView-3、GeoEye-1,法国的SPOT-5,以色列的EROS-A、EROS-B等。

我国对地观测卫星的发展起步于20世纪70年代,经过近50年的努力,从返回式卫星发展到传输型卫星,具备了可见光、红外、高光谱、微波等手段,突破了高分辨率大型光学、合成孔径雷达载荷、高光谱成像、高精度动态成像、高轨成像等关键技术,形成了陆地、气象和海洋三大对地观测卫星体系,以及体系完整、技术先进、功能齐全的地面卫星测控、运管、标校和数据接收、处理、管理、分发、应用等体系,基本实现了中低空间分辨率的对地观测数据完全自给。

为了进一步摆脱高分辨率对地观测数据对国外长期存在的严重依赖,《国家中长期科学与技术发展规划纲要(2006—2020年)》将高分辨率对地观测系统重大专项(简称高分专项)列为16个国家重大科技专项之一,并于2010年正式启动。该系统建设基于卫星、飞机等平台的高分辨率对地观测数据获取系统,完善相应地面系统,开展应用示范。建设目标是到2020年,建成具备高空间分辨率、高时间分辨率、高光谱分辨率、高精度观测能力的自主、先进的陆地、大气、海洋对地观测系统,建成全球覆盖、全天候、全谱段的对地观测网络,并与其他观测手段结合,形成具备时空协调、全天时、全天候、全球观测能力的稳定运行系统。同时,建设数据接收系统、数据处理系统、数据库、定标场、真实性检验场、数据传输线路、卫星任务管理与控制系统等支撑数据应用的相关地面基础设施,形成对各级用户的技术保障与服务能力,支撑防灾减灾、国家安全、国土资源、农业资源、水资源、林业资源、海洋资源等监测与开发利用、水环境、大气环境和生态环境监测、宜居环境监测与营造、城市精细化管理与城乡一体化建设、地球系统科学研究、气象监测、地理测绘等重点领域的应用需求,加速发展中国的空间信息产业。

高分专项建设中的天基观测系统,主要由若干颗高性能光学、微波对地观测卫星组成,通过高分专项建设,到2020年,我国对地观测卫星可见光和合成孔径雷达(Synthetic Aperture Radar,SAR)的空间分辨率可优于0.5m,光谱分辨率可达到3~5nm,测绘精度可优于1∶10000测图指标,以及卫星具备快速姿态机动能力。高分专项建设中的航空观测系统,基于现有的有人机和无人机平台,针对目前普遍使用的进口航空观测载荷开展自主替代研发,形成机动对地观测能力,空间分辨率优于0.1m;数据中心系统统筹中国的对地观测卫星数据接收、处理、运管等资源与力量,进行必要的补充、完善,并建立网格平台,推动各种资源共享和协同工作;应用系统支持中国各主要行业和全国各省(区、市)建立高分专项相关数据应用示范系统或开展应用推广工作,组织应用共性关键技术研发并形成应用服务平台,实施产业示范打通空间信息产业链。

1.2 高分辨率对地观测系统的管理与控制

航天器管理与控制是我国的高分专项、中国第二代卫星导航系统、载人航天与探月工程等国家重大专项中的共性关键技术。不同对地观测平台各自有不同的运行特点,其中管理和控制技术研究较多、综合性较强的是对地观测卫星。因此,本书主要围绕高分辨率对地观测卫星的管理与控制进行阐述。

对地观测卫星完成对地观测任务,是在对卫星和其配套的地面系统实施有效的管理和控制基础上实现的。对对地观测卫星的管理和控制包括两方面工作:一是使对地观测卫星按照预定的飞行计划飞行,并使卫星的姿态保持稳定;二是使卫星根据地面指令执行对地观测任务。为了完成这两项工作,既需要卫星测量和控制系统对在轨卫星的平台进行测量与控制,又需要卫星任务管理和控制系统对在轨卫星所需执行的任务进行管理与控制,同时对卫星测量控制资源和数据传输资源进行调度。

高分辨率对地观测卫星的管理与控制主要涉及4个系统,分别是在轨对地观测卫星、卫星测量和控制系统(简称卫星测控系统)、卫星数据传输系统(简称卫星数传系统)和卫星对地观测任务管理和控制系统(简称卫星任务管控系统)。在实际应用中,对在轨卫星的测量、监控、指令等由卫星测控系统完成;卫星获取的遥感数据传输至地面由卫星任务管控系统调度卫星数传系统完成;卫星观测需求受理、任务规划、载荷控制指令编制、监控数据分析和故障诊断由卫星任务管控系统完成。四者关系如图1-1所示。

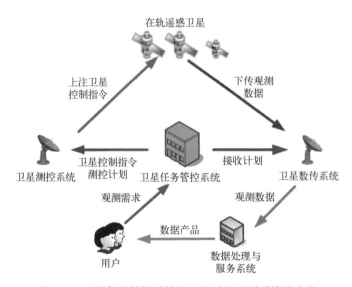

图1-1 卫星任务管控系统在卫星对地观测系统的定位

高分辨率对地观测卫星管理与控制的内涵,就是响应受理并统筹用户观测任务需求,根据任务需求和星地资源约束安排卫星与地面站工作计划,主要包括:编制对卫星的观测载荷、数据传输载荷、固态存储器等星上资源进行精细控制的动作指令;控制卫星进行对地观测、数据存储与数据下传;制定测控计划,调度测控资源将动作指令注入卫星;制定数据接收计划,调度数据传输资源接收卫星数据。主要流程如下。

(1)卫星任务管控系统接收用户观测需求,对多来源、多种类需求进行统筹,对卫星任务进行规划,生成卫星测控计划、卫星载荷控制指令和数据接收计划。

(2)卫星任务管控系统将测控计划和卫星载荷控制指令发送给卫星测控系统,将数据接收计划发送给数据传输系统。

(3)地面测控站依据测控计划,将卫星载荷控制指令上注给相应的对地观测卫星。

(4)卫星依据控制指令完成观测任务,形成原始数据,并将数据按数据传输计划发送给地面数据接收站。

(5)地面数据接收站按照数据接收计划,接收卫星的下传数据(包括遥测数据和观测数据),并将观测数据发送给地面系统中的数据处理与服务系统进行加工处理、存储管理和分发共享,完成用户需求的闭环。

下面分别介绍对地观测卫星、卫星测量和控制系统、卫星数据传输系统。卫星任务管控系统将在1.3节专门进行介绍。

1.2.1　对地观测卫星

卫星按用途可分为三大类,科学研究卫星、技术试验卫星和应用卫星。其中在轨应用卫星数量占全部卫星的80%以上,又可分为通信卫星、遥感卫星、导航卫星三类,三者在轨数量比约为7:4:1。在遥感卫星中,除成像遥感卫星外,还存在类似AIS卫星这类非成像遥感卫星。在本书中,认为对地观测卫星等同于成像遥感卫星。

按照工作波段的不同,卫星成像遥感技术分为光学成像遥感技术和微波成像遥感技术;依据携带的传感器类型不同,成像遥感卫星可以分为光学成像卫星和微波成像卫星。其中,光学成像的空间分辨能力强,目标提取难度小,成像效果受大气状况和光照影响大;微波成像不受时间限制,基本不受天气状况影响,并且具备对一些地表物体的穿透能力,但目标在图像上的清晰程度与工作频率、极化方式和观测角度等因素密切相关,目标提取难度大。

此外,依据轨道高度不同,卫星还可以分为低轨、中轨、高轨卫星;依据搭载载荷数量的不同,可以分为单载荷和多载荷遥感卫星;依据对地观测的图像分辨率不同,可以分为普查和详查卫星等。我国的高分辨率对地观测卫星属于详查对地观测卫星范畴。

1. 光学成像卫星

通过安装照相机或摄像机,从卫星上对地进行摄影观测的卫星称为光学成像卫星。光学成像卫星主要利用目标和背景反射或者辐射的电磁波差异来发现和识别目标。按卫星星载有效载荷种类,可分为可见光、红外、多光谱、高光谱等。其中可见光成像卫星最为常见,其地面分辨率最高,而且其拍摄的图像与人眼看到的景物相匹配,辨认和识别非常方便,因此是应用最为广泛的卫星类型之一,目前在轨的光学成像卫星占全部在轨遥感卫星的50%以上。其缺点是受天气和光线条件影响较大,夜间和云层较厚时无法有效对目标成像,而且只能获得目标的表层信息。光学成像卫星的成像方式包括画幅式、推扫式和全景式等,其中画幅式相机是通过快门的开启得到照片的相机;全景式相机在垂直于飞行方向上对场景实现宽摄影覆盖扫描,有直接扫描、旋转扫描、整个相机旋转等方式;推扫式相机则是在卫星向前飞行时,对相机焦平面上与飞行方向垂直的条带进行连续成像。

各类光学成像卫星的成像方式主要包括星下点成像、单条带成像、多轨连续条带成像、同轨连续条带成像、多轨立体成像模式、同轨立体成像模式、同轨多目标成像模式、同轨非沿轨迹方向成像等。各种模式的区别如图1-2所示。

红外成像卫星可接收目标自身的红外辐射,显示出目标与背景的温度差异,从而形成热图像。红外成像无论昼夜都能有效地工作,可使卫星具有夜间观测和一定的识别伪装能力,但和其他光学成像手段一样,红外成像卫星对云层覆盖的区域无能为力,而且不如可见光成像分辨率高。

多光谱、高光谱、超光谱属于光谱成像技术领域。光谱技术和成像技术是光电探测技术中的两个重要领域。光学成像仪器主要获取目标的空间结构信息,追求高的空间分辨率;光谱探测仪则是将景物的辐射(或反射)分离成不同波长的谱信息,追求高的光谱分辨率。由于目标物体的物理构成不同,其对应的光谱特性存在差异,即指纹效应,可以用来进行目标的识别和分类。例如,树叶、绿色油漆和绿色塑料的光谱特征曲线各不相同,利用这一特性可以从自然背景中检测发现人工材料制作的器材和材料。20世纪80年代,在应用需求牵引下,光谱技术和成像技术这两项原本一直相对独立发展的光电探测技术在遥感领域实现了结合,形成了光谱成像技术。它充分利用目标光谱特性的指纹效应,在传统光学成像的基础上,增加了一维光谱信息,具有广阔的应用前景。根据搭载光谱成像载荷的光谱分辨率不同,按照分辨率从低至高,卫星的光谱成像载荷可以分为多光谱、高光谱和超光谱3种类型。其中多光谱型通常波段范围为3~12波段,谱段数量超过3个,覆盖光谱范围宽;高光谱型波段范围通常是100~200波段,光谱范围窄;超光谱型一般在1000~10000波段,光谱范围最窄,光谱分辨率极高。

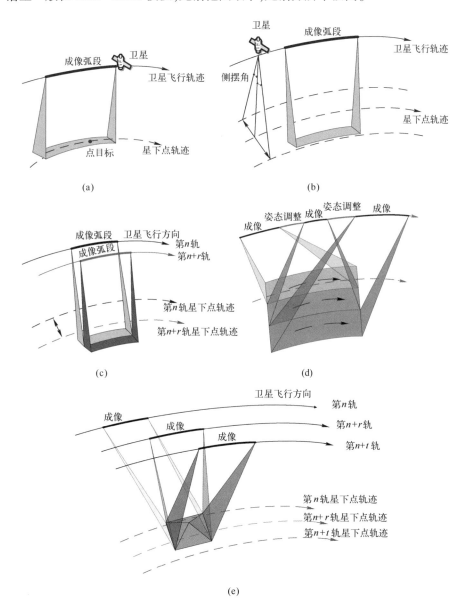

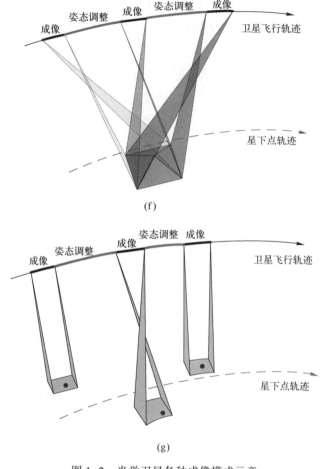

图1-2 光学卫星各种成像模式示意

(a) 星下点成像模式；(b) 单条带成像模式；(c) 多轨连续条带成像模式；
(d) 同轨连续条带成像模式；(e) 多轨同目标多角度立体成像模式；
(f) 同轨同目标多角度立体成像模式；(g) 同轨多目标成像模式。

2. 微波成像卫星

微波成像卫星即利用微波成像遥感器获取图像信息的成像卫星，其星载遥感器多采用合成孔径雷达(SAR)。合成孔径雷达是一种全天候、全天时的现代高分辨率微波侧视成像雷达，是一种主动微波遥感仪器。它通过卫星上的雷达天线不断发射脉冲信号并接收地物反射信号获取地物信息，通过信息处理技术将合成孔径技术和脉冲压缩技术相结合，利用较短的天线获得方位向和距离向的高分辨率。与光学成像卫星相比，SAR卫星有许多优势。

(1) SAR 卫星不易受大气影响,具有全天候特征。

(2) SAR 成像不依靠太阳辐射,具有全天时特性。

(3) SAR 图像比白天照射的可见光图像有更多的零值区域和饱和区域,能很好地反映结构信息。

(4) SAR 蕴含了更丰富的纹理特征,SAR 的纹理特征具有很强的空间尺度变化特征、频率特征和方向性特征。

(5) SAR 具有一定的穿透能力,可检测被叶簇覆盖或地表浅层覆盖的目标(L 波段或更长的波长),而可见光和红外只能获得目标的表层信息。

(6) SAR 能发现一些可见光传感器难以发现的目标等。

SAR 成像卫星一般通过选择不同波位来改变微波入射角度,从而确定距离和成像范围。SAR 卫星的具体成像方式由星载 SAR 的工作模式确定,比较成熟的星载 SAR 工作模式有扫描模式、条带模式、聚束模式等几种,不同模式的区别如图 1-3 所示。具体采用何种模式由观测任务需求决定。加拿大的 Radarsat SAR 系列卫星是世界上最早搭载 SAR 载荷的卫星之一,可以提供高质量的 SAR 影像,可以提供 11 种波束模式、3 种极化模式以及大幅宽。

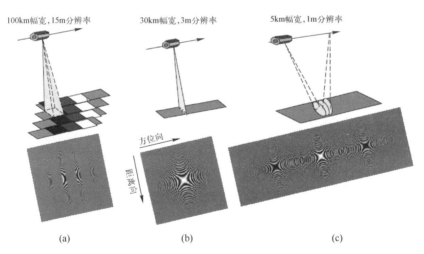

图 1-3 SAR 卫星成像的 3 种工作模式示例

(a) 扫描模式;(b) 条带模式;(c) 聚束模式。

3. 载荷的互补

针对不同的应用场景,可以利用不同卫星载荷的特点进行搭配使用。

1) 可见光图像之间的互补

（1）时间分辨率上的互补。利用多个可见光传感器对同一地域的时间覆盖上的不同，弥补同一传感器时间分辨率低的缺陷，实现较短时间内的变化检测，提高变化检测的时效性。

（2）空间分辨率上的互补。可见光传感器在成像质量和空间分辨率上存在不同，在低分辨率图像中，目标的整体轮廓显著，信息简单，干扰成分少，能实现大型目标的快速定位与检测，在高分辨率图像中，目标的细节丰富，能分辨出目标局部的特征，便于目标的进一步分类与识别。

2) 可见光图像与高光谱（多光谱）图像之间的互补

高光谱（多光谱）图像含有地物的谱信息，谱信息有助于地物分类和环境探测。但高光谱（多光谱）图像往往空间分辨率较低，可见光图像的空间分辨率较高，但缺乏谱信息。常见的全色与高光谱（多光谱）图像的复合就是得到一幅包含谱信息，同时具有可见光图像分辨能力的融合图像。利用复合图像，更易于实现图像的解译和判读，如被遮挡的目标和遮挡物以与背景环境不同的颜色清晰地显露出来。

3) 可见光图像与近红外图像之间的互补

近红外图像中有不同于可见光图像的目标特性，互补性的利用主要包括以下几方面。

（1）近红外图像中水体呈现均匀一致的黑色，可利用近红外图像提取水域，判明水域的轮廓和范围，这将有利于对以水域为背景的目标、水域上的目标或水域附近的目标快速检测与识别。例如，桥梁、港口、大型船只、水库等目标的背景都与水域有关。

（2）用近红外图像揭露在绿色植被覆盖下的目标。

4) 光学与 SAR 图像之间的互补

与 SAR 图像相比，可见光图像中的目标有光亮和阴影变化、清晰的目标轮廓和更多的细节，与人眼目视的情况一致，因此，在日常生活中，人们对于可见光图像的解译和判读，有着积累的丰富经验和先验信息，目标的检测与识别简单直观。光学成像最大的缺陷是成像条件受时间和气候的限制。

由于成像机理的不同，SAR 图像灰度的明暗决定于目标对雷达发射的电磁波散射的回波强弱，因而，与传感器特性（如频率、极化方式、入射角等）和目标特性（目标表面的粗糙度、目标电磁特性和目标的几何特性等）有关。

然而，SAR 图像受斑点干扰严重，SAR 信号代表的目标后向散射特性不直观,并且目标后向散射特性除了与目标本身的特性有关外,还受频率、入射角和极化模式的影响,使得同一目标可以呈现不同的图像表现,不同目标可能呈现相同的图像表现,因此,仅用SAR数据实现目标的检测与识别是很困难的,但可作为光学观测的有力补充和支持。

这种补充和支持表现在以下几方面。

(1) 在光学成像受限的时间和气候,以SAR成像为主。

(2) 对于可能存在叶簇覆盖或地表浅层覆盖的隐蔽目标时,将两种观测手段给出的判决结果在决策层融合,实现目标检测率的提高。

(3) 对于在可见光、近红外谱段的反射能力与背景相似,但微波的散射能力明显很强的目标,利用SAR图像特征,将可见光图像中的目标检测与识别结果和SAR图像中的目标检测与识别结果融合,将提高目标检测与识别的准确性和可靠性。

5) 可见光图像与热红外图像之间的互补

热红外图像反映了目标的热辐射特性,目标在热红外图像中的明暗直接反映了目标温度的高低。热红外图像便于查明热源目标并能判断其动态和变化。利用热红外图像可查明感兴趣目标温度明显很高的部分(如山林火灾),增加目标识别的可靠性。

6) SAR图像之间的互补

与可见光传感器类似,SAR图像之间也有时间分辨率和空间分辨率上的互补。由于不同的SAR图像反映了目标在不同频段、不同视角下的特征,多幅SAR图像间的同一目标特征可以互补。

除此之外,面向发现、区分、识别等不同需求,还可以实现高轨卫星和低轨卫星配合、宽幅卫星和窄幅卫星配合、固定地域和全球区域配合等更加丰富完善的相互配合模式,提高对地观测任务的针对性。

1.2.2 卫星测量和控制系统

卫星测控系统的主要任务是对卫星进行跟踪、测量、监控和信息交换。从广义上,可分为对平台的测量控制和对有效载荷的测量控制。由于关于卫星测控技术及测控系统的资料较为丰富,因此,本节仅对卫星测控系统作简要介绍。

1. 卫星测控系统的任务

卫星测控系统的任务是完成卫星平台的早期测试、日常管理和末期管理三大任务,其中早期测试是为了测试卫星入轨后,各项性能指标与总体设计符合情况,测试结果是卫星交付用户和开展业务运行的依据;日常管理是完成卫星的遥测监视、控制指令发送和异常处理等工作,确保卫星平台正常运行;末期管理是完成地球同步轨道卫星的离轨控制和低轨卫星陨落等相关工作。本书主要聚焦于卫星平台的日常管理。

1) 早期测试

卫星入轨后需要完成早期测试工作,早期测试分为卫星平台在轨测试和有效载荷在轨测试两部分进行,目的是检验卫星是否满足卫星研制要求所规定的总体技术指标,检验卫星各分系统功能和性能是否满足设计指标。

2) 日常管理

卫星完成在轨测试并投入使用后,地面系统需要完成平台管理和载荷开、关机控制等工作,具体任务如下。

(1) 遥测监视。接收、处理和显示卫星下传的遥测数据,对卫星工作状况进行全面监视,当卫星参数值超出规定的门限时报警。

(2) 星上时钟修正。由于存在频率漂移,星上时钟工作一段时间后,会与地面时钟产生误差,当误差值大到一定程度时,需要地面对星上时钟进行修正。

(3) 轨道注入。当卫星使用地面轨道根数作为姿态或轨道计算基准时,需要地面定时将轨道确定结果注入到星上。

(4) 遥控指令发送。通过地面站对卫星发送直接指令和间接指令,控制星上执行机构,完成卫星状态设置和各种动作,其中直接指令是通过星上执行机构直接执行,间接指令是通过星上计算机控制执行。

(5) 上行数据注入。注入卫星载荷执行计划,控制卫星在指定的时间载荷开机、数据传输和轨道控制等,同时,还可以根据卫星运行的需要修改星上程序等。

(6) 轨道测量和外测数据处理。对卫星的轨道进行测量并对数据进行处理时,卫星的轨道测量可以基于全球导航卫星系统(Global Navigation Satellite System,GNSS)数据或外测数据。外测数据的获取通常有两种方法,即三站测距和多站测角、测距,其中三站测距方式主要用于地球同步轨道卫星测控,而多站测角、测距方式主要用于低轨卫星测控。

(7) 轨道确定。由轨道测量数据计算卫星轨道,提供瞬时、平均经典根数或卫星在空间的位置。

(8) 轨道预报。根据给定的卫星轨道根数,完成卫星轨道、星下点、测站跟踪、卫星进/出地影时间、星上红外地敏干扰预报等。

(9) 轨道或位置保持控制。根据卫星任务要求,对卫星轨道实施控制或姿态调整,通常完成轨道半长轴、偏心率和轨道倾角控制,控制近地卫星运行在设计的轨道、同步卫星运行在定点位置附近。

(10) 姿态侧摆控制。通过控制低轨卫星的滚动或俯仰角,调整星上遥感设备的指向变化,从而扩大卫星每个圈次的对地观测范围。通常是由地面计算控制参数并提前注入到星上计算机,由星上计算机控制卫星在到达指定观测区域前完成姿态偏置。

(11) 太阳帆板转角控制。星上太阳帆板具有旋转跟踪太阳的能力,运行一段时间后,太阳帆板法线指向实际与理论会出现误差。因此,每隔一段时间,需要调整太阳帆板转动速度,修正跟踪误差,确保帆板准确跟踪太阳,实现能源稳定输出。

(12) 干扰力矩估计与补偿。每次轨道控制后都要进行干扰力矩计算。通过采集一次轨道控制过程中的相关遥测数据,计算推力器产生的干扰力矩,并在下次轨道控制中进行补偿,避免卫星控制过程中姿态发生较大的变化。

(13) 异常处理。当卫星出现故障时,需要地面及时发现、准确判断故障原因,根据故障对策发送遥控指令或注入数据进行处理,并对处理结果进行判断。

(14) 定点位置共位管理。由于定点位置紧张,目前,一个地球同步轨道上会有多颗星共用一个轨位,为了避免这些卫星相互碰撞,需要采用不同的位置保持策略,控制卫星间距离在安全的范围。

(15) 自旋卫星姿态测量和控制。自旋稳定卫星的姿态在空间会产生漂移,需要地面定时测量和确定,并根据测量结果进行控制,确保卫星姿态偏差在给定范围内。

(16) 同步卫星轨道位置漂移控制。将卫星从当前定点位置漂移控制到另一个指定的地球同步轨道的定点位置,通常是通过控制卫星的轨道半长轴实施控制。

3) 末期管理

按照国际电信联盟(International Telecommunication Union,ITU)的要求,废弃的地球同步轨道卫星应该被转移到高于地球同步轨道高度约300km的"卫星墓地"。因此,定点卫星在轨测控需要完成的最后一项任务就是抬高卫星轨道,控制卫星离开定点的位置运行到"卫星墓地",并进行旋转部件关机、电池放电等钝化处理。当低轨卫星轨道降得足够低时,完成密集轨道测量和准确陨落位置预报。

2. 卫星测控系统的组成

卫星测控系统一般由卫星测控中心和若干配有跟踪测量、遥控及遥测设备的地基卫星测控站组成。

1）卫星测控中心

卫星测控中心一般是卫星飞行的指挥控制机构,它的任务是实时指挥和控制卫星测控站,收集、处理和发送各种测量数据,监视卫星的轨道、姿态以及设备的工作状态,发送控制指令,确定轨道参数,发布轨道预报等。

2）卫星测控站

卫星测控站的主要任务是直接对卫星进行跟踪测量、遥测、遥控和通信等,并将接收到的测量、遥测信息发送给卫星测控中心,同时,根据卫星测控中心的指令与卫星进行通信,并配合完成对卫星的控制。卫星测控站也可以根据规定的程序独立实施对航天器的控制。卫星测控站有固定站和活动站之分,如远洋测量船就是海洋上的活动测控站。根据测控区域要求,测控站分布在很广的范围内,其布站可在国土境内,也可在全球合适的地点。

此外,中继卫星一般位于地球同步轨道或高轨道,可以从上向下"俯视"低轨航天器,可用于对中、低轨航天器或非航天器用户目标跟踪测控与数据通信。计算表明,利用一颗中继卫星,对 200km 高度的用户航天器跟踪覆盖率可达 52%以上,对 2000km 高度的用户航天器跟踪覆盖率可达 68%以上。如果使用两颗精度相隔 130°的中继卫星,对高度为 120～2000km 的用户航天器,则能达到 100%的轨道覆盖率,因此,中继卫星可以解决地基测控通信覆盖率低问题。

近年来,随着卫星技术的发展和数量的增多,特别是随着商业卫星的井喷式发展,针对新的卫星运行模式,以及提升平台测控和任务管控效能的需求,卫星测量控制和卫星任务管控也越来越向一体化方向发展,也即将测控系统和任务管控系统二者系统上进行融合,并由同一个部门管理。

1.2.3 卫星数据传输系统

卫星数传(本书中同卫星数据接收)系统是在满足数据传输各项条件的基础上,通过星—地链路或者中继卫星链路,把卫星观测到的图像数据根据地面指令传递到地面站或者通过中继卫星下传的系统。卫星数传必须满足两个基本条件:一是卫星天线与同频段的地面站天线(或中继卫星)天线"可见";二是数传天线"空闲"。卫星天线与数传天线只有同频段且"可见"才有可能建立链路,数传天线只有"空闲"才有机会接收卫星发送的数据。通常是卫星任务管控部门根据卫星用户提出的需求,安排相应地面站天线在相应时间内接收数据。卫星数传与卫星测控本质上都是卫星与地面站进行通信的过程,卫星地面数传站与卫星地面测控站可以独立建设,也可以通过测控数传一体化技术合二为一,降低建设成本。

卫星数传分为实拍实传数传和存储转发数传两类。实拍实传为一种即时数传形式,即成像卫星在对地面目标获取数据的同时,将数据信息同步传送至地面。存储转发数传是指当卫星成功获取遥感数据后,首先将获得的数据存于星上存储器,当卫星与地面站(或中继卫星)"可见"时,再将数据进行下传。存储转发数传形式适用于用户对数据的时效性无强制要求的情况,可以在满足用户需求的情况下减少数传次数,但需占用星载固态存储器容量,可能导致部分数传任务无法完成。

1.3 卫星对地观测任务管理和控制系统

对地观测卫星的工作流程是一个包含多个环节的复杂过程。对地观测任务的完成,不仅要求卫星根据地面制定的任务指令执行各种动作,还要求卫星测控系统、卫星数传系统等子系统进行紧密的配合,确保观测任务从需求受理到成像数据下传的整个任务流程执行成功。

卫星任务管控系统的主要任务,就是对卫星对地观测任务的需求进行受理和筹划、对观测任务进行规划、对卫星载荷指令进行编制、对测控及数传资源进行调度、对星地资源状态进行监控和故障诊断等。其作用,就是既要确保卫星安全稳定的执行控制指令,又要确保各子系统之间的密切配合、一体运行、调度顺畅、效率最优,因此,卫星任务管控系统是整个对地观测任务流程的首要和核心环节,其在对地观测卫星地面应用系统中具有控制中枢的作用。该系统能否稳定可靠运行,直接决定着在轨卫星能否得到可靠的管理、能否充分发挥应用效能。

1.3.1 技术发展历程

卫星任务管控是与成像遥感卫星同时产生的,从第一代卫星任务管控技术产生到现在,一共经历两次大的技术体系变革。

第一次技术变革是从返回式对地观测卫星管控技术发展为传输型对地观测卫星管控技术,从中产生了卫星计划编制和指令编制技术,实现了单星任务计划时长从原来一个卫星寿命周期缩短到一天。

第二次技术改革是从单星管控技术发展到多星管控技术。随着卫星数量的不断增加和卫星观测能力的不断提升,卫星任务管控系统逐步由单星多任务管理控制向同类、多星、多任务综合管理控制的方向发展,产生了多星多载荷联合任务规划和应急快速响应等技术,对地观测卫星的综合效能得到了很大的提升。

当前,对地观测卫星管控技术正在经历第三次技术革命,即从静态的、计划式的管控技术向动态管控技术发展,滚动式动态任务管控、基于人工智能的任务规划算法等新技术已经走向实用或者正在孕育中。

随着卫星和地面资源体系的不断调整优化,未来卫星任务管控系统还将由同类、多星管控,向多类、多星、多任务综合管控的方向发展,即面向各行业各类型用户的需求,针对多用户群体、多优先级别、多业务方向、多任务目的、多资源能力、多载荷模式、多数传方式、多协同类型对星地资源进行统筹分析、综合规划、优化调度和控制实施,从而将各类星地资源的整体效益发挥到更高水平。

1.3.2 卫星任务管控的原理

1. 有关概念

按照轨道高度,卫星的轨道可以分为4种类型:高度是300~1500km的轨道为低轨道;高度是10000~20000km的轨道为中轨道;高度大于20000km的轨道为高轨道;高度等于36000km时,为地球同步轨道。

由于低轨道离地表较近,有利于获得较高分辨率的图像,因此,大部分高分辨率对地观测卫星(即成像遥感卫星)都是在低轨道上快速运行的。最常见的可见光卫星,为了满足一定的太阳光照角约束,保证观测时具有良好的光照条件,又以在太阳同步轨道中运行居多。这些轨道高度在400~1200km,轨道倾角(轨道面与地球赤道面的夹角)等于或者略大于90°,每个轨道上卫星绕地球一圈的时间仅为90~100min,每天运转14~15个圈次,卫星轨道及其相关参数因相关材料丰富,在此不做过多介绍。

地心到卫星的连线与地球表面的交点称为星下点。在卫星运动和地球自转的共同影响下,星下点在地面划出的轨迹称为星下点轨迹。由于卫星以一定倾角绕地球运行,加上地球垂直于赤道平面以15°/h的角速度匀速自西向东自转,因此,卫星在地球上的星下点经度不断西移,西移量为地球自转角速度与飞行时间的乘积。因此,卫星前后轨道圈次的星下点轨迹一般不会重复。通过星下点轨迹的移动,成像遥感卫星能够经过地球表面大部分地区,实现较大范围的对地覆盖。此外,星下点轨迹还具有轨道倾角越大、星下点的最高维度越大、轨道高度越高、相邻星下点轨迹距离越大等特点。图 1-4 为某卫星星下点轨迹示意图。根据星下点轨迹能够计算任意时刻卫星对地面的覆盖范围。

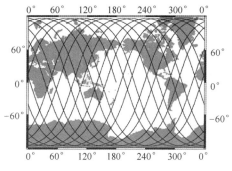

图 1-4　某卫星星下点轨迹示意图

为了扩大观测范围,成像遥感卫星一般都具有侧视功能。卫星传感器通过垂直于轨道方向的摆动,可以观测到偏离星下点轨迹的目标,一些卫星同时具有侧摆和俯仰(卫星行进方向)观测能力,少数卫星还能实现侧摆、俯仰、偏航 3 个自由度的姿态调整(如 Pleiades 1A/1B)。对于这类能够调整传感器指向的成像卫星,卫星传感器在轨飞行时的观测范围是以星下点轨迹为中心线的带状区域。由于卫星传感器的视场角有限,同一时刻传感器只能观测带状区域内有限的地面场景。图 1-5 说明了卫星传感器观测范围与实际观测场景的关系,其中虚线表示观测区域的边界。

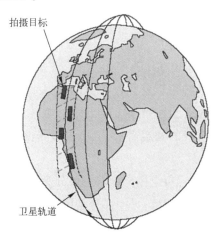

图 1-5　卫星传感器观测范围与实际观测场景的关系

对于测控和数传地面站或者移动站而言,不是任意时刻都可以与卫星进行通信。对于地面站可见的那一部分卫星运行轨迹,称为卫星对该地面站的可见弧段。可见弧段与卫星的高度和观测设备的最低仰角有关。若观测设备最小仰角是5°,卫星轨道高度为600km,则地面站单次对卫星的可见弧段的时间为600s,即最长只能连续10min可见,所以地面站对低轨卫星绝大时间内不可见,可见弧段较短。

对于高分辨率成像遥感卫星来说,随着成像模式的增多和能观测目标数量的增多,单个卫星控制指令的数据量在不断增大。随着分辨率和幅宽的增加,单次成像图像的数据量也在不断增大。例如,对于位于700km轨道高度的1m分辨率的全色CCD相机,采用8位量化,在30km的幅宽下,原始的数据速率高达2Gb/s;对于SAR卫星,采用单一极化、1m分辨率、8位量化条件下,其原始数据速率高达3Gb/s,若分辨率为0.3m,则原始数据速率超过9Gb/s。如果卫星与地面站的通信带宽增长不能匹配传输数据量的快速提升,则完成一批指令的上注或者一景图像数据下传的时间会不断增加,最终会导致在可见弧段内回传数据的时间非常紧张,甚至无法在一个可见弧段内完成,这对卫星响应任务的时效性影响也很大。

2. 卫星任务管控的相关因素

卫星任务管控系统的输入主要为用户需求,输出为卫星控制指令及测控数传计划,工作流程起始于用户提出需求,通过调度卫星、测控、数传3个系统完成一次对地观测任务,并结束于卫星成像数据成功回传至地面。后续对下传图像数据的处理、分析、标注及分发,则交由卫星地面系统中的数据处理、数据服务等系统处理。

由于用户的需求多、区别大,管理的每颗卫星都有各自的属性,各种测控、数传资源也很多,系统状态也在快速变化,因此,卫星任务管控需要考虑的因素非常多。这些因素里,有的相对变化较小,有的则变化较快。相关因素可主要分为五大类:用户需求因素、卫星因素、测控因素、数传因素、环境条件因素。其中,相对确定的因素有用户的确定需求、卫星固有属性、测控资源固有属性、数传资源固有属性。

(1) 用户的确定需求。每个用户需求都可分为两个部分:一部分是需要获取图像的一个或者一批客观目标;另一部分是用户对于成像的主观要求。

不同客观目标的差别可能会非常大。有的目标可以看做是一个点,有的目标是一个区域;有的目标是固定的,有的目标是快速移动的;有的目标在平原上,有的目标在山坡上(从空中某些角度观察可能会被山体遮挡);有的目标在海洋中,有的目标在树林中;有的目标是人造目标,有的目标是自然目标;不同目标的材质组成、周围背景不同。此外,常见目标在地理的分布上也非常不均衡。例如,地球北半球和南半球陆地面积比接近2∶1,国家数量比接近4∶1,人口数量比接近8∶1,其中在北纬20°到北纬60°之间聚集了全球80%的人口。这就造成了北半球高关注度的目标数量远多于南半球。

每个需求的主观要求也可能有较大差别。有的要求对目标在指定时间观测,有的要求周期性观测。其中,目标在指定性时间观测的,时效性要求也可能不一样,有的要求越快越好,有的要求指定在未来某一刻观测;要求进行周期性观测的,要求的观测频次也可能不同。对于同一批的目标,不同用户对每个目标设定的优先级也可能不同,如对于用户A,目标1比目标2优先级高;对于用户B,则正好相反。还有的需求要求看清目标细节,有的则要求看到目标是否出现或者发生改变,有的要求跟踪目标移动,有的要求立体成像,有的要求光谱成像等,这也引申出了用户需求中对目标观测的载荷类型、分辨率、幅宽、成像模式要求的不同。

(2)卫星固有属性。卫星任务管控系统可以同时管理多种类型载荷的在轨卫星,包括可见光、红外、SAR、多光谱、高光谱、视频等,各种类型载荷适用的范围、可调参数、控制指令区别较大。即使同样是可见光卫星,因为技术发展、建造成本、应用场景的不同,也可能有成像分辨率不同、成像幅宽不同、成像模式不同的卫星同时在轨运行。此外,不同在轨卫星的运行轨道、平台稳定性、机动性、能源数量不同,卫星是否具备敏捷成像能力、星上数据存储能力、星上数据处理能力、数据传输能力不同,载荷的观测成像、数据传输、姿态调整、模式切换的动作执行速度和执行逻辑不同,是否支持计划应急调整、是否能与中继卫星通信、是否因故障存在部分能力损失等也有很大不同。

(3)测控及数传资源固有属性。对于不同地面站或者移动站,受国家领土、政治、地理、当地气候等影响,其地理位置分布各有不同;一个站是测控站、数传站还是测控数传一体站可能不同;天线数量不同、不同天线的最低仰角不同、数据传输带宽不同、天线的任务准备或任务切换动作耗时不同、天线的转动速度不同,是否因故障存在部分能力损失不同,地面站可处理的卫星数据类型、处理速度不同。

除上述随时间变化较小的静态因素之外,卫星任务管控还要面临大量随时间快速变化的动态因素,包括以下几方面。

（1）用户需求的快速变化。用户的需求可能会随时变化。例如，地震之类的灾害几乎无法预测，大规模地震灾害发生后，用户希望卫星能尽快对地震受灾区域进行观测成像。此时，同一批目标的优先级也有可能随着用户自身的要求在快速调整。此外，随着与任务管控操作人员的交互加深，用户需求可能会由模糊变得更加具体，如"用尽量高的分辨率"会变成"用 1m 分辨率"，这也会带来需求的不断变化。

（2）观测环境条件的变化。目标在成像时刻，有的上空晴空万里，有的则被厚厚的云层遮挡，有的时候有雾、有的时候有雨、有的时候地面有积雪，有的时候成像时间是白天、有的时候成像时间是夜间。

（3）卫星的状态变化。由于大部分成像遥感卫星沿着自身轨道不断运动，其星下点位置也随时间快速变化，因此，卫星相对目标的位置也在随时间不断变化，这会导致卫星与目标、卫星与测控站、卫星与数传站相互可见与否以及可见弧段时长也在不断变化。卫星的任务占用情况和任务执行状态也在随时间变化，即此时卫星有无其他任务正在执行，执行动作到哪一步等。此外，有时还会面临卫星突发故障不可用，或者因故障引起的卫星性能的变化等情况。

（4）测控数传资源的状态变化。地面站当前的任务占用情况变化，影响地面站数据传输的天气变化情况，如雨雪、大风、地面站设备的突发故障等。

这些快速变化因素里，有些是完全可以通过对已知参数的计算进行精确预测的，如光照条件、卫星的位置和星上任务状态、测控数传资源的任务占用情况、各要素之间可见弧段等；有些是可以部分预测的，如与气象条件相关的因素、部分卫星和测控数传设备故障以及部分可能的需求变化等；有些则是在现有技术条件下很难预测的，如部分需求的变化、卫星和数传测控资源的突发故障，甚至任务管控系统自身的突发故障等。

综上所述，由于能够影响卫星任务管控系统的因素众多，系统各个组成部分的瞬时状态和各部分之间的相互关系在不断快速变化，导致现有技术条件下实现卫星任务管控的全自动处理很难。需要卫星任务管控系统根据不同的需求、不同的目标特点、不同的卫星特点、不同的测控数传资源特点，同时考虑当时的卫星状态、观测条件、测控数传资源状态，采取不同的计划安排策略和任务规划算法，制定在用户需求满足度、资源利用率、系统稳定安全性之间实现最佳权衡的卫星观测成像计划（及指令）和测控数据传输计划，确保将指令发送给测控站的时刻早于卫星进入该测控站可见弧段的时刻，并满足相关设备准备时间要求。此外，还要做好需求突然变化、突发故障等不可预测变化的应对准备，从而确保整个系统高效稳定运行。表1-1列举了卫星任务管控的主要影响因素及其分类。

表1-1 卫星任务管控的主要影响因素及其分类

一级分类	二级分类	三级分类	涉及因素
静态因素	用户的确定需求	客观目标	形状、位置、是否可移动、周围地形、材质、背景等
		主观要求	时间、频次、周期、时效、载荷类型、分辨率、幅宽、成像模式、优先级、是否立体、是否光谱等
	卫星固有因素	载荷	载荷适用范围、可调参数、分辨率、幅宽、成像模式等
		平台	轨道、稳定性、支持能源、是否敏捷、星上存储能力、星上数据处理能力、数据传输能力、是否支持应急调整等
		整体	观测成像、数据传输、姿态调整、模式切换的动作执行速度和执行逻辑、是否支持中继卫星、现存故障等
	测控数传固有因素	地面测控	地理位置、天线数量、天线最低仰角、数据传输带宽、天线的任务准备或任务切换动作耗时、天线转动速度、现存故障等
		地面数传	地理位置、天线数量、天线最低仰角、数据传输带宽、天线的任务准备或任务切换动作耗时、天线转动速度、现存故障、可处理的卫星数据类型、处理速度等
动态因素	可预测因素	卫星状态变化	空间位置变化、与目标、测控数传资源之间的可见性变化、卫星的任务占用情况和任务执行状态变化等
		环境条件变化	昼夜更替变化等
		测控资源状态变化	其他任务占用情况变化
	部分可预测因素	用户需求变化	部分由规律性外部环境变化引发的用户需求变化,如每年汛期的上游水库
		卫星状态变化	具有规律性的故障和性能下降、空间碎片或者其他航天器的碰撞等
		环境条件变化	遮挡目标的云层变化、目标环境雾、霾、雨、雪等气象变化、通信链路所在环境的雨雪天气变化、影响地面站天线姿态的大风等
	不可预测因素	用户需求变化	突发应急任务、目标的优先级调整、需求细化等
		卫星状态变化	卫星平台或者载荷的突发故障、空间粒子影响等
		测控数传资源变化	设备突发故障等

1.3.3 卫星任务管控面临的问题与发挥的作用

卫星任务管控是一个大规模组合优化问题,其中蕴含着测控资源调度、卫星任务规划、数传资源调度等多个问题,已被证明具有 NP-hard 特性。

所有的遥感数据用户,都希望自己的需求能够得到 100% 的满足,即希望无论何时提出,无论包括多少个目标,用户的需求不仅能够得到实时响应,而且能够几乎实时地得到所有目标影像数据,并且影像中的目标拍摄角度、分辨率、幅宽等指标均能全部满足需求。

理论上,只有当卫星数量接近无限、能力接近无限强大、测控数传等资源无限,并且没有通信带宽、光照、气象因素干扰时,才有可能达到需求满足的理想状态。实际上,由于整个对地观测系统的成本高昂、流程繁多且存在技术瓶颈,可以认为观测资源永远无法完全满足需求。

以满足对地球上一个固定点目标的一次可见光成像需求为例,首先,需要假设卫星任务管控系统需求筹划、任务规划、指令编制等处理过程所需时间为零,在此基础上,需要假设卫星测控资源和卫星数传资源正好与一颗可见光成像卫星同时相互可见,并且目标点正好位于这颗卫星星下点附近,这颗卫星此时没有任何其他成像任务,所有功能全部正常且没有任何故障,具备无限的能源,其有效载荷的成像类型、空间分辨率、幅宽、工作模式等完全满足用户对目标图像的成像要求,具备无限灵活的平台及载荷的姿态调整能力,并且所有调整动作耗时为零;需要假设卫星对目标拍摄的成像耗时为零(成像载荷具有无限大的感光度、无限大的数据写入速度等),无论是成像卫星、地面站还是中继卫星,其数据传输动作准备耗时为零,上注指令和下传成像数据的传输耗时为零(即数据传输的带宽为无限大);此外,还需要假设这一时刻太阳高度角正好满足成像要求,并且目标上方完全无云等。

可以看出,上述情形只能是一种理想化假设,现实世界中不可能存在同时满足如此繁多且苛刻约束的情况。卫星任务管控系统的主要任务,就是尽量找到最优解,解决用户需求和资源有限之间的矛盾。在实际中,卫星任务管控面临的主要矛盾包括以下几种。

(1) 卫星数量、成像能力与成像需求数量、要求之间不匹配的矛盾。

随着卫星遥感影像的应用范围越来越广泛,对卫星成像遥感的需求也越来越多,时效性、分辨率要求也越来越高,而卫星由于建设和使用成本、轨道资源、频谱资源等限制,其数量和能力的增长速度,远无法追上需求增长的速度。因此,在卫星任务管控过程中,必须在各种需求之间进行权衡取舍,从而利用有限的资源保证用户需求满足度的最大化。

(2) 卫星任务数量与测控、数传资源之间不匹配的矛盾。

受到测控和数传地面站建设和运行的成本、建设地点等限制,以及中继卫星数量、能力限制,一次任务中选择的测控数传资源可能因为对卫星不能立即可见,或是被其他任务占用,或是准备动作时间与数据传输时间之和大于可见弧段时长,而不能成功执行指令数据上注或者成像数据实时下传。这时,需要卫星任务管控系统按照预先设定的策略,去安排最优化的测控和数传计划,尽量保证卫星测控和数传的时效性。

(3) 卫星和目标、地面站之间互相可见时长相对短与各种设备动作准备、记录数据时间相对长的矛盾。

例如,可见光卫星在抓住短暂的卫星过顶时间完成目标成像动作前,有时需要完成复杂的成像模式切换和拍摄成像准备动作。虽然成像卫星切换工作模式、姿态调整、开机、调焦以及实际成像等若干动作时间每个耗时仅数秒到数十秒,但是与卫星对目标的可成像时间相比,依然有较大影响。这是因为在成像遥感卫星常用的低轨道上,卫星运行速度最大可达到 7.9km/s,即 470km/min 左右,相对于地面一个目标点,这个速度非常快,考虑一般情况下成像的倾斜角度过大时目标不好辨认,以及其他地物、云层遮挡等原因,卫星对于一个目标的有效成像时间也往往只有数十秒到数百秒,成像窗口可以说稍纵即逝,如同飞碟射击运动一样,需要射击运动员在飞碟从飞出到落地的短暂时间段内,精确稳定地"命中"一个很小的目标。这时,卫星的动作准备和数据记录时间相对于短暂的可成像窗口时间,就显得相对较长,成为一项无法忽视的影响因素,必须进行精准计算和合理规划。卫星与测控数传资源的数据传输,也是同样的原理。

(4) 观测任务涉及流程环节多、执行时间长与观测需求变化快速之间的矛盾。

由于卫星一次成像,需要同时满足多种约束,涉及很多环节,因此,其任务执行计划的制定非常复杂,整个计划的执行耗时有可能长达数小时。此时,需要多个部门进行紧密配合,而在任务执行的数小时中,有时又会由突发事件(如突发余震)引起新的临时需求。若要制定新计划满足新的临时需求,新计划就会由于资源抢占问题对之前已经制定好的计划甚至尚在执行中的计划产生影响,从而引发后续任务执行的一系列连锁反应。此时,需要卫星任务管控系统进行应急任务调整,确保在满足新的高优先级任务的同时,对其他任务的影响最小。

(5) 卫星成像对气象条件要求高与地球气候变化多端的矛盾。

光学成像卫星成像时,若目标和卫星之间有云层遮挡,则会影响卫星成像质量,主要体现在两个方面:一是云层遮挡使卫星的成像质量下降,光学卫星依靠光线反射成像,光线在穿射云层时会发生折射、散射、衰弱等效应,使成像模糊或产生位移;二是为了规避云层,卫星将通过俯仰和侧摆从云缝中对目标成像,使成像分辨率下降。虽然气象部门能对某一地区的云层情况进行预报,但是云层是动态变化的,具有很强的不确定性。另外,如果太阳高度角过低,则太阳光照强度过弱,也会造成可见光卫星无法有效成像,需要任务管控系统综合考虑成像要求、目标特性、气象、光照条件和不同卫星成像载荷特点进行统筹安排。

针对于此,在设计卫星任务管控系统时,需要将大量导致矛盾产生的约束条件考虑进去,这些约束包括以下几方面。

1. 资源的约束

(1)载荷成像范围约束。卫星有效载荷的每个确定的动作模式,对应于一定的成像谱段、成像分辨率和视场范围。所有可选模式集合构成了卫星载荷的能力范围,卫星只能满足在它能力范围内的成像请求,如分辨率为3m的光学卫星无法满足用户要求的1m分辨率的成像图像要求。

(2)工作模式成像条件约束。有些卫星载荷在特定条件下可能无法有效成像,如可见光卫星受光照条件和云层覆盖的影响较大,在光照条件不好和云层较厚时无法成像等。

(3)开关机时间长度约束。由于星上载荷的工作特性限制,为保护星上载荷,一般对每个模式下的最长开关机时间进行限制。为对地面目标进行有效成像并获得更可信的数据,卫星成像通常也需要满足一定持续时间,称为最小开机时间。

(4)模式切换约束。卫星在两次连续的成像动作之间需要满足一定的动作切换时间,称为动作切换时间约束。

(5)动作唯一性约束。由于卫星载荷特点限制,卫星在任一时刻同时只能执行一个动作,不允许两个动作有时间上的交叉。

2. 卫星平台能力的约束

(1)成像时间窗约束。低轨成像卫星一般在太阳同步近极轨道上绕地球飞行,这些轨道通过每一个地域的时间长度有限,依据目标大小不同,通常只有几秒到几十秒时间,卫星只能在与目标的可见时间窗内才能实施成像。

(2)能量约束。在进行任务规划时,需要考虑卫星能量对卫星成像活动的影响。不同类型的卫星,因能量导致的限制也有不同,如限制指定时间内的卫星动作时间、限制指定时间内的卫星动作次数、限制指定时间内的卫星侧视次数、限制总的动作时间等。通常情况下,卫星能量约束是上述约束的一种或多种的组合。

(3)存储约束。卫星在数传资源接收范围外对目标进行成像时,成像数据一般存储在星载存储器上。由于技术的进步,现代小卫星多采用固态存储器存储数据。固态存储器的使用约束包括:存储容量限制,即星上存储数据的容量不能超过星载存储器的最大数据容量;文件存取方式,即每次开关机获得的数据生成一个独立文件,存储器需要通过文件操作实现对存储数据的管理;文件数目限制,即固态存储器存在存储文件数量上限,同一时间内不能有超过该指定上限值的文件存在;随机存取能力,即是否具备随机地选择某一块存储空间进行数据传输与数据存储的能力;星载存储器的重复使用能力,即是否具备当存储器被占用时通过将部分数据传输到数据站以释放空间用来进行新的数据记录的能力等。

3. 测控资源相关约束

(1)测控时间窗约束。卫星在与测控站可见并满足一定的接收条件时才能传输测控数据,因此,卫星与测控站之间需要满足一定的时间窗约束。

(2)文件传输约束。为保证数据的一致性与完备性,一般要求一个测控数据文件必须在一次卫星进站时段内传输完毕,限制一个文件在两个以上的测控段内传输。

(3)动作次序约束。必须首先由测控站将卫星指令上注到卫星后,卫星才能根据指令进行相关的成像动作,把这种逻辑上的限制称为动作次序约束。

(4)数据一致性约束。同一个测控站对卫星的上注数据量与卫星存储器新增占用的存储容量一致。

4. 数据传输资源约束

(1)数传时间窗约束。卫星在与数传站可见并满足一定的接收条件时才能传输数据,因此,卫星与数传站之间需要满足一定的时间窗约束。

(2)文件传输约束。为保证数据的一致性与完备性,部分数传站要求一个成像数据文件需在一次进站时段内传输完毕,即不允许一个文件在两个以上的数传段内传输。

(3)动作次序约束。卫星必须先对任务进行成像获得数据后,才能进行相应的成像数据传输。

(4) 数据一致性约束。同一个数传站接收的卫星下传的数据量与卫星存储器释放的存储容量一致。

(5) 实传与回放约束。实传动作对应的是一种即时数据传输模式,卫星在获取成像数据的同时将该数据传输到数传站,该过程不占用星载存储器,但要求卫星与数传站以及目标同时可见。把满足实传条件的时间窗口段称为"实传窗口"。回放动作是卫星进行记录动作获得成像数据后,当卫星与数传站存在数传时间窗时将星载存储数据传输至数传站的一种处理方式,是一种延时处理模式。卫星实传和回放动作的切换需要一定时间,为处理方便,可以假设卫星在同一个数传站的跟踪接收时段内不能进行实传和回放动作切换。

5. 其他约束

(1) 中继卫星使用约束。如果成像遥感卫星使用中继卫星作为测控和数传手段,则除了要满足成像遥感卫星与中继卫星之间的可见时间窗约束外,还需要满足中继卫星使用的其他约束。

(2) 卫星任务管控处理时长约束。卫星任务管控系统在需求受理、需求筹划、任务规划、计划编制、指令编制等环节,均需要一定处理时长。

(3) 卫星任务管控动作次序约束。卫星任务管控必须先完成需求受理、需求筹划、任务规划、计划编制、指令编制并发送给测控站等一系列动作后,测控站才能将指令上注卫星等。

1.3.4 卫星任务管控的技术体系

卫星任务管控涉及的关键技术,主要包括需求筹划技术、卫星任务规划技术、卫星载荷控制技术、卫星状态监视技术、动态规划技术、卫星轨道控制技术、任务可视化技术、观测效能评估技术等。

其中,需求筹划技术是卫星数据用户与卫星任务管控的接口和桥梁,是体现高分辨率对地观测卫星使用价值的关键,一般包括对地观测需求的受理,对地观测需求的分解、融合、聚合、合并,需求的冲突消解,需求优先级评估,基于实时气象信息的需求筹划等。

卫星任务规划技术是卫星任务管控技术的核心,是控制卫星高效执行对地观测任务和数据传输任务的关键,是控制卫星实施协同对地观测的大脑和中枢。卫星任务规划技术一般包括卫星使用约束建模、任务规划求解算法、各类资源(卫星资源、接收资源、测控资源)的统筹调度技术、敏捷成像卫星调度技术、移动目标任务规划等。

卫星载荷控制技术包括光学成像卫星载荷控制、SAR 卫星载荷控制、卫星控制指令编制等技术。卫星状态监视技术能够保证卫星在轨安全运行、卫星效能充分发挥，一般包括卫星遥测数据接收解译及分析、卫星故障诊断技术、卫星故障预测技术等。

本书主要围绕以上 5 项关键技术进行讨论。整个卫星任务管控技术体系如图 1-6 所示。

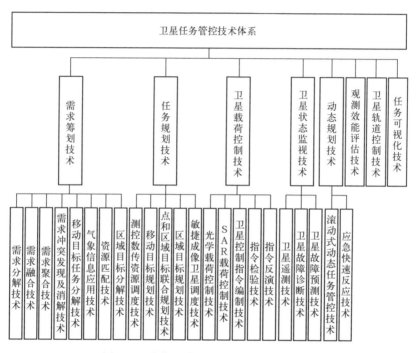

图 1-6　成像遥感卫星任务管控技术体系

卫星任务管控的主要环节，从逻辑上包括用户需求受理、需求筹划、多星联合任务规划、单星任务规划、多星协同任务规划、测控数传资源调度、卫星载荷及测控数传资源工作计划制定、卫星指令编制等多个环节。其中，需求筹划和任务规划环节之间一般有两种衔接方式：一种是首先将用户需求转化成多个系统可执行的任务，系统根据输入条件和任务自动进行计算，按最优原则和设计规划算法，将多个任务自动分配给各颗卫星，并直接生成相应的计划；另一种是首先将所有目标任务按照多（目标）对一（卫星）原则分配给所有卫星，然后由每颗卫星的规划责任主体（操作员或者智能软件等）对每颗卫星分别作单星多任务规划，生成每颗卫星的观测和测控数传计划。两种衔接方案中，前者符合多星任务规划的研究模型,适用于自动化、一体化程度较高的卫星任务管控系统,后者则更适用于尚不具备流程全自动能力的、流水线式的任务管控系统。本书主要聚焦第二种方式,第一种方式因为从工作流程上比较容易抽象化,因此主要作为任务规划技术的一部分进行介绍。

多星任务联合规划和多星协同规划是研究人员经常讨论的概念。本书认为,二者区别在于在多颗卫星条件下,每个目标由一颗卫星拍摄还是由多颗卫星拍摄。前者是多星联合任务规划(也可称为多星任务筹划、多星统筹规划等)范畴,主要聚焦于多星任务分配方案的综合效益最优化;后者是卫星协同规划范畴,应用场景包括多颗卫星按照需求对移动目标、周期性目标或者重要性极高的固定目标进行持续跟踪和观测等,主要聚焦于对目标观测需求满足度的最大化。

表1-2表示在用户需求和系统条件的各种假设条件下,卫星任务管控所涵盖的环节。

表1-2 卫星任务管控的前提条件与流程模型对应关系

需求目标数量	卫星数量	目标与卫星对应要求	测控数传资源	需求筹划	多星联合规划	单星任务规划	多星协同规划	测控数传资源调度	计划制定	指令编制
单	单	一对一	无限						√	√
单	单	一对一	有限					√	√	√
多	单	多对一	有限	√		√		√	√	√
多	多	多对一	有限	√	√	√		√	√	√
多	多	多对多	有限	√	√	√	√	√	√	√

1.4 国内外现状

1.4.1 国内外建设现状

美国、俄罗斯、欧洲航天局等航天大国和组织均建立了较为完善的航天器管控体系,日本、法国、印度等国也非常重视航天能力的发展,形成了一定规模的航天器管控能力。

1. 美国

1) 美国航空航天局(National Aeronautics and Space Administration, NASA)

美国航空航天局主要有戈达德航天飞控中心、约翰逊航天中心、马歇尔航天中心、喷气推进实验室4个承担航天器管控的任务中心。其中,戈达德航天飞控中心是地球轨道航天器任务管控中心,主要承担对地遥感、对日遥感及其他空间遥感任务;约翰逊/马歇尔航天中心主要承担国际空间站等载人航天任务的管控。约翰逊航天中心作为主中心,马歇尔航天中心作为备份;喷气推进实验室承担火星、金星、小行星等深空探测任务的管控。

2) 美国空军卫星控制网(AirForce Satellite Control Network, AFSCN)

美国现有110颗左右军事卫星,其卫星管控无平台测控、业务测控的区分,由一个单位统一实施卫星在轨管控,主要由国家侦察局、施里弗空军基地/范登堡空军基地所属任务中心承担。其中,国家侦察局承担军用光学/雷达成像侦察、电子侦察卫星管控任务;施里弗空军基地/范登堡空军基地承担全球导航卫星(Global Position Satellite, GPS)、天基空间目标监视系统(Space-based Space Surveillance, SBSS)、军事星(Milsat)、国防卫星通信系统(Denfense Satellite Communications System, DSCS)、国防气象卫星(Denfense Meterorological Satellite Program, DMSP)等军事卫星的管控任务,施里弗空军基地作为主中心,范登堡空军基地作为备份。

美军侦察卫星运行管理的主管部门是国家侦察局(National Reconnaissance Office, NRO),负责侦察卫星日常运行管理、任务计划安排与组织实施,承担卫星数据的接收、处理和图像产品生成。作战部队配有专门负责协调航天任务计划的机构或人员,能将任务需求快速、直接地提交给任务规划和运行管理部门。国家侦察局统筹安排任务计划,获取信息并生成产品后,可快速、直接地发送给作战部队。

由于美国各类观测平台的管理权相对分散,军用和民用观测系统呈现"烟囱"的组织模式,导致其在处理相对复杂的用户需求时存在一些局限性;遥感资源分别由独立的机构控制管理,资源综合使用效率不高,具有类似功能的遥感资源负荷不均衡;遥感观测活动之间缺乏协作,没有建立方便易行的协作机制;单独的遥感资源往往无法快速完成复杂的观测任务;复杂观测需求依赖于用户对具体观测方式和观测资源的直接指定,而打破这种组织模式的代价较大,因此,尚未实现多系统协同观测的具体应用。

为改变这种状况,美军于近年来开始进行自上而下、有计划地整合,并开始重视系统体系结构的开发,探索用体系结构方法进行顶层设计的发展途径,设法通过体系结构创新,努力把"烟囱"拉成网,使对地观测卫星应用体系结构合理、标准统一、信息互通、应用互操作,使之具有更强的战场信息感知能力、生存能力、支援能力,最大程度地发挥出整体效益。美国计划发展通用地面系统,对观测卫星进行统一操控。负责侦察监视卫星研制和运行的国家侦察局在 2016 年地理空间情报研讨会上表示,正在开发的"未来地面体系"(Future Ground Architecture,FGA)通用地面控制系统,将允许情报界通过统一的平台操控侦察卫星,包括接受和处理信息,并且可定制及时、高度可信、可行的个性化情报,从而避免为每个项目建造独立的地面系统。新的地面系统将综合利用军事和商业资源,提高处理速度和数据加密能力,并自动规划情报卫星获取更多的数据以及发现隐藏的不寻常信息,进而预测目标的下一步行动。

2. 欧洲航天局

欧洲航天局(ESA)是多个独立国家之间组成的联盟,因此,多系统协同机制偏向于松耦合模式,其重点考虑的是参与成员之间的公平。欧洲航天局在 21 世纪初签署了一项"空间和重大灾害国际条约"(Charter),其目的是为多国政府部门监测和防范重大灾害提供免费的天基遥感数据和信息产品。在多个参与国协商的基础上,Charter 采用了一种"值日"的管理方式,每天都轮换一名官员负责统一制定当天所有卫星资源的观测计划。被授权的用户需要按规定格式提交遥感观测需求,再由当班官员在参考相关专业领域知识的基础上,完成对观测任务的具体安排。Charter 是第一个为国际组织提供多机构、多任务、多传感器协作服务的组织,其成员以自愿方式参与,经济上相互独立。

3. 中国

在我国,各个部门分别投资建设了自己的对地观测卫星系统,拥有独立的在轨卫星管理与控制系统,分别管理不同类型的卫星。我国航天器管理与控制主要依托测控中心和各卫星运控中心。

其中测控中心主要承担卫星状态监视、遥控指令生成、轨道计算等任务。目前,我国建有两个综合性测控中心,分别承担卫星平台、载人航天、深空探测等测控管理任务。

各卫星运控中心主要承担与用户间任务需求的协调、卫星任务规划(包括所属地面站使用规划)、计划制定、载荷状态监视与控制指令生成等任务,并负责全系统的业务运行维护和安全管理等。我国的卫星任务管控系统建设是随各种类型卫星系统建设而发展起来的。

1.4.2 国外研究现状

下面从常规任务调度系统、应急任务调度系统和自主任务调度系统 3 个方面介绍在国外应用较为广泛的对地观测卫星地面任务调度系统研究开发现状。

1. 常规地面调度系统研究开发现状

国内外一些研究机构、商业公司已经开发了不同应用背景的对地观测卫星任务规划调度系统。NASA 喷气推进实验室 S. Fukunaga 研究团队设计了面向规划调度（Scheduling-oriented）的可重构的自动规划计划系统（Automated Planning/Scheduling Environment，ASPEN），能够支持 EO 系列卫星和部分 SAR 卫星的协同规划。它是一种地面自动任务规划系统，不仅可以应用于卫星等航天器的任务规划，还可以应用于航空器、舰艇和潜水艇等非航天器的任务规划，应用范围广、扩展性良好。ASPEN 是一个面向对象的系统，提供了一组可重用的软件组件，实现了对复杂规划调度系统中一些通用要素的定义。它允许用户定义行动、资源、状态以及它们之间的所有约束，将卫星模型解析成数据结构，包含 7 种核心模型类，即行动、参数、参数依赖、时态约束、预约、资源变量和状态变量。ASPEN 利用上述 7 种模型类定义卫星任务模型组件、进程、规则和约束，手动或自动生成有效的行动序列，也就是计划表或者进度表。在解决调度问题时，它主要采用局部邻域搜索算法，结合约束描述、约束管理、搜索策略、时态推理等技术进行任务规划。ASPEN 中采用了一种基于局部邻域搜索的算法，算法的基本思想是：首先生成一个初始调度方案；然后通过调整变量取值不断消解冲突，直到获得可行调度方案。

在 ASPEN 基础上，日本名古屋大学 Y. Yamaguchi 和喷气推进实验室 A. B. Kahle 等人组成的联合研究团队针对 EO-1、Radarsat-MAMM、Rosetta 等任务设计了先进星载热量散发与反辐射仪（Advanced Space-borne Thermal Emission and Reflection Radiometer，ASTER）调度系统，其目的是最大化卫星在轨运行期间的数据获取量。H. Muraoka 等人在调度系统中，采用贪婪算法求解对地观测卫星任务规划问题，每次都选取重要等级最高的成像目标，如果该目标不能进行安排，则选取下一个成像目标。ASTER 系统功能接口如图 1-7 所示。

ASTER 对卫星任务的建模方式和 ASPEN 一致，所不同的是，它不再将任务规划当作是一个批处理过程，单个规划以任务目标和初始状态表征。ASTER 通过以当前目标序列、当前计划、当前状态和预期状态表述规划信息，提高了调度系统对动态规划的响应能力，任务规划流程如图 1-8 所示。

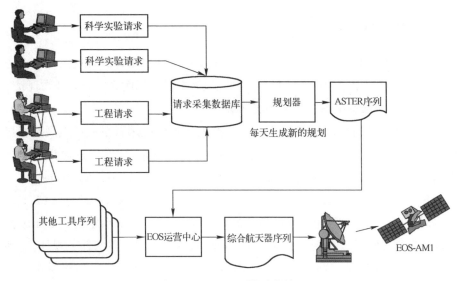

图 1-7　ASTER 系统功能接口

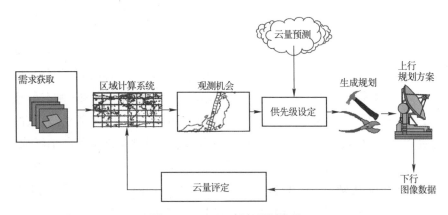

图 1-8　ASTER 任务规划流程

美国太平洋—谢拉研究公司开发的商业卫星调度工具 GREAS 用于观测卫星调度问题建模,其实现过程是:首先建立任务、资源、事件和约束的模型;其次是通过启发式搜索和约束传播(Constraint Propagation)得到调度方案。该工具集成了 ILOG 商业软件进行规划调度。GREAS 主要用于面向单星的任务规划,对多星联合任务规划适应性较差。

美国 AGI 公司开发了当前航空工业领先的商品化分析软件 STK(Satellite Tool Kit),其中 STK 任务规划调度(STK Scheduler)由 Orbit Logic 公司开发,独立于 STK 应用程序,能够与 STK 集成,可针对 STK 中设置场景中的各种资源建立和调度卫星任务。STK Scheduler 主要采用神经网络和贪婪算法等优化技术进行观测卫星任务规划,已经在全球很多国家和地区的卫星运控系统中得到了广泛应用。然而,该系统对一个任务由多颗卫星协作完成的问题解决能力不足,此外,它对数传任务的规划能力较弱。

Orbit Logic 公司以 OrbitView-3 卫星为应用背景开发了成像任务规划系统(OrbView Tasking System, OTS)。OTS 系统能够在用户给定的时间框架内,快速给出优化后的卫星观测方案。该系统包含高精度的飞行器仿真器,融合了多种优化算法。OTS 系统在综合考虑包括由用户定义的目标观测约束、在轨航天器的能量约束与存储约束以及成像设备指向约束、机动能力等在内的各类约束条件的情况下,结合卫星星历数据、云层覆盖情况以及目标库中成百上千个观测目标等具体信息,周期性地进行任务规划和结果优化。此解算过程需要若干分钟,能够在满足有限成像时间和系统资源的约束下,给出针对每颗成像遥感卫星的最优成像方案。

在这些调度系统中,专用模型的设计往往与具体星载设备相关。专用系统都是针对某型、某系列卫星,因此,不具备一般性和通用性,可扩展性欠佳,定义并处理新约束较为困难,难以适应其他卫星系统,往往需要用户单位进行二次开发。其中 GREAS、ASPEN 和 ASTER 是针对卫星成像任务的调度管理软件。在 ASTER 中,没有考虑两次观测间需要的载荷准备时间;此外,星上各有效载荷是独立考虑的,不利于实现最优规划结果。

在多星联合任务规划应用需求的推动下,还出现了一些功能更为强大的多星联合任务规划系统,如美国 SpaceImaging 和 Orbit Logic 公司联合开发的多星数据采集规划系统(Collection Planning System, CPS),ESA 的多任务分析规划工具(Multi-mission Analysis and Planning System, MAT)。CPS 软件采用了和 STK Scheduler 类似的设计及调度算法,尽管可以针对多星进行联合任务规划,但只能处理点目标,不能处理区域目标等复杂的观测任务需求。MAT 软件操作界面如图 1-9 所示。它能够处理用户灵活定制的任务需求,同时采用了启发式算法及随机进行的贪婪算法求解,但相关文献没有透露该软件对任务的处理细节,问题建模和算法效率也没有进行精确评估。

国外研究机构和组织开发的任务规划系统,以及系统参与的实际任务如表 1-3 所列。

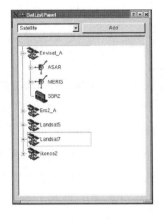
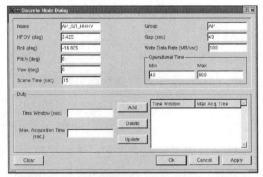
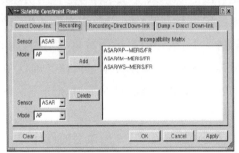

图 1-9　MAT 软件操作界面

表 1-3　卫星任务规划系统列表

任务规划系统	机构或组织	参加任务
计划/规划（Planning/Schedule，P/S）	美国国家航空航天局（NASA）	DS-1 模拟卫星任务
自动规划计划系统（Automated Scheduling and Planning Environment，ASPEN）	美国国家航空航天局（NASA）	1. 改进南极测绘任务（Modified Antarctic Mapping Mission, Radarsat-MAMM）； 2. 地球观测一号任务（Earth Observing One Mission）； 3. 轨道快车任务（Orbital Express Mission）； 4. 冰层变形、生态、结构和动态监测计划（Deformation, Ecosystem, Structure, and Dynamics of Ice, DESDynI Project）； 5. 深空通信计划（Deep Space Network, DSN）； 6. 星载自主科学考察系统（Onboard Autonomous Science Investigation System, OASIS）； 7. 非空间应用

（续）

任务规划系统	机构或组织	参加任务
连续作业调度计划执行与重规划系统（Continuous Activity Scheduling Planning Execution and Replanning，CASPER，ASPEN-EO-1）		1. 地球观测一号任务（Earth Observing One Mission）； 2. 3CS 任务（3CS mission）； 3. 21 世纪技术卫星（TechSat21）
罗塞塔规划组件（Rosetta SGS Scheduling Component，RSSC，ASPEN-Rosetta）	欧洲航天局及美国国家航空航天局（ESA&NASA）	罗塞塔任务（Rosetta Mission）
灵活规划（Flex Plan）	GMV 公司	1. 土壤水分及海洋盐度监测计划（Soil Moisture and Ocean Salinity，SMOS）； 2. 月球侦察计划（Lunar Reconnaissance Orbiter，LRO）； 3. 陆地卫星数据连续性任务（Landsat Data Continuity Missions，LDCM）
可扩展通用远程操作规划体系结构（Extensible Universal Remote Operations Planning Architecture，EUROPA）	美国国家航空航天局（NASA）	1. 国际空间站（International Space Station）； 2. 自主水下载具（Autonomous Underwater Vehicle）
天文台周期规划（SOHO Keyhole Period planning，SkeyP）	欧洲航天局（ESA）	太阳和半球天文台（Solar and Hemispheric Observatory，SOHO）
多用户规划环境（Multi-User Scheduling Environment，MUSE）	美国国家航空航天局（NASA）	1. 詹姆斯韦伯太空望远镜（James Webb Space Telescope，JWST）； 2. 集群 II 星座（Cluster II Constellation）
科学交互规划环境（Science Planning Interactive Knowledge Environment，SPIKE）	美国国家航空航天局（NASA）	1. 哈勃太空望远镜（Hubble Space Telescope，HST）； 2. 斯皮策太空望远镜（Spitzer Space Telescope）； 3. 詹姆斯韦伯太空望远镜（James Webb Space Telescope，JWST）； 4. 远紫外光谱探测仪（Far Ultraviolet Spectroscopic Explorer，FUSE）； 5. 钱德拉卫星（Chandra Satellite）

CASPER 是 ASPEN 的星载版本，也是目前最为著名的星载自主任务规划系统，NASA 的 EO-1、3CS 和 Techsat-21 任务均使用了该规划系统。由表 1-3 可以看出，NASA 和 ESA 分别在卫星任务规划的应用方面取得了一定的研究成果。从当前对地观测卫星地面调度系统的研究开发情况来看，地面调度系统需要解决的主要问题就是任务分配与协调问题。为降低卫星协同规划的求解难度和复杂度，在上述系统中大多采用分层递进的求解思路，将协同规划问题划分成多个层次，然后针对每个层次的子问题，结合具体型号卫星的特性和要求，

研究合适的求解方法。

2. 快速响应调度系统研究开发现状

"快速响应卫星"概念由美国率先提出,此类新型卫星的主要特征包括按需发射、快速装配、应急发射升空、快速获得应用能力、直接支持末端用户使用等。与传统卫星相比,快速响应卫星更能满足短时甚至实时的需求,在突发灾害检测和军事应用等方面有广泛应用,已经在国外空间技术研究领域引起了广泛关注。快速响应卫星的任务规划有如下特点。

(1) 快速响应卫星任务规划同样受卫星平台与传感器诸多使用约束条件的限制,使得任务规划问题首先是约束满足问题,经过任务规划生成的成像方案必须满足卫星使用约束条件,即必须是一个可行的成像方案。

(2) 由于快速响应卫星具有较强的空间机动性,针对重点观测任务可以先进行卫星轨道机动,然后再实施观测和监视,这就使得快速响应卫星任务规划比普通卫星任务规划考虑的约束条件更多,同时也更复杂、难度更大。

(3) 快速响应卫星重点关注的是全球某一或者多个重热点地区的目标,对目标时效性要求更高;同时,各用户提出的应急观测需求更多,要求任务规划在尽可能早的时间安排对响应目标的观测,以上决定了快速响应卫星任务规划的时效性要求更高。

(4) 针对数量众多的观测目标,受卫星载荷能力以及数据下传、接收能力的限制,每次规划有可能难以全部满足用户需求,所以必须首先安排尽可能重要、使卫星观测能力得到充分运用的目标,即快速响应卫星任务规划也是一个多目标优化问题。

(5) 针对特定目标的监视任务,单纯依靠快速响应卫星进行观测和监视难以充分满足用户需求,必须综合考虑利用其他卫星。因此,快速响应卫星与其他卫星的协同观测和监视问题也是快速响应卫星任务规划必须重点考虑的问题之一。

综合任务规划需综合考虑卫星、地面站、中继卫星等资源,以及成像需求特点,消解不同成像需求间的冲突,合理分配资源,同时,对规划方案的评价会涉及成像质量、任务数量以及卫星资源消耗等多个方面,所以,快速响应卫星的综合任务规划问题也可视为带约束的多目标组合优化问题,可以借鉴多星联合任务规划采用的模型及算法。

任务调度系统是快速响应卫星系统的重要组成部分,美国 General Dynamics C4 Systems 公司在首次提出快速响应卫星系统设计构想的同时,也对其配套调度系统进行了概念设计,如图 1-10 所示。

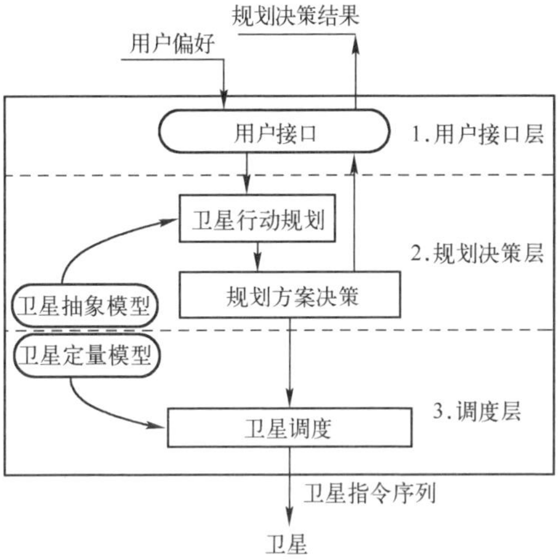

图 1-10　快速响应卫星调度系统概念模型

概念模型中明确了以下设计要点。

(1) 各卫星用户提出自己的需求。

(2) 规划模块收集用户需求,进行去冲突化(Deconflict)和优先级排序。

(3) 规划模块整理出优选目标列表。

(4) 卫星管理单元根据优选目标和卫星实际运行情况,生成规划方案,为每颗卫星分配任务。

快速响应卫星任务调度与常规卫星的区别主要体现在卫星、用户和运控人员三者之间的关系中。在常规卫星任务调度中,用户在提出需求后只是等待数据返回,卫星规划由专业的运控人员操作实现,对规划模块而言用户是合作型的,规划模块可以直接过滤掉用户提出的无法完成的需求;在快速响应卫星任务调度中,用户认为卫星是为自己服务的,卫星规划是一种服务规划(Service Planning)。在军事领域,为提高快速响应卫星对战术用户的支援效果、降低用户操作成本,国外搭建的快速响应调度系统一般采用标准化的星地接口,提供灵活的信息传输手段,能够支持指挥人员进行作战任务分析和资源规划调度,建立快速响应空间作业。针对快速响应任务,美军已研制、演示和验证了 3 个指挥与控制系统:虚拟作战任务中心(Virtual Mission Operations Center,VMOC)、战术航天器指挥服务体系(Tactical Spacecraft Commanding Service Architecture,TSCSA)以及快速响应空间战术级作战与训练系统(Training and Tactical ORS

Operations,TATOO)。下面对这 3 个系统简要介绍。

1) VMOC

VMOC 基于星地接口标准化技术,通过 Internet 为战术用户提供远程控制各类卫星的接口,用户可利用 Web 界面提交任务、验证任务可行性,基于用户权限和任务优先级给卫星有效载荷分配任务,并获取任务的执行进度和状态,最后使用特定 IP 获取卫星观测数据。VOMC 系统包括 3 个组件:战术(Tactical)、任务(Mission)和分派(Apportionment),如图 1-11 所示。

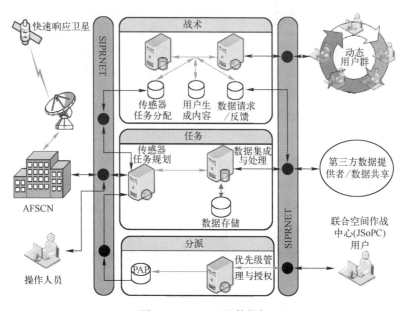

图 1-11　VOMC 总体构架

战术组件旨在降低用户使用卫星的门槛,并支持多传感器访问,促进多用户之间的协作。其主要功能是:为用户提供提交观测任务、查询并获取观测数据的接口;管理用户并分配权限;提供观测数据的订阅服务;提供用户协作工具,使不同用户能够基于虚拟工作组进行合作。任务组件基于面向服务架构(Service Oriented Architecture,SOA)理念,提供平台管理、传感器调度、数据处理、存储、共享以及第三方数据获取服务,在此框架下可以基于 Web 服务实现多个 VMOC 的互联,具有良好的扩展性。分派组件主要提供自动模式下和人工模式下的任务优先级确定服务,并支持基于效果的观测资源分配服务。

2) TSCSA

TSCSA 是以战术用户为中心的,对最底层的战术执行单元开放战术空间资源访问接口,通过标准的 Web 服务体系向地面作战人员提供任务规划、指挥控制、信息订阅等服务。TSCSA 包括 3 个部分:战术级地面用户单元网络(Tactical Ground Unit Network)、通信桥(Communication Bridge)和后端服务群(Backend Services)。

战术级地面用户单元网络是指战术用户在无线通信范围内能够互相通信组网了解战场信息,并利用移动 Ad Hoc 网络(Mobile Ad Hoc Network,MANET)直接连接至通信桥;通信桥是指地面用户单元与后端服务群之间的连接设施;后端服务群是观测图像与数据的提供方,由多个子系统组成,包括订阅服务器、图像数据服务器、卫星运控中心和空间战术资源等。TSCSA 数据流如图 1-12 所示。战术级地面用户单元通过通信桥向后端服务群提出观测数据需求,通信桥以 Web 服务的形式将任务请求发送至任务选定的订阅服务器节点。各订阅服务器节点首先在数据库中查询是否有满足用户要求的观测数据,若有则利用通信桥向地面用户单元发送观测数据与图像。如果图像数据服务器中已有的图像数据不能满足作战需求,订阅服务器则将观测数据需求发送至卫星运控中心或其他图像数据服务器,以获取相关图像数据,通信桥也会对该用户的状态进行标记与监控,并监视跟踪所有通信信息。后端服务群获取到观测数据后,会向用户发送数据并提醒用户查看。

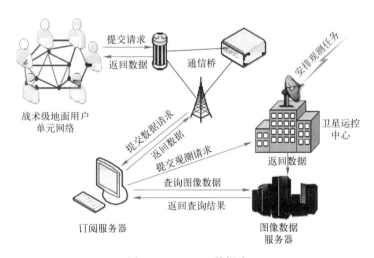

图 1-12　TSCSA 数据流

3) TATOO

TATOO 由美国卫星通信技术公司研制开发,主要目的是为作战指挥人员提供快速响应作战训练素材和一个战术级组织指挥、信息交互以及数据获取的实验室仿真训练环境。TATOO 能够提供快响卫星与地面作战人员直接进行交互的能力,作战指挥人员可利用 TATOO 的专业软件进行卫星资源任务规划,监视快响卫星执行任务的进度和状态,模拟实际卫星信息传输瓶颈,演示和验证快响卫星在战场环境下的信息保障能力。

以 VMOC、TSCSA 和 TATOO 为代表的快速响应指控与应用系统主要侧重于指挥、控制、训练层面的研究,所进行的快速响应观测流程相对固定,未公开具体的任务规划调度方法。

近年来,在侦察监视卫星方面,美国仍以补网加强国家侦察局(NRO)发展的现有卫星型号为主,并持续研发新一代系统。同时,在"快响"理念带动下,军兵种尝试发展成像侦察卫星,以增强应对战术作战的能力。2017 年,美国陆军已发射首颗光学成像侦察卫星验证星。在技术发展上,美军高度重视新型高分辨率光学成像技术和小型雷达侦察卫星技术的攻关,同时,高度重视人工智能在成像侦察卫星应用方面的技术发展。

美军的现有光学成像侦察卫星系统能力先进,技术通常领先其他国家一代,但这些系统主要支持战略应用,对战术应用的支撑非常有限。美国陆军空间与导弹防御司令部(SMDC)围绕战术应用、低成本、短周期、高响应的航天装备发展思路,启动了"鹰眼"项目,并于 2017 年 8 月 14 日利用"猎鹰"-9 运载火箭将"鹰眼"-2M 光学成像侦察小卫星成功发射至"国际空间站"。10 月 24 日,该卫星通过释放方式成功部署。该卫星是质量 50kg 的小卫星,运行在 500km 轨道上,单景图像面积 4km×6km,地面分辨率 1.5m。未来,美军计划在 5 个低轨轨道面部署约 40 颗具有类似能力的"鹰眼"小卫星,每个轨道面部署 8 颗。

在针对该型卫星的任务规划策略层面,士兵通过手持设备可对卫星进行任务编程,图像获取后通过数据中继网络直接发送至作战部队,图像交付周期仅需 10min 或更短时间。该型卫星的部署与应用策略意味着旅级或以下级别的战术指挥官将首次被授予控制卫星成像全流程的权力,包括从卫星任务规划到数据分发。"鹰眼"-2M 卫星属于技术验证星,该任务对于未来美国陆军是否推进小型光学成像侦察卫星星座部署以及小型成像卫星在应对战术级快响任务过程中的定位具有重要影响。若该星在战绩评估方面进展顺利,美国陆军将大批量发射该型卫星,构建 40 星星座,实现近持续监视能力。

3. 自主任务调度系统研究开发现状

随着航天技术的高速发展,卫星的自主调度技术逐渐成为各国关注的热点之一。尽量减少乃至不依赖于地面运控系统的提前规划与指令上传,由卫星对实时任务进行自主规划与调度是卫星自主运行的主要内容。

首次对航天器进行自主闭环控制的系统是 NASA 应用于深空航天器 Deep Space-1 上的远程智能体实验规划与调度系统(Remote Agent Experiment Planner/Scheduler,RAX-PS)。其首次在轨系统验证是在与地球相距 96500km 的 Deep Space-1 星载计算机上运行了 2 天,实现了在深空中通过人工智能系统向航天器发送基本指令。此规划与调度系统原理如图 1-13 所示。

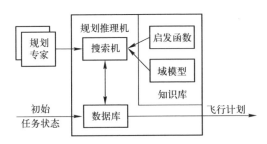

图 1-13 应用于 Deep Space-1 的规划与调度系统原理图

喷气推进实验室的 S. Chien 研究团队致力于改进 EO-1 自主任务规划系统以提升其自治能力,通过不断调整改造 EO-1 的规划调度系统,大大提升了 EO-1 的数据获取能力,观测场景获取数量由发射前预计的 7 幅/周提升至约 100 幅/周。该研究团队通过分别部署地面和星上自主规划调度软件实现 EO-1 的自主任务规划,从而加快了其对突发事件的响应速度。由于地面初始规划算法和星上在线规划算法都采用启发式算法,研究者于 2010 年再次改进了启发式规则,提高了星上自主规划的灵活性,并且将数据获取量提升至 120 幅/周。

NASA 的戈达德空间飞行中心(Goddard Space Flight Center, GSFC)的研究人员针对分布式智能规划调度(Distributed Intelligent Planning and Scheduling, DIPS)设计了协同规划系统,系统中的每个卫星 Agent 具有相同的垂直内部结构,包括一个推理引擎、基于 Prolog 平台的约束检测模块和基于 KQML 的卫星 Agent 通信交互模块。系统采用一种主从式的规划结构,Agent 从地面中心获取目标,在星上执行规划与调度,通过星上子系统以及与其他卫星的配合完成目标。具体地,对于规划模型的求解,首先根据领域知识分解任务,得到可行解,降低了后续协商难度。随后,各个 Agent 在约束传播机制的基础上进行推理以优化各自时间和资源的使用,同时满足各种约束。系统采用基于优先级的启发式算法,并且采用一个层次化的 Agent 确认或授权机制来协调全局目标。

欧洲航天局的 G. Verfaillie 和 S. Damiani 等人提出了适应具备星上自治能力卫星的规划调度软件框架体系结构，并设计了针对 AGARA 项目（Autonomy Generic Architecture: Tests and Applications）中多颗自治卫星的任务规划调度软件，同时，在综合考虑卫星自治灵活性和实现复杂性的基础上，提出将离线调度（Off-Line Scheduling）与在线调度（On-Line Scheduling）相结合的设计思想。基于该设计思想，研究人员进一步提出了一种星地协同的实时动态调度处理机制：远红外传感器用来发现异常现象，主传感器用来进行对地观测。一旦某颗卫星发现异常，立刻将信息传输到地面运控中心，同时自主决策，计算是否使用主传感器对该目标实施观测。地面运控中心将消息发送至其余在轨运行的对地观测卫星，但是否对该目标实施观测由卫星根据自身状态自主决定。

欧洲航天局的 A. Cesta 等研究者在全球环境与安全监测计划（Global Monitoring for Environment and Security，GMES）背景下，针对分布式智能体自治（Distributed Agents For Autonomy，DAFA）技术展开研究，论证多智能体技术在卫星应用领域的优势，旨在 DAFA 框架下实现对地观测卫星的自主规划。在卫星内部构建多智能体系统（Multi-Agent System，MAS）结构使其具备自主规划的能力。其工作原理是：假设在每个任务单独出现的条件下设计自动触发机制，使得卫星可以主动发起观测事件，对于新插入的任务基于 CSP 消解任务间的冲突。这种主动发现、自主调整的方式加快了卫星对任务的响应速度，提高了观测效益。

从研究内容看，卫星自主调度涵盖了故障诊断、任务规划、冲突消解等多个方面的内容。为了降低自主运行的复杂度，上述研究大多采用地面运控中心有限参与控制和星上自主规划相结合的混合机制。另外，由于需要考虑卫星的具体约束，星上自主规划算法与卫星平台紧密耦合，并不具有通用性。

第 2 章
典型的高分对地观测任务管理与控制系统

根据第 1 章介绍卫星任务管控的原理,一个卫星任务管控系统主要功能包括以下几方面。

(1) 收集和管理卫星与载荷、数据接收与测控资源信息,根据任务需要进行数据接收、测控资源的申请,建立并维护各颗卫星资源属性信息库和接收、测控资源属性信息库。

(2) 管理用户信息,受理用户观测需求,对需求进行分类、分解和分析处理,生成观测任务,对未明确卫星要求的需求进行分析筹划,生成卫星可一次连续观测就可以完成成像的任务,也称为元任务。

(3) 基于星地资源使用约束和资源分配规则,应用任务规划算法与模型,对可执行的观测任务进行多星联合任务规划和单星任务规划,进行计算仿真和可视化显示,消除星间观测任务冲突、星上资源使用冲突和地面站数据接收冲突,生成经资源优化分配后的各卫星任务规划方案。

(4) 依据各卫星任务规划方案,制定相应卫星的观测计划、测控计划、数据接收计划等各类计划,对各颗卫星计划进行仿真推演,验证计划的正确性。

(5) 以计划形式向系统内部和外部分配业务,向数据接收站发送数据接收计划。

(6) 管理任务控制过程中的业务计划信息、计划完成情况信息,并按要求进行统计和发布。

(7) 接收管理各卫星轨道根数,为系统内部与外部各系统提供轨道计算服务、轨道数据服务。

(8) 生成卫星有效载荷控制指令,接收各站传输的不同卫星遥测数据,进行处理和反演、显示,对卫星有效载荷遥测参数进行智能化诊断和故障告警。

(9) 监视各颗卫星空间位置运行状态,监视各卫星载荷系统工作状态。

(10) 根据系统卫星资源配置情况、载荷工况以及数据接收资源等,分析系统观测能力。

(11) 对系统的主要设备状态与系统运行状态进行监视,对任务执行状态与主要业务流程进行监视。

评价一个卫星任务管控系统的效能,其关键技术指标包括以下几方面。

(1) 可扩展支持管控卫星的数量。随着卫星数量和能力的不断提升,卫星任务管控系统需要具备多星、多任务、多资源联合统筹能力。因此,需要管理控制的在轨运行对地观测卫星数量是任务管控系统的关键指标之一。

(2) 可扩展支持地面站的数量。随着技术的发展和进步,地面站一般具备上行注入指令和下行接收卫星遥测与观测数据的能力,对应多颗卫星的在轨运行,需要多地域、多套量布设地面站系统。因此,卫星任务管控系统支持地面站的数量是关键指标。

(3) 多任务统筹优化的时间限制。多任务统筹优化的目的是对多个不同的用户需求,进行综合分析,去除冗余,梳理可执行的观测元任务。按照当前技术能力能够满足的程度,统筹优化的时限越短越好。

(4) 多星多任务规划时间。将多个任务按照卫星能力、运行约束和时序要求,进行卫星任务规划,最大限度地满足观测任务需求。可按照年、季度、月等进行中长期规划,也可以按照周、日、小时等进行短期规划。按照技术能力能够满足的程度,任务规划的时限越短越好。

(5) 单星计划生成时间。为了满足快速响应等特殊情况的需求,单星计划生成时间越短越好。

(6) 星地资源管理能力。星地资源是整个卫星任务管控系统运行的基础,主要是指满足服务对象即用户提出的观测需求而涉及的卫星和地面站资源,包括静态信息和动态信息。静态信息是设计能力,动态信息是运行状态。主要包括卫星平台及其有效载荷及地面测控/接收站资源,以及通信网络、信息安全、处理服务等环节的基本能力及其运行状态。

(7) 有效载荷控制能力。主要是指卫星遥测信息处理、卫星指令编制与上注等指标。例如,遥测信息接收解析时间和针对设定阈值的参数告警反应时间、卫星指令编制的正确率、一般单星指令生成的时间等。

(8) 系统基础技术能力。主要包括系统的监视控制、健康管理、抗毁容错等方面能力。监视信息包括卫星平台及其载荷、地面站、数传系统等管控对象资源以及任务管控系统本身、系统业务流程等；健康管理包括数据分析、故障预警等；抗毁容错体现在系统的计算能力、存储能力、传输能力等方面，具备一定的冗余措施、迁移重构和韧性自恢复能力。

2.1 卫星任务管控系统组成

2.1.1 系统功能组成

综合分析卫星任务管控系统的任务、需求、流程等要素，对卫星任务管控系统进行功能分类组合，典型的卫星任务管控系统主要功能可划分为综合调度、任务规划、计划制定、载荷控制、状态监视和星地资源管理6个功能分系统，如图2-1所示。

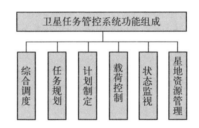

图 2-1　卫星任务管控系统功能组成

1. 综合调度分系统

综合调度分系统面向用户提交的对地观测需求和星地资源任务控制需求，执行与测控系统、数据接收系统的任务协调。

综合调度包括任务/需求受理、任务分析、测控任务协调、数据传输任务协调、运行管理、业务统计等通用功能单元，为卫星任务管控系统操作人员提供辅助功能，实现各类业务的调度决策、任务下达、基础数据发布等。

2. 任务规划分系统

任务规划分系统面向多种观测任务需求，基于星地资源表示、任务表示、载荷约束表示、规划策略表示、规划算法管理等信息，提供任务分析仿真、多星联合任务规划、单星任务规划、协同观测任务规划、数据接收站任务规划和任务规划仿真评估等功能，从而生成统一的卫星观测方案、数据接收方案等。必要时，可以根据不同需求和卫星构建个性化任务规划功能子系统。

3. 计划制定分系统

计划制定分系统根据任务规划结果,提供载荷控制计划表示、载荷控制约束表示、数据接收计划表示、计划制定流程框架、载荷控制约束处理、载荷控制约束检验、联合计划制定及计划仿真验证等功能。

4. 载荷控制分系统

载荷控制分系统支持各种类对地观测卫星有效载荷管理,支持指令模板管理、指令生成、指令验证等功能。即根据不同类卫星观测计划,依据卫星载荷的使用要求,编制各类光学及微波卫星的有效载荷控制指令,并对控制指令进行验证,通过测控系统实施测控。必要时,可为各颗卫星构建专用载荷控制功能模块。

5. 状态监视分系统

状态监视分系统提供卫星任务管控系统通用化状态监视功能,支持对不同卫星及其地面系统的运行状态监视。

其中卫星状态监视支持遥测模板管理、卫星状态监视、故障状态记录等功能,提供遥测数据接收、遥测原始数据展示和遥测原始数据参数处理功能,确保直接或间接反映出卫星的姿态、平台的工作状态以及有效载荷的工作参数和设备状态。地面系统状态监视则包括检测信息采集、工作流程监视、设备状态监视等功能,通过检测采集地面系统主要设备信息,监视和判断地面系统工作状态。

6. 星地资源管理分系统

星地资源管理分系统支持多种类卫星、地面站以及地面通信、数据处理等相关系统的资源管理。管理的资源包括:星地资源数据,任务业务数据(如规划业务、调度业务等),接收业务数据,监视信息数据(如卫星监视信息、数据接收站监视信息、处理系统监视信息以及全系统监视信息),各颗卫星有效载荷控制数据(如指令信息、指令发控信息、遥测信息等),卫星的基本情况、载荷特性、载荷基本工况、轨道参数与变轨能力等卫星资源信息,地面测控/接收站部署位置、类型、天线个数和工作频段、接收角度和操作约束等地面站信息,测控资源信息等。

2.1.2 主要工作流程

典型的卫星任务管控系统主体业务流程包括:受理观测需求,对需求转化成的任务进行分类和分解,对分类、分解后的观测任务进行综合任务规划,编制观测计划、有效载荷控制计划、业务测控计划和各地面站数据接收计划等,编制各卫星有效载荷的控制指令,对各业务计划进行执行控制,并在必要时进行协调调度。

1. 常规业务流程

在执行常规任务的过程中,卫星任务管控系统常规业务流程如图2-2所示。

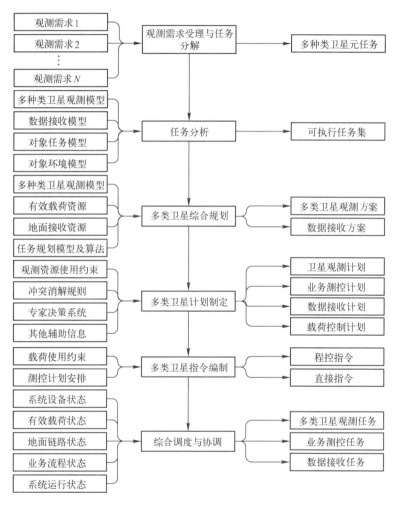

图2-2 卫星任务管控系统常规业务流程(含条件约束和输出)

(1) 综合调度分系统受理观测需求,并对观测需求进行分析和分类处理,形成规范化观测任务;对规范化处理的观测任务进行复杂任务分解处理,并在多种类卫星观测模型、地面站资源模型、目标模型及空间环境模型支持下,对在规定时间段内执行任务的可行性进行分析,形成可执行的观测任务集。

(2)任务规划分系统获取经过可行性分析的观测任务集,基于多类型卫星及地面资源使用约束和资源分配规则,对观测任务进行综合规划,消除观测任务冲突和数据接收冲突,生成经资源优化分配后的观测方案与数据接收方案。

(3)计划制定分系统获取各观测方案与数据接收方案,根据观测资源使用约束,制定观测计划以及业务测控计划、数据接收计划和有效载荷控制计划。

(4)载荷控制分系统根据多种类观测卫星载荷约束和测控计划安排,生成载荷控制指令数据,验证后通过测控系统上注到卫星执行。

(5)综合调度分系统获取卫星业务测控计划、跟踪接收计划并生成业务测控任务、跟踪接收任务等,发送到对应系统,并监视任务执行情况。

(6)状态监视分系统获取系统设备状态、卫星载荷状态、地面链路状态、业务流程状态,对这些信息进行全程监视,进行一定的故障自动诊断,发现故障并及时报警提示;同时,为综合调度分系统的运行管理功能提供地面系统运行状态、操作人员工作状态、业务流程状态等支撑信息。

2. 应急业务流程

针对随机出现的应急任务,卫星任务管控系统的应急业务流程如图2-3所示。

卫星任务管控系统应急业务流程如下。

(1)受理应急对地观测需求,并进行应急任务访问分析,综合当前任务安排情况与执行情况、资源状态,分析应急任务执行可行性与影响范围。

(2)若应急任务可行,则对应急任务使用的接收资源进行调整分配。

(3)若无可用接收资源,则需要临时申请。

(4)若无可用测控资源,也需要临时申请。

(5)基于已有任务规划方案未执行部分,针对应急任务进行动态调整任务规划,插入应急任务,对方案中有影响的部分进行调整,生成调整后的任务规划方案。

(6)根据调整后的任务规划方案进行应急计划编制,生成调整后的各类计划。

(7)进行应急指令编制,生成取消指令与要替换的新指令。

(8)进行指令发控,包括指令取消与要替换的新指令。

(9)在计划编制、指令编制过程中进行计划正确性验证,并与之前的计划

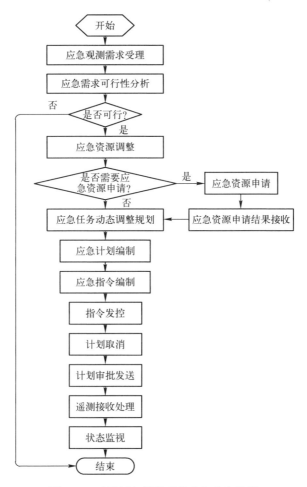

图 2-3 卫星任务管控系统应急业务流程

以及星上已经部分执行的计划联合进行指令验证,以验证计划或指令的合理性,以免出现错误或冲突的指令安排。

(10) 根据应急计划,将冲突的计划与被调整的计划进行取消,并对外发送取消通知。

(11) 将新生成的各业务计划下达到相关系统,控制任务执行。

(12) 进行任务执行状态、系统运行状态与卫星运行状态的监视。

2.1.3 信息交互关系

卫星任务管控系统在对卫星及测控数传资源进行管理与控制的过程中需要从外部获取各类静态、动态信息和任务需求,并面向诸多外部系统进行协调、沟通、调度。

在执行卫星管控任务前,从外部获取各类各型卫星的轨道根数、遥测数据等,进行计算处理,供内部分析和规划使用,并向其他相关系统提供轨道数据服务;通过测控与数传资源管理部门获取各类测控、数据接收资源可用时间窗口;接收各类用户提交的观测需求,向用户反馈任务需求受理情况与执行情况;进行计划制定与指令发控后,将生成的遥控指令发送到测控资源管理部门进行上注,将业务计划发送到数传资源管理部门进行数据接收。

卫星任务管控系统对外信息交互关系如图 2-4 所示。其中,根据实际资源隶属关系,测控资源管理部门与数据接收资源管理部门可以是一个部门,也可能分属两个部门,另外,若外部资源可由卫星任务管控系统独占使用,可不需要资源申请相关环节。

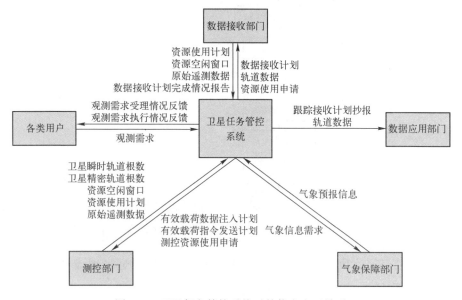

图 2-4 卫星任务管控系统对外信息交互关系

1. 与各类用户的信息交互关系

卫星任务管控系统接收外部的各类用户通过需求终端或其他形式提交的各类观测需求,进行处理后反馈需求受理情况,计划执行完成后,反馈需求执行情况。

2. 与数据接收部门的信息交互关系

(1)从数据接收部门接收数据传输资源空闲窗口用于数传资源申请,接收数据传输资源使用计划进行解析存储,提供给任务规划使用。

(2)向数据接收部门发送数据传输资源使用申请,用于日常或临时申请需要的数传资源。

(3)将生成的数据接收计划发送到外部的数据接收部门,驱动其执行数据接收任务。

(4)向数据接收部门提供轨道数据用于进行卫星跟踪捕获。

(5)从数据接收部门接收数据接收计划执行情况报告,更新计划执行状态与任务执行状态。

(6)从外部的数据接收部门接收卫星原始遥测数据,进行遥测处理和卫星状态监视。

3. 与测控部门的信息交互关系

(1)从测控部门接收卫星瞬时轨道根数、卫星精密轨道根数进行解析、存储和管理。

(2)从测控部门接收测控资源空闲窗口用于测控资源申请,接收测控资源使用计划进行解析存储,提供给任务规划使用。

(3)向测控部门发送测控资源使用申请,用于日常或临时申请需要的测控资源。

(4)将生成的有效载荷数据发送计划与有效载荷数据注入计划发送给测控部门,由其进行遥控指令上注卫星执行。

(5)从测控部门接收卫星原始遥测数据,进行遥测处理和卫星状态监视。

4. 与气象保障部门的信息交互关系

(1)发送气象信息需求,用于日常申请需要的观测区域气象预报信息。

(2)接收气象预报信息,提供给需求筹划与任务规划使用。

5. 与数据应用部门的信息交互关系

向数据应用部门提供轨道数据与跟踪接收计划,用于载荷数据处理。

2.2 一种"平台+插件"式卫星任务管控系统

由于卫星管理与控制工作的要求,卫星任务管控系统本身面临需求多元化、业务功能复杂、卫星数量众多且功能多样化、体量庞大等诸多挑战,而随着我国高分重大专项的不断进展,后续还将有更多卫星投入使用。为适应卫星数量的不断增多,已建成或者在建的卫星任务管控系统需要不断进行升级改造,面临研制周期短、扩展性要求强、可靠性要求高等挑战。

插件式软件体系结构是软件开发人员借鉴硬件组成原理,基于组件式程序设计思想,提出的一种软件体系结构。它把程序的功能分散在插件中,是一种十分灵活的组件式结构。插件是可独立开发的程序模块,可以动态地插入到系统中,并且可以被自由地删除和替换,因此,能够提高软件开发的并行性和开发效率,缩短开发周期,增强系统的可运行性、可测试性和可维护性。具体特点如下。

(1)易修改、可维护性强,插件与宿主程序通过接口通信,可以方便地加载与卸载。

(2)结构清晰、易于理解,各个模块相互独立,插件之间也相互独立。

(3)结构容易调整,可以随时增加或删除插件。

(4)可移植性强,重用粒度大,可以在软件开发过程中修改应用程序。

(5)插件之间的耦合度低,插件通过与宿主程序通信实现插件与插件、插件与宿主程序之间的通信。

(6)开发门槛低,用户可以按照规范自己开发满足需求的插件,也可以委派第三方软件供应商开发。

由此可见,采用"平台+插件"的方式可降低系统开发和集成的复杂度,适应卫星任务管控系统分阶段建设的技术特点。基于卫星任务管控系统的共用平台,可采用增量式系统集成方法,从而实现系统的动态、弹性扩充。

因此,可采用"平台+插件"的技术体制,一次性研制卫星任务管控共性通用平台,通过插件形式增量集成个性化功能系统,使系统开发成本减小、开发效率提高,降低系统开发和集成的复杂度,适应多种类卫星系统分步研制、分阶段发射和地面系统分阶段建设的特点。业务系统采用增量式系统集成方法,可实现系统的动态扩充。

通过构建卫星任务管控平台和各卫星的需求筹划、任务规划、载荷控制、状态监视、资源管理等插件,可实现对高分辨率对地观测卫星任务的管理与控制。

"平台+插件"式的卫星任务管控系统,由软硬件支撑环境、基础平台、集成框架以及通用/专用管控插件包等组成,其层次架构关系如图2-5所示。基于此通用的卫星任务管控平台,以及各类卫星的需求筹划、任务规划、载荷控制、状态监视、资源管理等个性化插件包,定制实现各部门、各领域、各颗卫星对地观测任务管理与控制功能。

第 2 章 典型的高分对地观测任务管理与控制系统

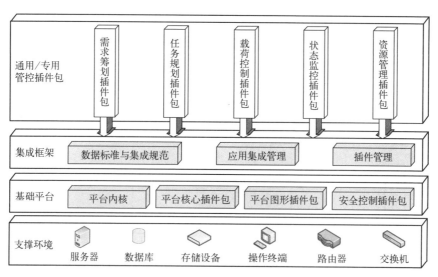

图 2-5 插件式卫星任务管控系统技术架构

1. 支撑环境

软硬件支撑环境提供卫星任务管控平台运行所需的操作系统、数据库、中间件、网络、存储、计算等基础设施。

2. 基础平台

基础平台按照统一标准、统筹共性的原则,提供平台内核管理、基础核心和显示支撑能力。

3. 集成框架

集成框架实现基础平台的内核和各插件包的管理和集成,提供卫星任务管控平台集成和操作使用的方法,为平台的界面框架集成、总线集成管理、流程定制扩展提供支撑。

4. 管控插件包

管控插件包包括通用和专用两部分。管控通用功能依托基础平台提供的底层支撑能力和集成框架提供的各类管理能力,实现卫星任务管控的共性基础和框架支撑功能。

当系统发生新增卫星等业务变化时,在管控插件包提供的通用功能插件的基础上,进行个性化定制,开发专用插件,按照系统集成方法进行插件集成与流程定制、参数配置与服务适配等操作,实现系统的扩展定制。

2.2.1 基础平台

卫星任务管控系统基础平台由平台内核、平台核心插件包、平台图形插件包、安全控制插件包四部分组成,如图 2-6 所示。

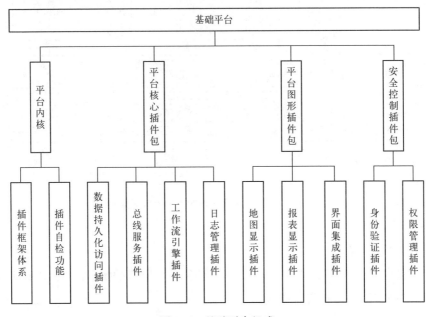

图 2-6 基础平台组成

1. 平台内核

平台内核主要包括插件框架体系、插件自检功能。

1) 插件框架体系

插件框架体系是基础平台的核心框架结构,具备 3 个核心功能:动态模块化、面向服务和模块扩展。

(1) 动态模块化。在插件框架体系中,插件具备物理隔离、热插拔和动态特性。每一个插件都是完全可复用的,可以动态安装、启动、停止、卸载或更新。插件运行时是插件的运行容器,负责从插件目录中加载和启动插件,在加载插件之前,插件容器会扫描插件所需要的资源,如插件的动态链接库、图片等,以确保插件的完整性。在插件启动之前,插件运行时会分析所有插件的依赖关系,从而确定哪些插件运行被启动。只有当一个插件的依赖条件被满足时,插件运行时才能启动该插件。

(2) 面向服务。在插件框架体系中,插件间的耦合度低,具备高内聚、低耦合特性。服务是插件通信最常见的一种方式。服务被定义为"接口+实现",接口是服务的契约,服务提供商实现了服务的接口并将服务注册到服务总线,服务消费者则通过服务契约从服务总线搜索服务并绑定使用。服务可以被动态注册、卸载和更新,并且一个服务契约也可能在多个服务上被实现。

(3) 模块扩展。插件具备可扩展性,可以在不变更插件代码情况下,更改或者扩展插件。扩展机制是通过"扩展点 + 扩展"实现的,如图 2-7 所示。

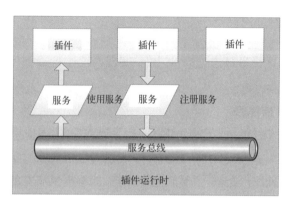

图 2-7　插件扩展

一个插件可以通过定义"扩展点"实现扩展,而其他插件则通过定义对应的"扩展"注册/更新功能。扩展/扩展点在插件启动时注册到插件运行时;相应地,在卸载时,则从插件运行时卸载。

2) 插件自检功能

插件自检功能是指在插件启动前,插件运行时会解析所有插件的清单文件,并对清单文件中描述的资源进行扫描,确保资源的合理性。所有插件间的依赖组成了一个网状的插件依赖图,插件运行时会根据插件依赖图确定插件的状态。插件自检包括程序集依赖检测、插件的程序集资源定义及检测、模块化依赖解析。

2. 平台核心插件包

平台核心插件包主要用于快速构建必需的核心系统服务功能,包括数据持久化访问插件、权限管理插件、总线服务插件、工作流引擎插件、日志管理插件。

其中,数据持久化访问插件具有标准的数据持久化访问功能,同时具备传统数据库语句操作模式和新兴的实体类映射数据操作模式,可最大限度、最大范围地保证插件的适用性、灵活性。

总线服务集成卫星任务管控平台界面框架内部所有的插件服务,提供并维护框架内部的所有插件通信。总线服务能够根据消息内容进行消息路由,将消息转发给不同的插件,具备数据格式转换功能,提供外部系统与内部系统的格式转换。

工作流引擎插件实现业务流程配置,利用工作流模型制作工具制作系统中的业务流程,可支持分叉、循环等方式的流程制作,具备流程监控功能,能够可视化展示业务运行中所有业务节点及流程走向,并能对流程工作项进行挂起、恢复等操作。

日志管理插件具备日志记录的功能,实现系统运行透明化、系统故障快速定位等功能。

3. 平台图形插件包

平台图形插件包包括地图显示插件、报表显示插件、界面集成插件。

地图显示插件具备通用的二维、三维地理信息系统应用功能,包括地图操作、目标绘制、特殊图形绘制、卫星轨迹模拟等,能够提供丰富的界面元素,保证系统的展示效果。

报表显示插件为标准的数据报表编辑展示插件,具备各类标准数据格式的接入能力,能够编辑展示个性化的业务报表。

界面集成插件提供统一的展示方式,能够降低系统展示界面与业务插件间的耦合度,实现界面与业务功能的有效分离。

4. 安全控制插件包

安全控制插件包包括身份验证插件和权限管理插件。主要实现统一的用户身份验证机制,实现用户认证信息的统一加密管理。建立角色权限对应关系,分离权限与用户的耦合,实现灵活的权限管理。

2.2.2 系统集成框架

集成框架包括数据标准与集成规范、应用集成管理和插件管理,如图2-8所示。

1. 数据标准与集成规范

数据标准与集成规范采用全局、统一、高效的方式实现各种分布式、异构的数据资源集中访问和管理,便于数据资源的访问,为系统提供信息查询和决策支持。

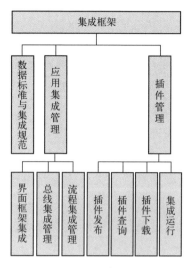

图 2-8　系统集成框架

2. 应用集成管理

应用集成管理包括界面框架集成、总线集成管理和流程集成管理。

1）界面框架集成

从表示层对系统各业务应用插件进行集成并合理安排界面元素,设计人机交互流程以实现系统前端的综合配置,如图 2-9 所示。

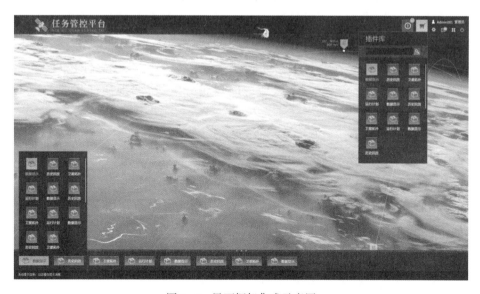

图 2-9　界面框架集成示意图

2) 总线集成管理

总线集成管理利用统一的总线服务集成系统应用服务,主要包括服务定义发布、服务路由、消息转换、运行监管等,可实现系统内部各个应用间的整合,提高系统执行效率,并为外部系统集成、业务拓展提供支撑。

(1) 服务定义发布。总线服务具备当前各平台、各类型的服务接入模式,无论应用服务采用何种模式进行定义,都可以发布到总线上,并可作为服务的提供者或请求者。

(2) 服务路由。总线服务具备各类型的交互模式,包括单向、请求/响应、异步、同步、订阅/发布。

(3) 消息转换。总线通过消息转换处理服务请求者与服务提供者的消息描述差异,使得二者之间无须达成公共接口协议。

(4) 运行监管。所有运行在总线上的应用服务都在总线的监督范围内,包括总线服务状态的监管、总线日志信息的监管,并通过界面化的方式进行人机交互。

3) 流程集成管理

流程集成管理包括业务流程定义、业务流程配置、业务流程驱动和业务流程统计分析。

(1) 业务流程定义。提供可视化的业务流程定义功能,可利用卫星任务管控平台的各类通用插件、专用插件、服务、数据作为业务流程定义的资源,实现快速、完整的业务流程定义。

(2) 业务流程配置。利用卫星任务管控平台的标准化插件接口,快速定义各类业务流程、流程间数据、流程间逻辑分支等,实现插件与业务逻辑松耦合。

(3) 业务流程驱动。业务流程驱动包括人工驱动、自动运行、逻辑驱动等方式,实现灵活的业务流程驱动方式。

(4) 业务流程统计分析。实现图形化的业务流程监视功能,对系统中业务运行情况进行统计分析,如业务流转次数、节点耗时、节点数据量、人工干预情况等,能够根据统计分析结果指导系统业务流程的配置工作。

3. 插件管理

插件管理包括插件发布、插件查询、插件下载、集成运行。其中,插件发布实现远程的插件开发与发布能力。插件查询提供可视化插件查询功能,提供插件的说明及帮助文件。插件下载提供插件的远程下载功能。集成运行提供插件远程安装、启动、停止等集成运行功能。

2.2.3 通用插件及其信息交互关系

通用插件包主要包括需求筹划、任务规划、载荷控制、星地监控、资源管理等通用插件包,用以实现接收响应并分析整理用户需求进行初步筹划和任务分派、对多星多站多任务进行综合统筹规划、对规划结果进行计划生成和有效载荷控制指令生成、通过遥测处理和监视信息采集处理实现对系统设备和业务运行状态进行监视、对天基和地基航天系统资产及其运行状态信息进行监视处理和分析预测等基础通用功能。

各类定制系统基于通用平台及其通用插件,按照标准和规范进行个性化专用插件开发、定制化系统集成,形成独立运行的实用系统。

与传统卫星任务管控系统相比,在通用插件功能设计方面,这种"平台+插件"式的卫星任务管控系统将计划制定功能进行了分解,一部分功能放入任务规划范畴,一部分功能放入载荷控制范畴。这是因为随着计算能力的提高和处理流程的优化,为了尽量减少冗余环节,可将任务规划的结果进行延伸,在生成单星任务规划结果后,载荷控制模块先对单星任务规划结果进行精确计算,生成单星执行计划,再对其进行指令编制等操作。这样可以压减数据流动和流程控制环节,极大地提高系统整体运行效率。

此外,"平台+插件"式的卫星任务管控系统加强了需求筹划功能的通用化设计与平台化开发,一定程度上代替了传统的综合调度分系统业务功能。这是因为面对多种类用户及其任务需求时,系统需要完成的任务数量及复杂度大大增加。相比传统的综合调度分系统建立的与外部各种资源连接和协调的方式,"平台+插件"式的卫星任务管控系统提高了汇总多级多类用户需求并结合多种类星地资源能力进行统筹优化的能力。

五类通用插件的基本信息交互关系如图 2-10 所示。

1. 资源管理插件包与外部系统的接口关系

(1)资源管理插件包从外部的测控部门接收卫星瞬时轨道根数、卫星精密轨道根数进行解析存储管理。

(2)资源管理插件包从外部的测控部门接收测控资源空闲窗口用于测控资源申请,接收测控资源使用计划进行解析存储,提供给卫星任务规划插件包使用。

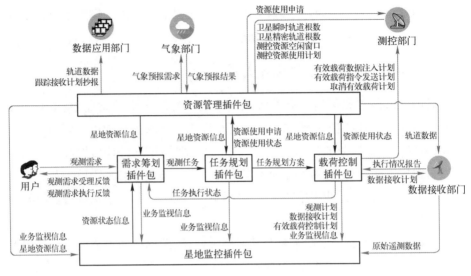

图 2-10　通用插件信息关系简图

（3）资源管理插件包从外部的数据接收部门接收数据传输资源空闲窗口用于数据传输资源申请,接收数据传输资源使用计划进行解析存储,提供给卫星任务规划插件包使用,鉴于绘图空间和内外关系的主次,图中未标明该部分信息。

（4）资源管理插件包向外部的测控部门发送测控资源使用申请,用于日常或临时申请需要的测控资源。

（5）资源管理插件包向外部的数据接收部门发送数据传输资源使用申请,用于日常或临时申请需要的数据传输资源。鉴于绘图空间和内外关系的主次,图中未标明该部分信息。

（6）资源管理插件包向外部的气象保障部门发送气象预报需求,用于日常申请需要的观测区域气象预报信息,从外部的气象保障部门接收气象预报结果,提供给需求筹划插件包与任务规划插件包使用。

（7）资源管理插件包向外部的数据接收部门提供轨道数据用于进行卫星跟踪捕获,向外部的数据应用部门提供轨道数据与跟踪接收计划抄报,用于载荷数据处理。

2. 资源管理插件包与其他插件包的信息交互关系

（1）资源管理插件包将管理的各类静态与动态星地资源信息提供给需求筹划插件包使用,包括卫星基本信息、有效载荷基本信息、载荷使用约束、轨道数据、气象预报信息等。

（2）资源管理插件包将管理的各类静态与动态星地资源信息提供给卫星任务规划插件包使用，包括卫星基本信息、有效载荷基本信息、载荷使用约束、数据接收资源基本信息、测控资源基本信息、接收资源使用计划、测控资源使用计划、轨道数据、气象预报结果等信息。

（3）资源管理插件包将管理的各类静态与动态星地资源信息提供给载荷控制插件包使用，包括卫星基本信息、有效载荷基本信息、载荷使用约束、数据接收资源基本信息、测控资源基本信息、数据接收资源使用计划、测控资源使用计划、轨道数据等。

（4）资源管理插件包将管理的各类静态与动态星地资源信息提供给星地监控插件包使用，包括卫星基本信息、有效载荷基本信息、接收资源基本信息、测控资源基本信息、轨道数据等，将运行过程中的业务监视信息发送给星地监控插件包进行系统监视。

3. 需求筹划插件包与外部系统的接口关系

需求筹划插件包接收外部的各类用户通过需求终端或其他途径提交的各类观测需求，进行处理后反馈需求受理情况，计划执行完成后，反馈需求执行情况。

4. 需求筹划插件包与其他插件包的接口关系

（1）需求筹划插件包将进行筹划分析后生成的观测任务发送给卫星任务规划插件包进行综合任务规划。

（2）需求筹划插件包从载荷控制插件包获取任务执行状态，用于更新观测需求执行状态。

（3）需求筹划插件包将运行过程中的业务监视信息发送给星地监控插件包进行系统监视，获取资源状态信息，辅助支持筹划过程。

5. 任务规划插件包与其他插件包的接口关系

（1）任务规划插件包从需求筹划插件包获取观测任务，据此进行任务规划。

（2）任务规划插件包从资源管理插件包获取各类资源信息，作为任务规划的基础数据，包括卫星基本信息、有效载荷基本信息、载荷使用约束、接收资源基本信息、测控资源基本信息、接收资源使用计划、测控资源使用计划、轨道数据、气象预报结果等信息。

(3)任务规划插件包必要时向资源管理插件包提交资源使用申请,由其向外部提交资源使用申请,包括测控资源使用申请与数传资源使用申请。

(4)任务规划插件包完成任务规划之后,更新资源管理插件包的资源使用状态。

(5)任务规划插件包将生成的任务规划方案提供给卫星载荷控制插件包进行计划生成与指令编制。

(6)任务规划插件包将运行过程中的业务监视信息发送给星地监控插件包进行系统监视。

6. 载荷控制插件包与外部系统的接口关系

(1)载荷控制插件包将生成的数据接收计划发送外部的数据接收部门以及其他相关系统,将有效载荷指令发送计划与有效载荷数据注入计划发送给测控部门,驱动其他系统执行任务。

(2)载荷控制插件包从外部的数据接收部门接收跟踪接收计划执行情况报告,更新计划执行状态与任务执行状态。

7. 载荷控制插件包与其他插件包的接口关系

(1)载荷控制插件包从卫星任务规划插件包获取任务规划方案,据此进行计划生成与指令编制。

(2)载荷控制插件包将生成的各类计划发送给星地监控插件包进行卫星状态监视、任务执行状态监视、业务流程状态监视等,将运行过程中的业务监视信息发送给星地监控插件包进行系统监视。

(3)载荷控制插件包将任务执行状态提供给需求筹划插件包用于需求状态闭环管理。

8. 星地监控插件包与外部系统的接口关系

星地监控插件包从外部的测控部门和数据接收部门接收卫星原始遥测数据,处理后进行卫星状态监视。鉴于绘图空间和内外关系的主次,图中未标明从测控部门获取遥测数据的信息。

9. 星地监控插件包与其他插件包的接口关系

(1)星地监控插件包从其他各插件包获取业务监视信息进行系统监视。

(2)星地监控插件包从载荷控制插件包获取各类计划进行业务监视,包括卫星状态监视、任务执行状态监视与业务流程状态监视。

2.2.4 专用插件

1. 需求筹划插件包

需求筹划插件包主要是受理各方面用户提交的观测需求、应急任务需求等,基于各型卫星的特征、观测要求与数据要求、不同用户使用要求、不同应用模式等,实现多用户个性化需求的自动受理与分析处理,进行需求分类汇总、分析分解与融合。同时,根据任务计划执行情况,对需求进行闭环管理与反馈,实现需求与任务执行状态的可视化展现。

需求筹划插件包主要功能包括:受理多用户的各类观测需求,进行合法性检验与解析分类入库,并反馈需求受理确认信息;对观测需求进行覆盖计算分析与分解处理,针对点、区域、移动目标、协同任务等不同类型需求分别进行处理;对各用户的需求进行去重、合并等融合处理,对明显冲突的需求进行冲突消解处理;将分析处理后的观测需求生成卫星单次过境可一次观测完成的观测任务,并设置优先级;获取观测任务执行状态,更新观测需求闭环情况,并向用户反馈观测需求执行情况;可视化显示观测需求与观测任务的分布情况、可覆盖情况、执行情况等。

需求筹划插件包由 11 个业务功能组成,如图 2-11 所示。

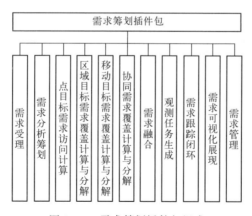

图 2-11 需求筹划插件包组成

2. 任务规划插件包

卫星任务规划插件包由多星统筹规划、单星任务规划、任务规划方案管理、任务规划算法服务、任务规划推演显示 5 个部分组成,主要作用是对各卫星观测任务进行优化分配与观测模式优选、对各接收资源进行任务优化分配,并针对不同的任务规划模型实现观测任务综合统筹规划,根据任务需要、资源状态、各卫星工作模式与载荷使用约束,采用任务规划优化搜索算法进行优化分析决策,分配星地资源,消解星间任务冲突、载荷任务冲突以及数据传输、地面站数据接收冲突,充分发挥卫星使用综合效益。

卫星任务规划插件包功能包括:进行多星统筹规划,对多星任务进行星间任务统筹分配,对接收资源进行统筹分配;进行单星任务优化调度,生成满足任务需要与各星载荷使用约束的任务规划方案;对应急任务基于已有任务规划方案进行快速动态调整任务规划;对任务规划方案进行管理;通过可视化方式推演显示任务规划安排情况。

卫星任务规划插件包由 5 个大的业务功能共 23 个子功能组成,如图 2-12 所示。

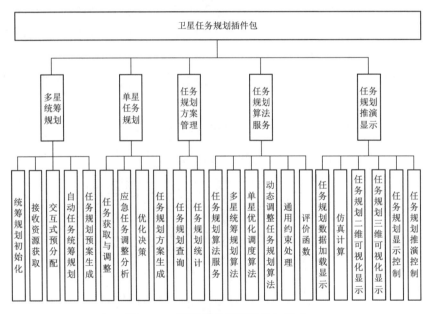

图 2-12　卫星任务规划插件包组成

1) 多星统筹规划

获取经过任务分析处理后的各卫星观测任务和星地资源,对不确定要求的任务进行观测资源安排,对协同观测任务进行多星任务关联分配,进行多星资源统筹预规划。根据各卫星通用使用约束、数据接收资源使用策略与分配规则,将任务与资源统筹考虑与优化决策后,生成任务规划预案,解决多星多任务冲突,解决观测资源、接收资源各自的使用和协同冲突,将观测任务分配到具体的卫星与观测时间窗口,将数据接收资源时间窗口优化分配到具体的卫星。包括统筹规划初始化、数据接收资源获取、交互式预分配、自动任务统筹规划、任务规划预案生成 5 个子功能。

2) 单星任务规划

基于多星多任务规划结果生成的任务规划预案,依据各卫星详细载荷使用约束进行单星任务精细化优化调度,调用任务规划算法进行自动优化决策,必要时,进行人机交互调整与分配,优化安排卫星观测任务与数传任务。经用户确认后,生成满足任务需要与各星载荷使用约束的任务规划方案。包括任务获取与调整、应急任务调整分析、优化决策、任务规划方案生成 4 个子功能。

3) 任务规划方案管理

对任务规划方案进行查询、统计、取消等管理,包括任务规划查询、任务规划统计 2 个子功能。

4) 任务规划算法服务

任务规划算法服务作为后台服务提供给任务规划业务软件调用,提供常用的典型任务规划算法,能够支持不同任务规划策略与典型资源使用约束;提供适用于多星统筹规划的任务规划算法服务;提供适用于各卫星使用特点的单星任务规划算法服务。包括任务规划算法服务、多星统筹规划算法、单星优化调度算法、动态调整任务规划算法、通用约束处理、评价函数 6 个子功能。

5) 任务规划推演显示

通过数据库或本地脚本,加载任意时间段的任务规划方案,以二维平面地图和三维数字地球为背景,推演显示任务规划安排情况,验证任务规划的合理性。包括任务规划数据加载显示、仿真计算、任务规划二维可视化显示、任务规划三维可视化显示、任务规划显示控制、任务规划推演控制 5 个子功能。

3. 载荷控制插件包

卫星载荷控制插件包根据任务规划方案进行观测任务访问信息精确计算、地面站跟踪接收预报计算等相关任务预报计算,生成卫星计划预案。依据卫星指令模板与载荷使用准则,进行载荷控制参数精确计算,确定卫星载荷动作与工作参数,生成各类业务计划。按照卫星的指令编制要求、载荷使用约束,生成载荷控制指令,实施指令发控,实现对卫星有效载荷的控制。

卫星载荷控制插件包主要功能包括:获取卫星任务规划插件包分配的各卫星观测任务规划方案和数据接收任务计划;获取星地资源信息、载荷使用约束、数据接收与测控资源等基础信息；进行观测任务访问信息（观测时间、姿态角度等）精确计算、地面站数据接收预报计算等相关任务预报计算（也可直接提取轨道数据服务预先计算的数据）；依据任务预报计算结果，以及任务规划分配情况，进行观测时刻与观测姿态的精确设置，根据各卫星工作模式使用要求与载荷使用准则，进行观测与数据传输匹配组合；精确计算设置载荷控制参数、计算数据回放时间，检验数据接收时间；依据各卫星指令模板与载荷使用准则，确定详细的卫星载荷动作与工作参数，生成卫星观测计划、有效载荷控制计划、地面站数据接收计划等；对生成的各项工作计划，按照使用规则与载荷使用约束进行合法性检验；必要时，以图形方式动态显示计划，推演卫星计划执行过程，直观了解计划制定正确性；查询显示卫星观测计划、有效载荷控制计划、地面站跟踪接收计划；统计任务计划安排情况、星地资源使用情况；计划生成后上报各项工作计划；获取有效载荷控制计划，根据不同卫星的指令编制要求、指令约束等条件，校验载荷控制计划的正确性；根据载荷控制计划，依据卫星遥控指令及数据格式约定，生成载荷控制指令；对生成的载荷控制指令进行反演验证与比对；对有载荷控制指令模板进行管理，包括指令模板添加、修改、删除等；按照载荷控制计划，在规定的时刻完成载荷控制指令发送。卫星载荷控制插件包由 13 个业务功能组成，如图 2-13 所示。

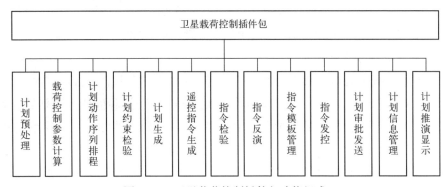

图 2-13　卫星载荷控制插件包功能组成

4. 星地监控插件包

星地监控插件包主要功能包括：对系统设备状态、软件工作状态、应用服务工作状态和数据库工作状态进行监视，分析判断系统存在的运行异常状态并报警；获取计划执行状态，对相应计划的任务执行状态与业务流程状态进行监视，分析判断系统业务运行存在的异常状态；接收测控系统发送的卫星遥测数据，按照遥测参数格式约定进行解析处理显示，实时监视卫星工作状态；通过二维和三维的形式实时显示卫星运行状态和任务执行状态、观测目标的区域及观测覆盖情况等。

星地监控插件包由 9 个业务功能的共计 33 个子功能组成,如图 2-14 所示。

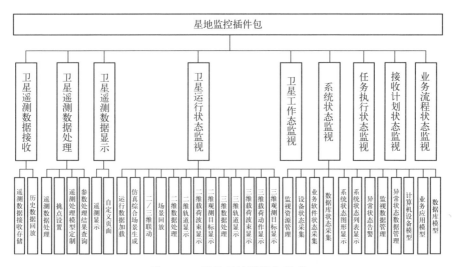

图 2-14 星地监控插件包组成

1) 卫星遥测数据接收

实时接收卫星下传的原始遥测数据,存储管理或保存至数据库,并发送给遥测处理插件包,事后可对存储的原始遥测数据进行回放,包括遥测数据接收存储和历史数据回放 2 个子功能。

2) 卫星遥测数据处理

根据卫星文件配置各卫星遥测数据处理方法,对接收的原始遥测数据进行解析处理与显示。提供对需要保存的遥测参数处理结果的挑点设置与保存入库功能。可对挑点入库的遥测参数处理结果进行条件查询并显示,包括遥测数据处理、挑点设置、遥测处理模型定制、参数处理结果查询 4 个子功能。

3) 卫星遥测数据显示

对遥测处理结果进行显示与报警,包括遥测显示、自定义页面 2 个子功能。

4) 卫星运行状态监视

提取当前时刻卫星运行状态相关的轨道数据、星地资源数据、卫星观测计划以及数据接收计划,生成仿真运行脚本,基于统一的卫星运行状态数据和时间信号,控制二/三维同步实时显示卫星运行轨迹、卫星运行状态、卫星执行任务过程、观测目标区域及观测覆盖情况、卫星可视范围、地面站可接收范围等。可提取卫星运行状态历史数据进行数据回放,对回放过程可进行暂停、继续、加速、减速等操作,包括运行数据加载、仿真综合场景生成、二/三维联动、场景回放、二维数据处理、二维轨道显示、二维载荷波束显示、二维观测目标显示、三维数据处理、三维轨道显示、三维载荷波束显示、三维载荷动作显示、三维观测目标显示 13 个子功能。

5) 卫星工作状态监视

接收遥测数据处理的结果数据,基于卫星平台/载荷动作与遥测参数的对应关系,以表格、图形、曲线等形式对卫星平台与载荷的工作状态进行监视。通过遥测参数的变化对卫星执行动作进行验证,实时监视或事后回放卫星的工作状态,对卫星有效载荷数据进行分析判断,并对出现的故障进行诊断。当卫星状态出现故障或异常时,或当遥测参数的变化与卫星动作不符时,给出告警信息。

6) 系统状态监视

采集、收集各设备、业务运行状态,通过图形、列表等方式对系统运行状态进行监视和显示,对异常状态进行报警,辅助操作员进行故障处理,包括监视资源管理、设备状态采集、业务软件状态采集、数据库状态采集、系统状态图形显示、系统状态列表显示、异常状态告警、监视数据管理、异常状态数据管理、计算机设备模型、业务应用模型、数据库模型 12 个子功能。

7) 任务执行状态监视

获取系统当前任务执行状态信息,以任务情况宏观视图、卫星任务情况、目标执行情况等多维度实时显示任务执行状态监视视图。

8) 接收计划状态监视

获取各数据接收计划执行状态信息,显示数据接收计划状态实时监视视图,按照数据接收资源分组和时间顺序,实时显示数据接收资源的回放、实传任务的情况,绘制数据接收资源任务监视甘特图。

9) 业务流程状态监视

按卫星个体实时显示管控系统各节点完成情况,对业务流程运行状态进行实时监视,对即将到期的节点进行提示。

5. 资源管理插件包

资源管理插件包遵循统一的数据标准、接口规范,根据星地资源的具体信息特质、外在数据特征、资源使用约束及可视化要求,构建通用的资源管理框架,个性化扩展定制各种资源信息,实现对卫星资源、数据接收资源、测控资源等各类资源的管理维护,并负责与外部资源部门进行资源协调,为系统运行提供基础数据支持。

资源管理插件包由 6 个业务功能的共计 33 个子功能组成,如图 2-15 所示。

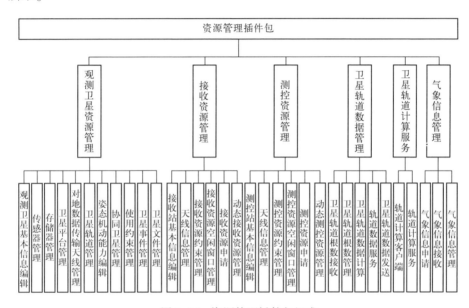

图 2-15 资源管理插件包组成

1) 观测卫星资源管理

对观测卫星资源信息进行管理,实现对信息的增加、修改、删除、查询,管理的内容包括观测卫星平台基本信息、有效载荷基本信息、有效载荷约束等。观测卫星资源管理包括卫星基本信息编辑、传感器管理、存储器管理、卫星平台管理、对地数传天线管理、卫星轨道管理、姿态机动能力编辑、协同卫星管理、使用约束管理、卫星事件管理、卫星文件管理 11 个子功能。

2) 数据接收资源管理

数据接收站资源信息管理,包括数据接收资源信息的增加、修改、删除、查询,管理的内容包括地面数据接收站信息、接收天线信息及其接收能力与使用约束、可用接收时间窗口等。若地面站不是本系统独占使用,需要进行数据接收时间窗口申请管理,在约定的时间,预估数据接收资源窗口,提交使用申请,接收申请结果,进行接口协调,并可在应急需要时临时申请接收资源窗口。接收资源管理包括接收站基本信息编辑、天线信息管理、接收资源约束管理、接收资源空闲窗口管理、接收资源申请、动态接收资源管理6个子功能。

3) 测控资源管理

测控站资源信息管理,包括测控资源信息的增加、修改、删除、查询,管理的内容包括测控地面站基本信息、测控天线基本信息、测控天线接收能力与使用约束、可用测控时间窗口等。若测控地面站不是本系统独占使用,需要进行测控时间窗口申请管理,在约定的时间预估需要的测控资源窗口,提交使用申请,接收申请结果,进行相应的接口协调交互,也可以在应急需要时临时申请测控资源窗口。若地面站不区分测控与接收,即地面站可用于下行数据接收也可用于上行测控时,可与数据接收地面站统一管理。对只能接收数据不能测控或者只能测控不能接收的地面站,进行能力标识。测控资源管理包括测控站基本信息编辑、天线信息管理、测控资源约束管理、测控资源空闲窗口管理、测控资源申请、动态测控资源管理6个子功能。

4) 卫星轨道数据管理

进行轨道根数接收处理与轨道根数管理;对多种类轨道计算进行计算,提供多种类轨道计算服务,接收到新轨道根数后,预先进行轨道数据计算存储,提供给其他插件包业务软件使用或对外发送。卫星轨道数据管理包括卫星轨道根数接收、卫星轨道根数管理、卫星轨道数据计算、轨道数据服务、卫星轨道数据发送5个子功能。

5) 卫星轨道计算服务

完成多种类轨道计算,以服务调用形式提供其他插件包调用,包括轨道预报计算、卫星精密星历计算、测站预报计算、目标访问计算等。卫星轨道计算服务包括轨道计算客户端和轨道计算服务2个子功能。

6) 气象信息管理

根据任务需要生成气象信息需求,发送到气象保障部门,接收来自气象保障部门的气象预报信息,进行存储管理,提供给需求筹划插件包与卫星任务规划插件包使用。气象信息管理包括气象信息申请、气象信息接收、气象信息管理3个子功能。

2.2.5 基于平台/插件的系统开发与集成

1. 基于平台/插件的系统开发

卫星任务管控系统要求具备良好的复用性和灵活的可扩展性,支持业务功能模块的动态加载,实现业务功能模块间实时、无缝的通信,以对用户需求做出快速响应。基于"平台+插件"的系统集成技术在通用化卫星任务管控平台的构建中能够实现功能单元的"即插即用、即删即无",可以提供可复用的插件,并且在不影响原系统正常运行的基础上,支持个性化功能插件的定制扩展。

对卫星任务管控系统而言,基于"平台+插件"的系统开发,必须首先从中剥离出系统的基础与核心功能,完成平台的设计开发;其次进行定制功能和扩展功能的设计开发。基于"平台+插件"集成技术的卫星任务管控系统开发过程如下。

(1) 深入分析卫星任务管控系统的功能组成,从中剥离系统的基本、核心功能及个性化功能和扩展功能,定义通用卫星任务管控平台的边界和插件的粒度。

(2) 定义卫星任务管控平台的平台扩展接口和插件接口。

(3) 完成卫星任务管控平台设计开发。

(4) 向插件开发者提供卫星任务管控平台,公布平台扩展接口和插件接口及开发工具包。

(5) 开发者按照插件接口要求开发任务管控通用插件和专用插件,并基于卫星任务管控平台完成插件的功能测试。

(6) 完善卫星任务管控平台的内核功能,完成卫星任务管控平台和插件的无缝集成,构建功能完善、灵活扩展的个性化任务管控系统。

通过基础平台提供统一的插件管理仓库,用于集中管理、发布平台中所有相关插件,并提供界面类插件集成和服务类插件集成两种集成方法。其中界面类插件集成方法是指提供界面集成框架模板程序,暴露可集成插件的位置、按钮、图标等配置信息,加载所需插件,配置到相应位置的按钮上,实现插件的集成;提供可拖拽形式的界面集成框架模板程序,直接拖拽所需插件图标到界面框架相应位置,实现插件的快速集成。服务类插件集成方法是指直接加载所需的服务类插件,配置服务相关内容,实现服务类插件集成。

2. 系统业务与技术功能集成

业务系统集成是指根据应用的需求,将硬件设施、网络设备、系统软件、开发工具及相应的应用软件等组装集成为具有特定业务功能的计算机信息系统的全过程。

卫星任务管控系统的需求多元化、业务功能复杂、体量庞大,导致系统研制过程中管理复杂性增加、系统开发成本提高、开发效率降低等问题,极大地增加了系统开发和集成的复杂度。

围绕卫星任务管控系统需要具备的各方面、各层次能力要求,考虑系统软硬件体系架构设计,卫星任务管控系统集成从4个方面进行设计。

(1) 应用集成的一致性能力。卫星任务管控系统集成提供操作使用的连续性和统一性,具备在不同业务应用中使用相同的逻辑操作模型实现行为集成的能力;集成提供统一的信息展现方式和一致、无缝的用户界面,提供布局合理、层次分明、内容丰富的信息内容,具备在不同界面中使用同一操作实现同一功能的能力。

(2) 插件可视化管理能力。卫星任务管控系统集成具备对插件的可视化管理功能,主要提供可视化的插件基本信息和插件扩展信息查看、编辑功能和可视化的插件启用、卸载、下载、更新功能。

(3) 系统定制扩展能力。按照卫星任务管控系统部署要求,遵循用户使用习惯,基于基础平台,设计个性化的集成界面,按需选配通用插件、专用插件,根据不同的卫星特点开发、扩展专用插件,完成卫星任务管控系统的定制和扩展。

(4) 增量系统集成能力。卫星任务管控系统集成具备适应卫星分步、分阶段发射和系统分阶段建设的能力。基于卫星任务管控通用平台,采用增量式系统集成方法,实现系统的动态、弹性扩充。

卫星任务管控系统的集成设计,主要目的是增强业务功能的模块化和组装性,提高业务功能的可复用性,支持灵活的扩展,完成不同业务功能模块的无缝集成,并且具备针对不同的用户实现集成界面框架个性化定制的能力,可从业务功能和集成技术两个角度进行设计。

(1) 系统业务集成。卫星任务管控通用平台提供基础数据标准规范,规定各类基础信息的制式化描述、存储、解析、集成与管理维护等具体要求,并提供各类空间和地面资源信息以及任务管控业务运行所需的基础数据,用户可以直接使用或者扩展,也可据此实现新增数据信息的转换集成和集中管理;提供接口规范,规定卫星任务管控平台内外部接口的类型、内容、交互机制等具体要求;提供各类业务通用插件包,用户可据此实现卫星任务管控的基本功能,支持按照用户需求进行通用插件的个性化定制;提供插件开发规范、平台集成规范,支持基础插件和通用插件的更新完善,支持不同卫星专业插件定制开发和功能扩展,支持插件的动态插拔,支持插件和卫星任务管控通用平台的快速、无缝集成,实现卫星任务管控系统全业务功能的持续更新和动态扩展。

在业务功能角度,卫星任务管控系统集成是指在软硬件支撑环境之上,基于基础平台、集成框架搭建卫星任务管控的界面集成框架,通过界面集成框架和平台集成规范集成各类通用功能插件包,构成卫星任务管控平台。在此基础上集成、扩展需求筹划类、任务规划类、计划制定类、载荷控制类、星地监视类和资源管理类等专用插件,完成卫星任务管控系统的集成,实现卫星任务管控系统全部业务功能的能力。

(2) 系统集成技术。在卫星任务管控平台内核、平台核心插件和平台图形插件基础上,搭建卫星任务管控基础平台,可提供对插件的集中管理能力和底层支撑能力。

通过总线服务插件提供可靠的消息通信,完成消息的订阅发布、内外部协议转换和接口适配。

通过工作流引擎插件完成业务流程定义、业务流程配置、业务流程驱动、业务流程统计分析和关键业务流程监视。

依据平台集成规范,通过集成框架和插件间约定的插件配置文件,完成基础平台和通用插件的功能封装和界面定制。

依据插件开发规范、接口规范、数据规范,开发、集成各种类卫星的专用插件。

在集成技术角度,卫星任务管控系统集成是指基于卫星任务管控平台的平台内核,依靠总线服务插件、工作流引擎插件、数据持久化访问插件等基础插件及数据设计与集成规范,实现插件间的消息的传递、内外部协议转化、数据适配及流程配置,完成信息的交换和关键流程的管理监视;在集成框架的基础上,加载、记录插件的配置信息,动态生成插件的菜单项、工具栏、内部调用等,并利用插件管理工具生成每个插件的管理信息,跟踪、记录插件的激活状态和运行状态,完成插件生命周期的管理(动态加载、更新和删除),达到插件的"即插即用、即删即无",实现系统业务功能集成和动态扩展。

卫星任务管控系统集成示意图如图 2-16 所示。

各技术分系统在软硬件支撑环境基础之上,基于平台内核,依靠总线服务插件提供的可靠消息机制和协议转换功能、工作流引擎插件提供的业务流程配置及数据设计与集成标准规范,打通消息传输链路,完成数据的互联互通,实现插件间的通信;通过应用集成管理,集成需求筹划、任务规划、载荷控制管理、星地状态监视、数据设计与集成等通用插件包,实现各技术分系统的基本功能。在此基础上,依据具体应用需求研发集成需求适配与业务定制、各卫星优化调度、特定卫星计划生成专用插件包与特定卫星指令编制、监视模型定制、各类资

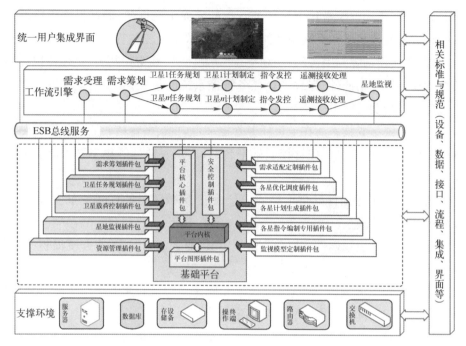

图 2-16 卫星任务管控系统集成示意

源管理等专用插件包,实现各技术分系统功能的扩展和定制。

系统基于数据标准与集成规范,在总线服务插件、工作流引擎插件、权限控制插件支撑下,集成需求筹划、卫星任务规划、卫星载荷控制、星地监控、资源管理等分系统功能,实现系统的功能以及业务流程的调度控制,以及与外部系统的数据交换与业务协调。

3. 系统定制

卫星任务管控系统具备定制、扩展能力,通过定制集成可满足不同用户的使用需求。

基于基础平台、集成框架,可根据用户需求提供定制化界面框架,满足不同用户的个性化需求和操作使用习惯,并在应用集成管理、工作流引擎和数据设计与集成标准规范的基础上,集成业务通用插件以定制搭建卫星任务管控通用平台,在通用平台上集成、扩展、定制需求适配与业务定制专用插件包、各卫星专用插件包以构建卫星任务管控系统,实现对新增业务功能与业务流程、新增卫星的管控能力。

针对各用户的个性化需求,系统的集成定制主要包括以下几方面工作。

(1)针对各用户的使用习惯,在基础平台的平台内核、平台核心插件包的基础上,利用集成框架中的界面框架集成和平台图形插件包中的界面集成插件完成界面集成与定制,定制卫星任务管控系统界面框架。

(2) 利用卫星任务管控平台集成框架中的插件管理功能,按需选择通用插件。

(3) 利用集成框架中的平台集成规范,按照用户选择的通用插件,定制不同卫星基本业务功能,构建不同卫星管理与控制定制平台。

(4) 针对用户的各类专业需求,遵循集成框架中的数据标准规范、接口标准规范和插件开发规范,设计并开发满足个性化业务应用的专用插件。

(5) 利用平台内核中的插件框架体系和插件自检功能,实现对通用插件和专用插件的识别、加载、注册、卸载等操作;利用平台核心插件包中的总线服务插件完成系统中数据、消息的流转以及协议转换,完成数据集成;利用平台核心插件包中的工作流引擎插件提供可视化的业务流程定义、业务流程配置、业务流程驱动、业务流程统计分析,并利用集成框架中的应用集成管理和平台集成规范完成卫星任务管控定制平台和专业插件的应用集成,构建定制的卫星任务管控系统。

(6) 利用安全控制插件包中的权限管理插件,完成统一的用户身份验证机制,实现用户认证信息的统一加密管理。同时,建立角色及权限的映射机制,分离权限与用户的耦合度,提供用户登录认证、授权等业务流转过程的安全保障。

(7) 利用平台内核中的插件框架体系和集成框架中的数据规范、接口规范和插件开发规范进行插件开发和扩展,完成个性化的业务功能。

(8) 利用集成框架中的平台集成规范集成新研的专用插件,实现系统功能的扩充和完善。

(9) 利用集成框架中的插件管理,实现插件的发布、下载、更新,提供持续完善的基础插件和通用插件。

第 3 章

需求筹划技术

高分辨率对地观测卫星的管理与控制系统的输入是所受理的用户需求。系统在受理需求后,需要明确以下问题。

(1) 用户的复杂需求如何转换成卫星任务管控系统所能理解和执行的任务。

(2) 需要多次观测才能完成的复杂任务如何分解为多个卫星单次可以执行的任务。

(3) 不同用户之间的需求如果发生重合或者冲突,该如何处理。

(4) 用户需求中,哪些因为不符合卫星的固有特点和当前运行状态而不能执行。

(5) 如果用户针对不能落实的任务而提出新的需求,该如何处理。

(6) 哪些需求需要优先处理,哪些需求可以晚一些处理。

(7) 出于提高观测效率的考虑,哪些需求可以通过聚类统一处理。

(8) 如何减少气象因素对观测任务的干扰等。

以上均属于需求筹划环节需要解决的问题。卫星观测需求筹划作为卫星观测整个流程的首个处理环节,担负着汇总、解析各类观测需求,并进行统筹规划、协商落实等职能。这个过程不仅需要用户提出明确的观测要求,还涉及对各种需求进行分解、融合、优先级设定等过程。随着卫星观测环境日益复杂、观测任务日益多样、观测范围日益扩大、成像卫星协同工作模式日渐成熟,卫星对地观测需求筹划技术对于充分发挥卫星效能、提高卫星应用水平的作用将会愈发突出。

3.1 需求的分类与要素

在各种文献中,对于需求筹划的过程主要要素的名称和描述并不统一,如需求、子需求、任务、子任务、元任务、原子任务等,为了理解方便,此处对需求的相关定义进行统一。

(对地观测)需求:在特定时间、空间条件下,用户向卫星对地观测任务管控系统提出的、获取特定遥感数据的相关活动要求。对地观测需求由用户直接提出,如"对某一港口进行流量监控",至于观测该港口目标需要什么类型的信息或者多高的空间分辨率,用户一般不能准确提出。

任务:为满足用户需求,卫星任务管控系统承担的向用户提供特定要求的卫星成像遥感信息的相关活动称为卫星观测任务,如"在某段时间内提供指定一港口位置的3m分辨率的可见光图像"。卫星观测任务由任务管控系统的专业人员或决策支持系统对观测需求进行处理后得到,一般不明确指出具体由哪一类或几类卫星资源完成。

元任务:根据卫星任务管控系统的任务,由特定成像遥感卫星在一定时间范围内按照一定卫星资源,获取指定目标的卫星遥感图像的活动称为卫星成像遥感元任务。元任务对应的卫星资源必须在其某个轨道圈次内能够完成任务或部分任务。指定目标图像是完成应用任务的部分或全部需求。

元任务与任务的重要区别是执行主体的不同,任务的执行主体是卫星任务管控系统,执行的潜在资源主体包括各种成像遥感卫星及其各种执行状态;元任务由具体的一颗成像遥感卫星在特定执行状态下完成。任务的时间属性描述用户提出的任务有效时间,元任务的时间属性描述卫星资源对任务对象的可见时间窗口。元任务由任务分解得到,但由于元任务的执行主体是一颗具体的卫星,还必须分析卫星资源能力及状态才能得到元任务。总之,对于一个任务,任意一颗卫星在一次过境时,如果能够在该任务的有效时间内完成整个或部分的任务,该次成像观测活动就称为一个元任务。

3.1.1 需求的分类

需求是一个广泛的概念,按照不同的标准有不同的分类方法,可以从观测对象性质、观测范围、卫星观测的模式、重要性程度、时效性等方面进行分类。

1. 按照目标性质分类

目标从性质上分为自然和人造两类。自然目标是指自然界中存在的观测对象,如河流、山川、沙漠、森林等。人造目标从形态上一般可以分为两大类:一类是人工工程目标,包括建筑物、港口、桥梁、电厂、道路等;另一类是团块目标,包括飞机、船只、车辆等。

不同的目标在不同的时空背景下的表现形式和特征是不同的,包括目标自身的特征、目标的体系特征、时间特征、空间特征、观测的分辨率要求等。

2. 按照目标观测范围分类

卫星观测任务的应用范围日益扩大,面向的目标由单一点目标扩大到复杂区域目标,由静止目标延伸至移动目标,由单一频谱覆盖扩展至多频谱覆盖。因此,依据目标区域和卫星传感器瞬时视场的相对大小关系,按照目标空间特征,目标类型可分为点目标和区域目标,或者单一频谱覆盖目标和多频谱覆盖目标。其中,点目标通常是一个面积较小的矩形或圆形区域,可以被卫星传感器的一个瞬时视场或一个扫描条带覆盖;区域目标通常是由多边形或封闭曲线包含的大范围区域,不能被卫星传感器的一个瞬时视场或一个扫描条带覆盖,卫星传感器通常要经过多次拍摄才能完成观测任务,其图像通常是多张图像拼接的产物。

3. 按照卫星观测载荷分类

成像遥感卫星载荷主要有可见光、SAR、红外、多光谱、高光谱等类型,一定规模数量的不同分辨率和幅宽范围的卫星可以形成高空间分辨率、大幅宽、全天时、全天候、实时/准实时的对地观测能力。具体介绍同 1.2 节。

4. 按照目标时效性要求分类

按照目标时间要求对观测需求进行分类,有两种分类方法:一种分类方法是分为应急观测需求、常规观测需求和中长期观测需求;另外一种分类方法是根据受理需求的当前时间到该需求所对应的任务要求开始执行的时间长短分为实时、准实时和非实时 3 个等级。

其中,实时类需求通常对应需要立即执行的任务,如抗震救灾任务需求,此类需求应当以最快的速度进行响应。对于此类任务,可通过高时效指令生成技术直接完成指令编制及上注。此外,根据具体时间要求,也可调用任务规划算法服务,在可接受时间之内完成任务规划,进而生成指令并上注卫星,该任务在进行任务规划算法选择时,优先考虑的是时效性而非其他因素。

准实时需求的时效性要求低于实时需求,但高于非实时需求。此类需求对应的任务通常不需要立即执行,但其对执行时间仍有一定的时效性要求。一般对于要求较短时间之后开始执行的任务,亦可认为是准实时需求。对于此类需求可采用动态任务规划算法,在特定时间内完成任务规划,进而生成指令并上注卫星。该类任务在进行任务规划算法选择时,兼顾时效性和其他因素(如卫星对地观测任务规划的收益)。

要求相对较长时间之后开始执行的任务可称为非实时任务。非实时需求的时效性要求最低,对于此类任务采用综合任务规划进行任务的安排,此类规划优先考虑的是任务规划收益和卫星利用率等因素。

5. 按照目标自身时间特性分类

按照目标自身时间特性对观测需求进行分类,可分为静止目标观测需求和移动目标观测需求。

6. 按照目标重要性程度分类

按照目标重要性程度对观测需求进行分类,可分为重点目标观测需求、一般目标观测需求等。

7. 按照需求内容精细程度分类

按需求内容精细程度,对地观测需求可分为具体需求和模糊需求两类,其中模糊需求即没有详细约束规则的需求,这类需求包含的主要信息是要做什么事情,而至于采取什么方式、调用什么资源、设置什么参数都不明确,需要需求筹划者去确定。

8. 按照需求复杂度分类

按照需求复杂度,用户需求可以分为简单需求和复杂需求,简单需求指目标类型单一,无须进行需求分解,仅补充坐标等数据后就可以直接由卫星任务管控系统执行的任务,如"对 A 机场和 B 港口进行观测";复杂需求是指同时包含点目标、区域目标或者移动目标的需求,如"跟踪进入甲海域的失联货轮乙(X 时刻其坐标 Y)的航行情况,并对该海域及其周边 3 个集装箱港口进行成像观测"。

9. 按照需求的应用模式分类

不同的观测需求有其不同的应用场景,如三维地形数据的建设需要使用目标立体观测,对水灾、火灾或大型工程的进展变化观测需要对目标进行定期重访等,表 3-1 给出了不同需求应用模式的示例。

表 3-1　不同应用模式的卫星观测需求示例

应用模式	说明	所需信息	需求筹划结果
区域观测	空间分辨率覆盖分为中长期、短期	目标区域、载荷要求、分辨率要求、起始时间	可用卫星联合观测方案、最早观测覆盖时间、载荷、最低分辨率

(续)

应用模式	说明	所需信息	需求筹划结果
目标观测	高分辨率观测	目标区域、目标类型(载荷要求、分辨率要求)、时间区间	可用卫星、可选观测时间窗口、载荷、分辨率、侧摆角
目标重访	分时观测	目标区域、目标类型(载荷要求、分辨率要求)、打击时间范围、观测间隔	可用联合观测方案、可选观测时间窗口、可选评估时间窗口、载荷、分辨率、侧摆角
静止目标持续监视	时间分辨率覆盖	目标区域、目标类型(载荷要求、分辨率要求)	可用联合观测方案、可选观测时间窗口、载荷、分辨率、侧摆角
快速地形图绘制	多传感器融合	目标区域、精度指标、起始时间	可用卫星联合观测方案、最早观测覆盖时间、载荷、最低分辨率、侧摆角
目标立体观测	多角度成像	目标区域、目标类型(载荷要求、分辨率要求)、时间区间、成像次数、观测角度要求、是否单轨完成	可用卫星联合观测方案、最早观测完成时间、载荷、最低分辨率、侧摆角(俯仰角)
多源遥感	多传感器融合	目标区域、载荷要求、观测顺序、起始时间	可用卫星联合观测方案、最早观测覆盖时间、载荷、最低分辨率、侧摆角
动目标监视	目标跟踪	目标区域、运动参数、目标类型、起始时间、结束时间	可用卫星联合观测方案、可选观测时间窗口、载荷、分辨率、侧摆角

3.1.2 需求的描述要素

对地观测需求信息的基本要素包括以下几方面。

1. 空域要求

用户提出的对地观测需求必须指定要观测的目标区域,根据指定区域的大小可以将其分为点目标和区域目标。点目标的区域面积都比较小,能够完全被单张卫星遥感图像的视场所包含,区域目标需要成像遥感卫星进行多次的观测任务(每次观测不同的部分)才能够将区域目标完全覆盖或者观测。区域目标一般用于辅助绘制地图、海上目标搜索、国土资源探测、农业普查等领域。用户提出的需观测区域就是地域覆盖要求,点目标的覆盖要求由点目标地理区域位置的中心点的经纬度确定,区域目标的覆盖要求由其地理位置的各个顶点的经纬度坐标确定。

2. 时域要求

用户通过成像遥感卫星获取某地区的图像信息,并对获取的图像信息进行分析。用户对图像信息的时效性是有一定要求的,只有在某一段时间范围内获取的图像信息才是对用户有用的。如果图像早于或者晚于用户指定的时间范围,则该图像信息将有可能失去利用价值。所以用户提出的对地观测需求必须指定成像遥感卫星对目标区域成像的时间范围,这个对于用户可接受的成像时间段称为时域要求。

3. 遥感载荷类型要求

不同遥感载荷对相同的目标进行成像,生成的图像效果是不相同的。只有用户根据自己获取图像的目的不同,选用适当的遥感载荷进行成像,才能够获得满意的图像效果。

4. 分辨率要求

分辨率是表征遥感图像清晰程度的主要参数。不同的成像遥感卫星获得的图像信息的分辨率可能是不相同的,这是由成像遥感卫星搭载的成像遥感设备所决定的。用户可以根据自身需要选择具有合适分辨率的成像遥感卫星。对于红外载荷来说,其具有温度分辨率,表示其成像可以区分显示出的最小温度范围。对于高光谱载荷来说,光谱分辨率表示其成像可以区分显示出的最小波段范围。

5. 频域要求

用户提出对地观测请求时,需要确定对目标区域采用什么频段进行覆盖。

6. 价值评判要求

当用户提交对地观测需求后,卫星任务管控部门有时需要对需求进行价值评判。因为卫星的资源有限,很有可能不能够满足所有用户的需求,那么,卫星任务管控部门根据需求的价值不同,可以有侧重地保障某些需求,确保其能够顺利完成,同时放弃某些其他需求。这个价值评判因素将会是需求能否被执行的一个判断依据。

由于不同用户的需求形式各有不同,往往采用不同的任务描述方式,给需求筹划及任务规划带来很大的困难,而卫星应用任务的时敏性以及执行资源的相关性,又要求对所有需求进行快速汇总并构成需求数据库,并对相应执行资源进行统筹规划。若用户所提交的需求对要素描述不明确或不规范,将会导致需求无法被正确理解和解析,从而影响需求落实效率。解决这个问题的一个有效方法,就是提出一种合理的规范的需求描述模板,用来规范和统一各用户对卫星成像观测需求的描述,并且方便用户的快速提交。需求描述模板以统一的描述结构完整地描述用户对卫星观测的需求——"什么时候,观测什么对象,达到什么要求,完成什么目标",相应地,描述模板的元素应该包括需求标识、时间属性、目标属性、任务要求等,各元素又有若干子元素进行说明。一种对地观测需求提交模板如表3-2所示。

表3-2 一种对地观测需求提交模板

需求标识	用户 ID	
	需求类型	类型编码
	需求具体描述	自然语言
目标特性	目标位置	
	目标状态	静止目标或者移动目标
		裸露于地表或者有遮盖物
任务特性	成像遥感卫星	可不指定
	成像类型	可不指定
	是否需要高程测量	需要或者不需要
	最低分辨率	可不指定
	成像时间范围	
	时间分辨率	每天_时到_时
		每间隔_小时
		过顶即拍
	频段	可不指定

表3-2中,需求具体描述属于自然语言描述的内容,便于针对某些复杂需求进行人工论证;剩余需求指标统一用数字进行描述,如需求类型是依据分类为不同的需求类型编上代码,在需求受理时,计算机根据代码就可识别是属于何种类型的成像需求。再如目标状态中2个指标,分别用2组布尔变量标识,如静止目标对应0,移动目标对应1。

3.2 需求筹划的任务与复杂性

3.2.1 需求筹划的主要任务

在高分辨率卫星对地观测管理与控制的全流程中,需求筹划的主要任务,按照针对常规需求的筹划、针对应急需求的筹划与共性任务,可分为3个方面。

1. 针对常规需求

（1）对需求集中完全相同的需求，直接进行合并去重。

（2）综合考虑不同用户的优先级，以及每个用户对其多个需求设定的优先级，为所有需求统一分配综合优先级，为后续任务冲突消解提供依据。

（3）将简单需求转化为任务；对复杂需求，先将需求分解成简单需求，再转化为多个任务，综合形成任务集。

（4）对任务集中存在重叠冗余的任务进行合并。

（5）对任务集中存在关联关系的任务进行关联融合。

（6）根据卫星资源特性，将任务集中所有点目标类任务直接与卫星资源进行匹配，形成元任务。

（7）对任务集中的区域目标观测任务和移动目标观测任务，根据卫星资源情况进行分解，并进行资源匹配，形成多个元任务，并与所有点目标元任务一起共同组成元任务集。

（8）对所有元任务进行聚类分析，并对其中符合条件的元任务进行聚类。

（9）根据涉及卫星运行状态的约束，检测元任务集中元任务是否存在互相冲突情况；若存在，则以优先级或其他策略为依据进行冲突消解。

（10）将冲突消解后需求落实结果反馈给用户。

2. 针对应急任务

（1）设置应急任务优先级。

（2）将应急需求直接分解为元任务。

（3）对应急元任务进行可行性分析。首先分析是否存在载荷特性和可用时段都符合需求的卫星资源。若没有，则在载荷特性上满足要求的卫星资源的已安排任务中，查找是否存在优先级低于应急任务且尚未执行的元任务；若有，则计算时间最近的可用测控资源是否能够满足应急上注需求，若满足，则向下一环节发出"取消已制定计划但未执行的低优先级任务并插入应急任务"的指令。

3. 需求筹划的共性任务

（1）受理各个用户提供的对地观测需求，进行汇总、分类和入库，形成需求集。

（2）完成需求跟踪闭环管理，即将对地观测任务全流程的关键处理环节的状态信息反馈给用户，便于用户及时跟踪需求状态。

（3）为用户端提供卫星特性信息、近实时的卫星运行信息，并提供卫星任务推演服务,辅助有需要和具备能力的用户,在制定需求时就能够预先进行筹划,排除掉肯定无法满足的任务,减少需求筹划工作压力。

(4) 将需求筹划的结果返回给用户,并受理用户新的替代需求,进行需求迭代。

(5) 当卫星单轨中存在需求合并,即不同用户提出了相同观测需求时,依据时效性要求选取其中一个用户的需求进行落实,同时将其他提出此需求的用户信息进行记录,并为其提供该观测需求各处理环节信息反馈。当最终数据生产成功后,通过共享服务发布,确保其他获取该反馈信息的用户可第一时间进行下载使用。

(6) 进行历史观测数据检索,对于低时效性要求的需求,可以检索目标历史产品库,查看是否存在与观测需求符合的历史数据;如存在,则直接调用历史数据提供给用户,避免重复观测。

需求筹划的流程如图 3-1 所示。

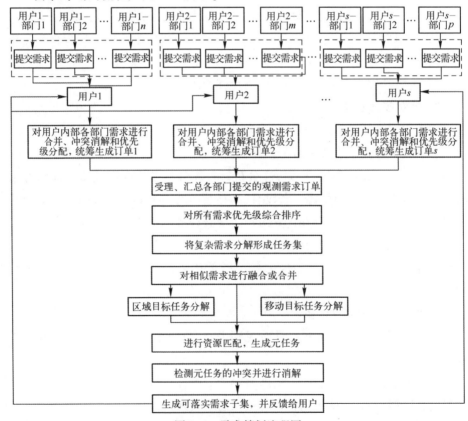

图 3-1 需求筹划流程图

需求筹划涉及的关键技术包括需求融合技术、需求冲突消解技术、需求优先级评估技术、区域目标分解技术、移动目标观测任务分解技术、应急任务可行性分析技术、任务与卫星资源匹配技术等。

其中,区域目标分解技术在本书 4.2.3 节进行介绍,移动目标观测任务分解技术在 4.2.4 节进行介绍,应急任务可行性分析技术在 7.2.3 节进行介绍。

3.2.2 需求筹划与任务规划的关系

虽然从理论模型的角度,卫星任务管控的模型中很多条件可以简化,最终形成多星任务联合规划问题,但是,从实践应用的角度来说,卫星任务规划并不足以覆盖卫星任务管控的各种实际情况,需要将需求筹划和任务规划环节分开执行(图 3-2)。主要受 3 个因素影响:一是用户需求的可迭代性;二是测控数传资源的非独占性;三是卫星资源的高使用率要求。

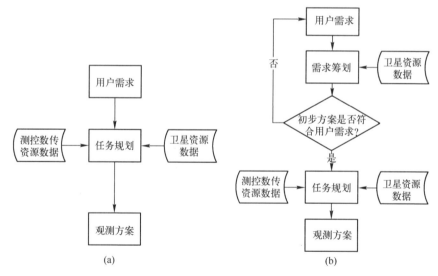

图 3-2 卫星任务管控的理论模型与实际模型
(a) 理论模型;(b) 实际模型。

1. 用户需求的可迭代性

在多数卫星任务规划的理论模型里,一般假设用户一旦提出需求,在形成观测计划前就不会再进行修改。在实际中,用户经常需要随着卫星任务规划的结果而不断调整自身的需求,以最大化满足自身的需要。例如,用户提交的一个需求,已分解得到 A、B、C、D 4 个任务,经过任务规划后,形成了方案 1。该方案 1 中,在用户指定时间内,在轨卫星可执行 A、B、C 3 个任务,而 D 任务由于没有可用资源而被放弃。在卫星任务管控部门将方案 1 反馈给用户后,用户常常会提出一个替代需求,例如,在 A、B、C 任务基础上再追加一个 E 任务。此时,卫星任务管控系统会根据新的任务,再次任务规划形成方案 2,再次与用户反馈……这样进行多次交互,以确保用户利益的最大化。

2. 测控数传资源的非独占性

需求可迭代在测控数传资源全部由一个卫星任务管控系统独占和控制的条件下,影响并不显著。但是,实际中,一方面,由于卫星测控、数传地面站投资、建设、运行投入巨大,又受到国境限制选点受限,因此数量十分有限;另一方面,随着近年来商业航天的蓬勃发展,世界主要航天强国都涌现出了大量商业遥感卫星公司,很多都发射了自己的遥感卫星,建立了自己的卫星任务管控系统。出于商业上的成本控制考虑,很多商业遥感卫星公司会选择将测控数传任务交给已建成的卫星测控数传站网,而非重新自建一整套测控数传地面站网。这就导致一套测控数传资源往往是由多套卫星任务管控系统共享使用,而非由某一卫星任务管控部门所独占。这样,一个卫星任务管控系统,在需要时必须以提交资源使用申请的方式与测控、数传地面站的管理部门协调资源,而卫星地面站受理申请后,会根据多个卫星任务管控系统提交的测控数传申请统筹分配与优化安排工作计划。这就导致了一个卫星任务管控系统资源使用需求的变化会对地面站的整体任务统筹安排产生影响。例如,一个测控或者数传计划在已经申请占用了某时段的测控数传资源的前提下,发生了用户需求的修改,则很有可能导致该计划的变化。如果地面站的工作计划随之进行调整,又会影响共享使用该地面站的其他卫星任务管控系统的任务安排,形成无法收敛稳定的连锁反应,从而增加整个卫星任务管控流程的复杂度。

为此,在实践中,针对用户需求的迭代和地面站资源的共享,往往需要将需求筹划和任务规划流程进行分开处理。需求筹划过程中,在完成需求的受理、需求分解、融合合并、冲突消解等后,还需要需求筹划人员将用户需求任务的安排方案反馈给用户,该方案明确了需求中哪些目标能由什么资源落实,哪些目标因为没有观测资源而无法落实。这个需求安排方案并没有考虑测控数传资源情况,也不会对实际测控数传的计划安排产生影响。用户根据此方案和自身需求,可以对需求进行调整,并再次向卫星任务管控系统提交调整后的需求,任务管控系统需要再次进行需求筹划并反馈。经过数轮迭代,直到得到一个用户相对满意的方案,此时,再由需求筹划人员将该方案传递给流程的下一个环节。

3. 卫星资源的高使用率要求

在有些卫星任务管控系统中,需求筹划的下一个环节,仍称为任务规划,但是此处的任务规划与理论研究中的任务规划有很大的区别。此处任务规划的主要工作,除了对多星多任务分配方案进行检验、为每个观测任务安排测控数传计划、设置最优的载荷控制参数设置等外,还包括一项对剩余的卫星观测资源进行再利用的工作。

在理论研究中,在需求落实率和卫星利用率之间,一般都重视前者,对后者关注较少。实际中,每颗卫星的对地观测能力并不是都能得到饱和利用,受到诸如对某些重/热点地区的观测需求要比非重/热点地区多、对新型号卫星的使用需求比对老型号卫星使用需求多等因素影响,总有些卫星在某些时间段内的任务量并不饱满。对于所有在轨卫星来说,受到辐射、粒子、低温、真空等太空恶劣环境对卫星元器件寿命的影响,无论卫星有无任务,其组成部件也在不断老化,卫星可用寿命也在不断减少。以一颗造价 6 亿元、设计寿命为 5 年的卫星为例,即使不考虑发射、日常测运控的成本,仅卫星自身价值每天就要缩减 30 余万元,相当于每绕地运行一圈都要损耗 2 万元左右。因此,需要利用有限的卫星寿命,完成尽量多的观测任务,收集到尽量多的观测数据。

为此,在所有应急、常规、周期、长期等任务均已安排完毕的前提下,若此时依旧有剩余的观测资源,则可以由卫星任务管控部门进行统筹安排,根据一定的自发任务制定策略,在没有任务安排的时段"见缝插针"安排自发任务,确保卫星每圈运行的工作任务都尽量饱满。这类自发任务相当于优先级最低、无时效性要求的任务,需要在所有观测资源已经分配完毕、剩余资源已经确定的前提下再进行安排,因此,一般由卫星任务规划而非需求筹划环节具体执行。

3.2.3 需求筹划的复杂性

随着各行各业对高分辨率卫星对地观测需求的爆发式增长,用户所需要的观测目标日趋多样化、观测范围更加广泛、观测任务更加复杂。各类对地观测需求复杂多样、需求信息多维、空域覆盖广、时域覆盖宽的特点日趋突出。

(1)需求时效性高,对地观测需求从用户提出请求到最终信息产品的获取的时间间隔短。

(2)所需信息多维,用户要求目标观测所使用的传感器类型多样,对地观测卫星需要使用不止一种方式对目标区域观测。用户提出对地观测请求时,会对目标做什么样频段覆盖提出要求。目前,可使用的频段覆盖包括可见光频段、红外频段、多光谱、高光谱、SAR 成像等多种类型。

(3) 时域覆盖宽,对目标需要多时段观测,卫星单次过境观测不能满足用户要求。有时,由于机会易逝,卫星需要尽可能快地对指定位置进行覆盖观测才能取得较好效果;有时则相反,用户为了得到更新的信息,希望卫星在某时间点之前尽可能晚地完成覆盖观测,用户也可能希望任务尽可能在某个时间点或时间段覆盖观测。

(4) 空域覆盖广,用户提请的对地观测需求目标区域广,可能包含点目标群或者多个区域目标,或者两者兼备。目标之间的权重不一样,观测不同的目标可能会得到不同的收益值。

相对需求的爆炸式增长,可用的成像遥感卫星资源仍然十分有限,往往造成用户的需求超过卫星的能力范围。在这种情况下,会造成卫星资源过载,从而导致了需求与资源分配上的冲突。在卫星资源过载的情况下,卫星任务管控部门必须对其中的一些需求进行取舍。Barbulescu、马满好等对成像遥感卫星的观测能力无法满足用户需求的问题进行了分析和总结,他们认为,这是一种超过成像遥感卫星观察能力下的任务规划问题,并且认为在这种情况下有以下几个特点。

(1) 参与规划的资源数目稀缺,任务数目一般大于资源的承载能力。

(2) 由于卫星资源过载,成像遥感卫星需要尽量多地完成对地观测需求。

(3) 不同用户提请的观测任务之间可能存在关联性,需要融合关联性较大的对地观测任务,从而降低卫星任务规划复杂度,达到合理利用卫星资源的目的。必要时,必须对需求进行取舍,对需求有侧重地选取。

(4) 区域目标需要观测的地理区域很广,单颗卫星单时段内无法覆盖完毕,需要多颗卫星多次覆盖观测。

(5) 用户对时效性的偏好多样化。有时用户希望观测动作在某个时间点执行;有时需要在指定时间段内完成;有时为了决策需要,用户希望在最近时刻观测。

(6) 需要多次持续观测。目标的地理位置或状态可能随时间不断变化,用户需要了解目标的实时动态情况,因此,需要卫星每隔一段时间观测一次。多次持续观测过程中,涉及到多星观测流程安排问题。

(7) 对于一些关键的目标,用户希望在任何条件下都获取其信息或者希望得到尽可能多的信息。不同类型的卫星具有各自独特的优势,这就需要多种传感器互补观测,融合多种类型的信息为用户提供更好的信息。

3.3 需求的分解

卫星对地观测需求筹划的第一步就是对需求进行分解。需求分解的输入为用户需求,输出为任务集,目的是从语义的角度,将复杂需求向任务集进行映射。

3.3.1 各类目标的分解

1. 点目标观测需求分解

从目标的性质角度,用户的需求大体上可分为点目标观测需求、区域目标观测需求、移动目标观测需求以及以上3种类型目标的混合观测需求。

点目标观测需求的分解较为简单,例如,"提供4h内X地震波及的A、B、C 3个村落的高分辨率可见光影像",经过分解后,可得到:

"任务1:村落A,经度a_1,纬度b_1,2019年7月12日14时前分辨率高于1m的可见光成像;任务2:村落B,经度a_2,纬度b_2,7月12日14时前分辨率高于1m的可见光成像;任务3:村落C,经度a_3,纬度b_3,7月12日14时前分辨率高于1m的可见光成像。"

2. 区域目标观测需求分解

区域目标观测需求,其难点在于区域目标的范围较大,必须由卫星多次观测才能完成覆盖。因此,必须首先依据卫星的轨道特征以及传感器的参数,将区域目标进行分解。目前的经典分解方法,包括按照一个固定的距离值将区域目标离散为点目标;或者在某个方向上按照一定的长度把目标划分为平行的条带区域;或者参照参考系统划分区域,如全球参考系统(Worldwide Reference System,WRS)和网格参考系统(Grid Reference System,GRS)。

1993年,麻省理工学院的James Thomas Walton在其博士论文中将区域分解问题转化为集合覆盖问题,首先在轨道方向上按照标准像幅宽度等距离分割目标区域,然后将垂直于轨道方向的横条按照标准像幅的尺寸割成一个个独立场景,使得能以尽量少的场景覆盖指定区域。经过分割以后,区域目标需求被转化为针对这些独立场景的点目标观测需求。

法国的Lemaitr等研究了敏捷型对地观测卫星(Agile Earth Observing Satellite，AEOS）区域分割与单星任务规划技术。AEOS 型的卫星具有在成像时间窗口前后俯仰以及左右翻滚的能力，形成不规则的成像路径，成像条带不再局限于平行于星下点轨迹，还可以倾斜角度成像。采用按照固定分割宽度且没有重叠的方式进行分割，需要确定的只有两个参数：分割角度和起始位置。

澳大利亚的 Rivett 研究了多颗载有相同性能雷达传感器的卫星如何在用户限定的时间内更多地覆盖指定区域目标的问题，考虑了观测场景的重叠情况，通过将区域目标网格化，建立了以最大化覆盖率为优化目标的整数规划模型。但其研究结果与具体卫星系统相关，卫星传感器只有几个固定（约 20 个）的侧摆姿态可供选择，卫星每次过境区域目标时，传感器只扫描一个条带，不能适用于那些每次过境时有多个区域目标待观测的情况。

台湾大学的林伟程等人在"华卫"二号（ROCSAT-2）日常调度问题研究中，基于单次过境轨道和卫星传感器观测范围，将区域目标分割为几个相邻的、互不重叠的单景，把区域目标转变为点目标进行处理。

因为区域目标分解与可使用的卫星特性和状态紧密相关，因此，更详细的算法将在 4.2.3 节中进行介绍。

3. 移动目标观测需求分解

移动目标的观测需求，其难点在于搜索任务区域几何尺寸大、地理结构复杂，目标本身是运动的，运动的规律具有不可知性和不确定性，目标搜索对时间的敏感性要求较高，需要达到一定的时间分辨率要求等。因移动目标观测需求分解与可使用的卫星特性和状态紧密相关，具体分解策略在 4.2.4 节中进行介绍。

3.3.2 一种基于案例的复杂需求分解方法

观测需求分解还可以借鉴人工需求分解的原理，即基于专家经验知识构建用于描述问题和解决方案的案例，并参照案例中的分解方案对需求进行分解，这里介绍一种基于案例的卫星对地观测需求分解方法。

在进行需求分解之前，首先要明确需要分解的需求是什么形式的需求，是比较模糊、规则不明确的需求，还是各类约束条件和参数要求均精细化的需求。

如果是较为精细的需求，则需求筹划部门可直接进行下一步处理。实际中，卫星对地观测需求的精细化需要用户对对地观测的基本知识和可用在轨卫星的情况有较深入的理解，对用户要求较高，所以目前很多用户提出的需求还是较为模糊的需求,如土地利用调查、环境灾害监测等应用。用户在提出这类需求时只需要关注自己获取的卫星对地观测数据运用于什么应用场景,而至于选用什么卫星平台、哪类观测传感器、什么参数设置都不需要关心。

用户应用需求呈现出复杂多样的特性,如何采取智能化的方式对这类需求进行分解是一个亟待解决的问题。目前,该类需求的分解主要靠人工辅以自然语言处理技术完成,人工需求分解的核心就是凭借操作人员的专业知识和经验,在自然语言处理等技术的辅助下,对复杂需求进行精细化分解。其分解的依据就是专家知识和应用经验。参照人工需求分解的机理,可将需求分解中的专家知识、领域经验以及相关规则用案例的方式进行形式化描述,针对常用类型的复杂需求,构建相应的案例,对分解方案进行描述,诸多的案例最后组成一个可维护和扩展的案例库。通过这种方式,如果输入一个需求,可以直接从案例库中搜索到匹配的案例,根据匹配案例中的需求分解方案,即可对当前复杂需求进行分解。

案例,即经历过的典型事件的陈述,这里所述案例指的是复杂需求分解方案的实例。针对模糊且复杂需求,使用基于案例的卫星对地观测需求分解方法,将应用场景与案例对应起来,应用基于 XML 的卫星对地观测应用场景案例构建方法,最后依据匹配案例提供的解决方案对复杂应用需求进行分解。

1. 卫星对地观测任务描述模型
1) 任务组成要素

根据传感器类型将任务分为可见光遥感、红外遥感和 SAR 遥感 3 种类型的观测需求,针对 3 种类型观测需求的特征,抽象出描述任务的共同特征要素,分别是任务标识、任务类型、任务关联关系、空域要求、时域要求、频域要求。具体含义如下。

(1) 任务标识用来标识任务,通过标识可以查找到对应唯一的任务。

(2) 任务类型可分为可见光对地观测需求、红外对地观测需求、SAR 对地观测需求等。

(3) 任务关联关系。复杂应用需求经分解得到的通常不是单一的任务,而是由多个任务组成的集合,集合内的任务不是各自独立的,任务间往往存在相互关联,此处考虑的任务关联关系主要从时间角度出发,即任务间的时间关系。

(4) 空域要求包括观测区域位置、观测目标优先级、空间分辨率要求、区域覆盖率要求、云量要求、太阳高度角要求。

(5) 时域要求。用户往往偏好在某个特定的时间段或者以一定周期对观测目标进行观测,即时域要求。在时域上,既包括过去的时间也包括未来的时间,对于时效性要求不高的需求,可能只需从存档数据中调取相关的对地观测数据即可;对于时效性要求较高的需求,则需要重新定义新的对地观测任务,以获得最新的遥感数据。时域要求是由用户指定的,至于能不能在指定时间段内安排任务,则需要综合考虑卫星空间状态和卫星任务状态。

(6) 频域要求。对于应用需求来说,频域要求也是保证对地观测遥感数据质量好坏的重要因素之一。

2) 任务描述模型构建

根据卫星对地观测任务组成要素,每种类型的任务可以分别从任务标识、任务类型、任务关联关系、空域要求、时域要求、频域要求 6 个方面进行描述。因此,可以用一个六元组对任务进行抽象表示,即 $D_i = (ID, M, R, S, T, F)$,具体含义如下。

D_i 表示任务集 $D = D_1, D_2, \cdots, D_n$ 中第 i 个任务。

ID 表示任务标识,任务标识具有唯一性,既要指明隶属于哪个用户应用需求,又要指明属于任务集合中的哪个任务。

M 表示任务类型,任务类型为可见光观测、红外观测和 SAR 观测三者之一。

R 表示任务关联关系,此处主要考虑任务间的时间关系。时间关系包含两层含义:一是时间先后关系;二是时间间隔关系。因此,时间关系可以用一个二元组描述,即 $R = O, I$,其中 $O \in 1, 2, \cdots, n$ 表示任务 D_i 在任务集合 D 中的时间先后次序,I 表示任务 D_i 与下一个任务 D_{i+1} 之间的间隔时间。

S 表示空域要求,$S = (S_p, P_r, R_e, C_o, C_c, S_a)$,其中 S_p 表示观测目标空间位置,P_r 表示观测目标优先级,R_e 表示传感器空间分辨率要求,C_o 表示观测区域覆盖率要求,C_c 表示云量要求,S_a 表示太阳高度角要求。

T 代表时域要求,$T = T_{begin}, T_{end}$,其中 T_{begin} 表示观测最早开始时间,T_{end} 表示观测最晚结束时间。

F 代表频域要求,$F = F_1, F_2, \cdots, F_n$ 由一系列相互间隔的频段构成,其中 $F_i = f_{imin}, f_{imax}$ 表示介于 f_{imin} 和 f_{imax} 间的某个频段 F_i。

2. 基于 XML 的案例构建

案例构建主要解决通过何种结构来对案例进行描述和表示的问题。案例构建作为案例推理的基础,是后续进行案例检索、案例重用、案例修正、案例保存和更新的前提条件。对案例进行结构化描述,内容包括问题描述和解决方案。

案例的构建主要针对常见应用场景进行。由于应用场景的多样性和应用场景间的差异性，与之对应的案例在结构上不是固定唯一的，而是复杂多样的。为解决非结构化的案例构建问题，考虑引入 XML 技术对卫星对地观测案例进行构建。

可扩展标记语言（Extensible Markup Language，XML）第一个草案发布于 1996 年，万维网联盟（The World Wide Web Consortium，W^3C）于 1998 年发布了 XML 的修订版推荐标准。XML 主要有两种应用：第一种应用是用 XML 表述底层数据，如配置文件；第二种应用是为文档添加元数据。XML 简单的数据表现形式使其在任意应用程序中都能够方便地进行数据读写操作，成为应用程序之间实现数据传输的常用工具。

1）基于 XML 的任务描述

在对任务组成要素的分析以及任务描述模型的构建基础上，用 XML 文档对任务进行描述，并存储相关任务数据。使用编辑工具，对任务数据 XML 文档的内容结构进行模型化描述，包含 XML 文档中的元素和属性、各元素间的关系、各元素包含的子元素、元素和属性用到的数据类型等信息。

在任务 XML Schema 描述图中，根元素为任务集合，即由需求分解得到的任务集合，它包含了若干个任务。任务作为可引用元素，包含了任务标识、传感器类型、任务关联关系、空域要求、时域要求、频域要求这几个子元素，其中某些子元素还可以进一步延展和细分。具体内容及关系如图 3-3 所示。

明确了内容结构后，可以对每个子元素的属性进行设置。下面一段 Schema 源文件中的代码描述了空域要求中的云量属性，云量的取值范围被定义为 0~9 的整数，如图 3-4 所示。

根据上述构建的对卫星对地观测任务进行描述的模式文件，结合实际任务各元素数据，编写 XML 实例文档，用于描述经过需求分解的卫星对地观测任务集合。

2）卫星应用案例构建

案例库由若干案例按照一定组织结构构成，可以用一个集合进行表示 CaseBase = $C_1, C_2, \cdots, C_n$，其中 CaseBase 表示案例库，$C_1, C_2, \cdots, C_n$ 表示案例库中的案例。

案例可以用一个二元组（问题描述、解描述）进行表示，即 $C_i = C(F_i, S_i)$，C_i 为案例库中第 i 个案例。

其中，$F_i = f_{i1}, f_{i2}, \cdots f_{in}$ 为案例 C_i 的特征集合，f_{in} 代表案例 C_i 的第 n 个特征

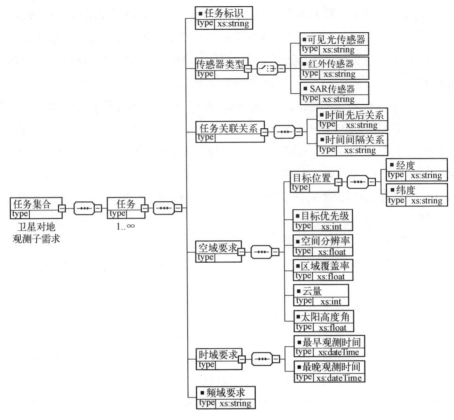

图 3-3 任务 XML Schema 描述图

元素。$S_i = s_{i1}, s_{i1}, \cdots s_{im}$ 为案例 C_i 的解决方案集合，s_{im} 代表案例 C_i 的第 m 个解决方案。

对于常见卫星对地观测应用场景，目前采取根据专家经验知识，人工对案例进行构建的方式。在卫星对地观测应用案例构建过程中，问题描述即为应用场景的描述；解描述则为具体的分解方案，分解方案是根据专家已有经验知识，将该观测需求分为由若干相互关联的任务组成的集合，并为任务中的约束要求进行规定。

用三元组 $C_i = \text{ID}, S_c, S$ 描述某个具体的卫星对地观测应用案例 C_i，其中 ID 表示案例标识，S_c 表示应用场景描述，S 表示分解方案。

分解方案 S 可以看作是一个任务集合 $D_1, D_2, \cdots, D_n$，里面包含若干任务。分解方案具备两层作用：一是从结构上将一个复杂应用需求分解为若干任务；二是从内容上对每个任务部分要素的具体约束参数进行实例化。

```
<xs:element name="空域要求">
    <xs:complexType>
        <xs:sequence>
            <xs:element name="目标位置">
                <xs:complexType>
                    <xs:sequence>
                        <xs:element name="经度" type="xs:string"/>
                        <xs:element name="纬度" type="xs:string"/>
                    </xs:sequence>
                </xs:complexType>
            </xs:element>
            <xs:element name="目标优先级" type="xs:int"/>
            <xs:element name="空间分辨率" type="xs:float"/>
            <xs:element name="区域覆盖率" type="xs:float"/>
            <xs:element name="云量" type="xs:int" minOccurs="0" maxOccurs="9">
                <xs:annotation>
                    <xs:documentation>0~9的整数</xs:documentation>
                </xs:annotation>
            </xs:element>
            <xs:element name="太阳高度角" type="xs:float"/>
        </xs:sequence>
    </xs:complexType>
</xs:element>
```

图 3-4　云量属性描述

基于前文构建的对任务的 XML 描述方式，可以用 XML 文档对案例进行描述，即通过构建 XML 文档表征对应的案例，如图 3-5 所示。案例构建好之后不是固定不变的，针对不同应用场景所构建的案例是动态更新的，可以根据实际应用情况对已经构建好的案例进行编辑和修正。考虑到可以编辑、修改、新增案例，案例库也是一个不断修正完善的知识数据库。

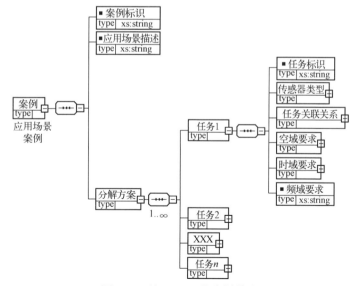

图 3-5　基于 XML 的案例描述

3. 需求分解

卫星应用需求分解就是按照案例库中的分解方案对卫星应用需求进行分解，其过程主要包括案例匹配和需求分解两个部分。

1) 案例匹配

基于案例的推理(Case-Based Reasoning, CBR)，是20世纪90年代在人工智能领域兴起的基于知识的问题求解和学习方法。案例推理的工作原理是依据案例知识库中已存在的相似案例，参照已知案例的解决方案对当前问题进行求解。从原理来说，案例推理仿照的是人类认知推理的过程，人类对问题的一些思考方式往往也是借鉴已有的经验和知识。通过学习，人类将经验和知识存储于大脑，这种基于某种场景下的经验和知识相当于此处所指的案例，之后，再面对相似的问题时，通过思考与对比，得出问题的答案。案例推理过程的基础是经验和知识，案例其实也就是对经验和知识的一个实例化和一种描述。

案例推理是一个循环的推理过程，主要包括案例检索、案例重用、案例修正、案例保存更新4个部分，如图3-6所示。首先用定义好的案例描述方式对问题进行标准化描述，生成新的案例，然后在案例库中检索和当前新案例最相似的存档案例，根据该相似案例的解决方案，通过重用来获得当前案例的解决方案，若获得的方案不完全符合当前问题，则对解决方案进行修正，最后根据需要决定是否将新的案例保存到案例库中进行扩充。

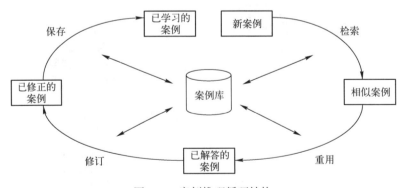

图3-6 案例推理循环结构

案例检索是通过一定的搜索算法从案例库中找到与当前描述问题最接近的案例，因此，对于案例检索来说，最核心、最重要的工作就是如何对案例进行相似性判断，同时，在检索过程中如何提高搜索效率，缩短搜索花费的时间。案例检索的输入为当前问题的描述,输出为检索到的最相似案例,其大致可分为特征识别、匹配、筛选3个过程。特征识别是对当前问题描述进行理解与特征抽取;匹配是从案例库中找出相似的案例,缩小检索范围;最后的筛选则是从匹配的相似案例组中筛选出最为相似的一个案例,为后续解决当前问题提供参考。目前,常用的案例匹配算法有最临近算法、多维空间检索技术、基于归纳技术的相似算法、基于模糊逻辑的相似算法、基于启发式的相似算法、基于神经网络的相似算法等。

通过案例检索已经找到和当前问题相似度最高的案例,接下来的案例重用则是利用相似案例的解决方案对当前问题进行分析处理,对于需求分解来说,就是将案例中的分解方案应用于当前复杂需求的分解问题,构成一个对应关系。

对于新的需求分解问题来说,案例中匹配的分解方案可能和当前问题不完全契合,当前问题可能具有一些新的特征或者具有一些特殊的要求,因此,在参照案例得到的解决方案基础上,需要对当前解决方案根据实际需求进行修正,即案例的修正过程。案例是否进行修正需要经过解决方案评价的过程,符合标准要求不需要进行修正,否则反之。

案例库由一系列案例按照特定的组织结构构成,不是一成不变的,而是需要不断进行更新迭代,以适应新的问题环境,提供能解决新问题的方案。当案例经过修正后,通过某种评价机制,决定将修正的案例作为一个新的案例进行保存还是在原有案例基础上进行更新。案例推理流程如图3-7所示。

案例匹配作为案例推理中案例检索环节的核心部分,其目的是根据应用场景的描述,从案例库中搜寻和应用场景描述最相似的案例,在应用场景与该案例之间建立映射关系。案例匹配通常需要采用不同的案例匹配算法计算应用场景与各个案例之间的相似度。

此处考虑的面向应用场景的需求筹划流程,在用户需求采集端,应用需求是以可选择场景的形式清晰地呈现在用户面前,供用户进行选择。这种方式采集的应用需求不是基于自然语言无范围限定的需求,而是界定在梳理好的对地观测活动网络范围内。因此,针对界定好的常见应用场景,可以直接构建案例与其构成映射关系,做到一一对应,如图3-8所示。

因此,此处考虑每个应用场景都有唯一的案例与其对应,省略掉相似度计算的过程,即认为当用户从下拉框中选定好应用场景,则案例库中有案例正好与之匹配。

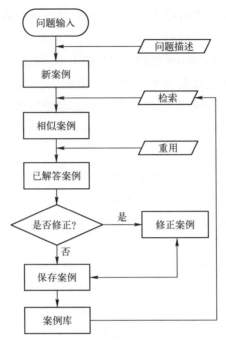

图 3-7 案例推理流程

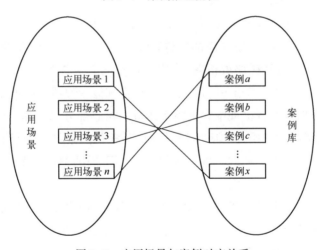

图 3-8 应用场景与案例对应关系

2）需求分解

匹配到和应用场景对应的案例后，接下来对需求进行分解。需求分解的过程对应的是案例推理中的案例重用环节，即将案例中的分解方案用来解决当前的需求分解问题。

案例中的分解方案为一个任务集合 $D_1, D_2, \cdots, D_n$,因此,需求分解就是将复杂需求分解成对应案例中的任务集合 $D_1, D_2, \cdots, D_n$。需求分解得到的是已经在部分约束参数上进行过实例化的任务集合,即得到的不是一个结构上的空壳,而是在内容上有具体的描述。

对于需求 R,参照案例将 R 分为任务集合 $D_1, D_2, \cdots, D_n$,任务按可见光、红外、SAR 3 种成像类型进行区分。然后,对集合中的每一个任务进行内容填充。根据任务的组成要素,将任务内容填充划分为两个部分:来自用户提出需求的填充信息,即任务组成要素中的观测区域位置、观测目标优先级、时域要求信息等;来自案例的填充信息,即任务组成要素中的任务类型、任务关联关系、传感器空间分辨率要求、区域覆盖率要求、云量要求、太阳高度角要求、频域要求信息等。

经过内容填充的任务集合即为最终的需求分解方案,生成的需求分解方案基于案例中的专家经验和知识,可能与用户实际需求存在不相符合的地方。因此,参照案例推理中的案例修正环节,在进行资源匹配之前,可先将分解方案呈现在用户面前,实现一个交互的过程,用户可以在交互过程中对生成的解决方案进行编辑和修改,以形成一个对用户来说最佳的分解方案。任务要素信息提取过程如图 3-9 所示。

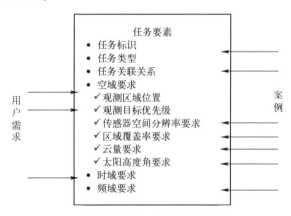

图 3-9　任务要素信息提取

3.4　需求的优先级评估

当卫星任务管控系统受理的需求之间有可能存在冲突时,需要依据一定优先级对多个需求进行取舍,以满足卫星使用约束。优先级分为两级:第一级是用户级优先级,即若某一用户一次提出多个需求,需要其在提出需求的同时,给出每个需求的优先级;第二级是综合优先级,由卫星任务管控的需求筹划人员进行设定。因为卫星任务管控系统可同时服务多个用户,并且各个用户之间一般不可见。因此,单一用户并不能自己确定其需求在卫星任务管控系统受理所有需求中的优先级,必须由需求筹划人员,在对多来源用户的所有需求进行统一梳理后才能确定。当一个设定好优先级的需求被分解为多个任务以及元任务时,这些任务和元任务的优先级自动继承这个需求的优先级。优先级是辅助需求筹划人员进行任务取舍的先验知识。每一个任务的优先级并非固定不变,需求分析人员可对任务优先级进行调整,从而在任务冲突的各种情况下确保需求分析人员能优先安排执行的任务。

在实践中,需求的优先级设定主要方法是在与多用户实时沟通的基础上,由卫星任务管控部门的需求分析专家采用人工标注的方式进行优先级设定。

3.4.1 研究现状

OSCAR(Observing Systems Capability Analysis and Review)是由世界气象组织建立的对地观测需求数据库,主要有水平分辨率、垂直分辨率、观测周期、观测时效性、观测稳定性和不确定性6个指标,但对一些关键指标缺乏描述。张万鹏等人面向军事侦察设计了用户需求获取和转换系统并与STK软件对接进行任务规划。郭玉华等人考虑了多类型成像遥感卫星资源和多类型数传资源,分析了多类型观测任务请求特点。冷猛等人建立了包括空域、时域、频域覆盖和分辨率要求的对地观测需求模型。马万权等人采用层级任务网络(Hierarchical Task Network,HTN)建立多用户对地观测需求预处理模型,但没有具体实现。现有的研究对用户需求均未进行优先级排序。关于成像遥感卫星任务规划的研究很多,关于成像需求综合处理的研究近些年也较多,但是很多研究也忽略了成像需求优先级的重要性,他们大多把需求优先级当作已知的条件使用。冉承新等人使用 TOPSIS(Technique for Order Preference by Similarity to an Ideal Solution)法分析了测控资源的优先级,却无法得出各指标的相对重要程度。谈群分析了 RAND 公司 STT(Strategy To Task)框架,并对侦察需求价值计算进行了研究,但不适用于多星任务规划的前端。

2015 年,美国国家科学院、美国国家工程院和美国国家医学院联合发布了一份报告,为 NASA 提供了一个根据科学价值设定卫星观测与测量任务优先级的机制,为了改变之前 NASA 使用定性的方式设定对地观测任务优先级的现状,报告提出了一种部分量化且透明的方法,即根据各种测量任务的科学价值,对其相对重要性进行评估,为 NASA 提供了用于确定任务优先级的方法和指标。报告建议,NASA 可尝试为地球科学测量任务设定一些量化目标,并基于相同来源制定各个项目计划。此外,该报告还举例说明了量化目标的具体形式,为了在重要性、效益、质量和成功率方面实现某个目标,NASA 应对具体测量任务的意义进行评估。

3.4.2 一种优先级评估方法

需求的优先级评估对于后续的需求统筹具有十分重要的影响,特别是在卫星资源紧张或者成像任务冲突时,优先级是关键参考。目前,成像需求的优先级主要依靠人工论证,依靠专家或高级决策者的经验确定优先级有一定的合理性,但是不可避免地存在较大的主观性,也严重制约成像需求处理的效率。因此,如何建立科学的成像需求优先级评估体系,能够使计算机辅助计算成像需求的优先级,以缩减卫星任务规划的全流程时间,对于卫星任务管控部门和用户都具有重大意义。

1. 成像需求优先级评估体系

评估成像需求的优先级,首先要对影响成像需求优先级的因素进行分析和提炼。陈书剑等人采取文献研究加上邀请专家进行问卷调查的方式,提出了 4 个二级指标、6 个三级指标,并统一进行了数学描述,建立了成像需求优先级评估体系,如图 3-10 所示。

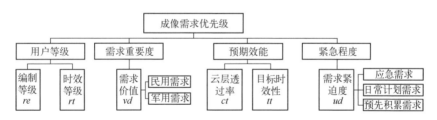

图 3-10 成像需求优先级评估体系

1) 用户等级

需求是用户提出的,所以首先要考虑用户的等级。可将用户等级下分为两个子指标:一是编制等级 re;二是时敏等级 rt。编制等级反映不同决策层的优先级,优先保障高级决策层的成像需求。时敏等级可以理解为动态的"重点保障方向",例如,我国某省发生严重地震灾害,那么,相关抗震救灾部门的成像需求应当优先考虑。用户的 ID 会携带用户所在单位、所属职务等信息,用户的编制等级和动态时敏等级随之自动确定。

2) 需求重要度

需求重要度的评估要素过多,并且对于民用需求、军用需求评估要素也不太一样,使用数学公式较为困难。可以分别对民用需求、军用需求根据应用进行分类,在专家问卷调查的基础上进行排序和使用需求价值这一参数反映需求的重要度。

3) 预期效能

卫星资源通常是满负荷运作的,所以非常有必要评估成像任务的可行性和有效时间,避免浪费卫星资源去执行无效的任务或者超出了有效时间。此处描述预期效能这一指标,并考虑了预期效能的云层遮挡和目标时效性两个主要影响因素。

(1) 云层透过率 ct。云层对不同波长的电磁波吸收和发射不同,不同遥感载荷受云层程度不同,微波遥感载荷工作波段较长,受影响较小,而可见光、近红外遥感载荷受到云层的影响很大,可见光成像又是主要的卫星对地观测方式,所以必须考虑云层遮挡对成像效能的影响。目前,我国尚未在成像遥感卫星上广泛应用基于云层探测器的自主规划技术,主要还是通过气象部门提供的云层信息判断云层对观测窗口的影响情况。气象部门需要提供云层的位置、高度和云量等级,卫星的轨道可以预推,利用空间几何可以计算出目标在某个过境时间窗是否被云层遮挡。对于云层来说,不同的云量等级对成像效果产生不同的影响。云量等级越高,成像遥感卫星拍摄到地面目标的可能性越小,同时,气象部门的预报存在不确定性,目标也通常存在不止一个可成像时间窗,因此,定义云层透过率 ct 这一参数描述卫星成像效果,考虑时限内的可获得观测时间窗、时限内被云层遮挡的观测时间窗数量、第 k 个被遮挡窗口的云量等级、气象部门提供的云层出现概率。

(2) 目标时效性 t。对于动目标,由于其位置是变化的,如果不优先安排观测,随着时间推移其位置可能的范围会越来越大,成像任务执行的有效性会越来越低,所以动目标的优先级大于静目标。

4) 紧急程度 ud

从需求的紧急程度来看,成像需求可分为应急需求、日常计划需求、预先积累需求。应急需求通常是指遇到突发事件,需要启动应急流程,在数小时甚至数十分钟内要求落实的需求。日常计划需求是指用户按照正常需求申请流程,提前 1~2 天提出,卫星任务管控部门具有充足的时间制定成像计划的需求。预先积累需求是指用户需要的遥感数据对时效性要求不高,可以在数据库中下载过往的遥感数据,但是用户提出更新遥感数据的需求,这样的需求通常在较长的指定时限内完成即可。对于应急成像需求,可观测时间期限较短,所以需要优先安排剩余观测机会少的任务。

2. 成像需求优先级的计算

由前面得到影响成像需求优先级的 6 个指标,即编制等级 re、时敏等级 rt、需求价值 vd、云层透过率 ct、目标时效性 tt、需求紧急程度 ud,并且每个指标的取值范围均为 $[0,10]$。设任务优先级 w 与各指标满足一定的函数关系,即

$$w = f(re, rt, vd, ct, tt, ud)$$

从上式可以看出,这是一个多属性评估问题,解决多属性评估问题常用的有加权和法、加权积法、TOPSIS 法和人工神经网络评估方法等,加权积法对指标的变动过于敏感,TOPSIS 法并不能体现各个指标的重要程度,人工神经网络评估方法需要基于大量样本数据且不易描述,所以从直观、高效和区分指标差异性的角度出发,可以使用加权和法评估优先级。具体计算过程不再赘述。

3.5 需求的融合与聚合

不同用户在提出对地观测需求时,由于彼此的独立性,需求之间可能会存在冗余、重叠等现象。如果直接把原始对地观测需求提交给卫星任务管控系统,可能就会对同一个地区过度观测,导致卫星资源浪费。通过对对地观测需求进行分析,去除冗余重复的对地观测需求、融合关联程度较大的任务,可以有效降低对地观测任务规划调度问题规模,达到合理利用资源的目的。

不同文献中对任务的合并、聚类、融合、聚合等词定义存在一定冲突和歧义,本书做如下定义。

(1) 合并。对目标和任务要求完全重合的两个任务取其一,并舍弃另一个相同的任务。

(2) 融合。两个或多个任务中包含的目标或任务要求之间部分重叠或部分相同(即关联),将这些任务融合为一个任务的过程称为融合。

(3) 聚合。根据任务属性及其匹配资源情况将若干个元任务合并为一个元任务称为聚合。

由此可知，两个元任务之间的关系有 5 种，可分为两大类：一类是相关关系，包含重合、目标关联、可聚合、冲突；另一类是非相关关系，即二者之间不重合、无关联、不可聚合，但也并不冲突，二者互不相干又均可执行。

因此，为了优化卫星观测任务量，对于目标完全重合任务，可直接进行合并；对于目标互相关联的任务，可进行关联融合；对于可聚合任务，可在满足约束的条件下聚合；对于互相冲突任务，需利用优先级等策略进行冲突消解。

对需求合并、融合等的研究，主要集中在单星对点目标任务聚类以及多星对点目标和区域目标之间的任务需求合并方面。目前，比较成熟的是单星成像条件下的点目标任务合并聚类方法。徐雪仁等人针对具有横向侧摆能力的卫星，综合考虑任务间角度差异与观测时间差异，对目标访问参数优化，通过对相邻目标的观测角度修正，采用相同角度实现对多个目标的合并。王均等人针对具有横向侧摆能力的卫星，对侧视角度相同的任务在观测时段内进行任务聚类，提出角度满足归类和任务满足归类两种算法，具有简单实用特点。

NASA 喷气推进实验室（Jet Propulsion Laboratory，JPL）的 R. Cohen 分析了卫星遥感器采用固定角度时观测条带对多个目标的覆盖情况，同时，也考虑了聚类后任务的优先级调整问题。NASA 埃姆斯研究中心的 J. Frank 等人综合考虑了观测任务间的角度差异与观测时间差异，对目标的访问参数优化，通过对相邻目标的观测角度修正，使卫星能够采用相同的侧摆角度对多个目标一起观测。伊斯坦布尔科技大学的 E. Sertel 等人依据全球参考系统建立几何修正模型，以完成观测目标聚类。此模型根据不同目标点的地理情况及统计学特性采用不同的归一精度。

白保存研究了多星对点目标和区域目标之间的需求合并方法，在基于整体优化策略对任务规划求解时，提出了任务间最小侧摆角和最小冗余合并规则，在基于分解优化策略对任务进行规划时，把卫星单轨最优合成观测的任务合并问题转化为最优覆盖问题。

许语拉研究了任务聚类问题，建立了卫星对地观测任务聚类图模型，利用团划分方法对问题进行求解。祝江汉研究了成像侦察任务流预测方法，成像侦察任务流重构与调峰方法。伍国华等人提出了动态聚类调度算法解决多星多轨道圈次的观测调度问题，分析了在满足分辨率需求前提下多任务聚类的约束条件，并对聚类任务的侧摆角度和时间窗口进行合理优化。

3.5.1 卫星对地观测需求关联融合分析

1. 对地观测需求(任务)的关联度

若需要对目标执行多时段、多频段的对地观测,则此需求为同时考虑时域、空域、频域的对地观测需求(任务)。多频段包括可见光、红外、SAR 和电磁信号探测等。一个需求(任务)R 可以用一个三元组形式化描述 $R(S,T,F)$。其中 S 代表需求(任务)的空域要求,在地理上是一片矩形区域或者点(半径 r 较小的圆形区域);T 代表时域要求,在时间上是一系列不相交的时段,$T=\{T_1,T_2,\cdots,T_k\}$,T_i 代表要求在 T_i 时段内对目标区域做一次对地观测;F 代表频域要求,在频域上是一系列不相交的频段,$F=\{F_1,F_2,\cdots,F_k\}$,F_i 代表对地观测时使用此频段。

当两个对地观测需求(任务)在空域要求或者时域要求或者频域要求重叠时,则这两个任务之间存在关联性。对于给定的需求集 $X=\{R_1,R_2,\cdots,R_s\}$,$\forall R_i,R_j \in X$,$R_i=(S_{(i)},T_{(i)},F_{(i)})$,$R_j=(S_{(j)},T_{(j)},F_{(j)})$,当 R_i 和 R_j 在空域上没有重叠而在时域或者频域上有重叠时,完成需求 R_i 占用了完成需求 R_j 的资源,R_j 和 R_i 之间存在负关联性;反之,R_i 与 R_j 在空域上有重叠时,完成 R_i 的同时可能部分完成 R_j,R_i 和 R_j 之间存在正关联性。

一般来说,区域目标对地观测需求(任务)之间可能存在关联,相邻很近的点目标对地观测需求(任务)之间存在关联,还存在点目标对地观测需求(任务)被区域目标对地观测需求所包含的情况。

2. 需求(任务)关联度测度

将关联测度定义为:需求(任务)$R_i,R_j \in X$,R_i 和 R_j 在空域、时域和频域要求上共性部分占总的比例,记为 $C_{ij}=C(R_i,R_j)$。

定义运算:对空域要求模运算得到空域的地理面积,对时域要求模运算得到时域的长度,对频域模运算得到频域宽度。

下面从空域、时域和频域要求计算 R_i 和 R_j 关联测度。C_{ij}^S 代表空域关联测度,C_{ij}^T 代表时域关联测度,C_{ij}^F 代表频域关联测度,即

$$C_{ij}^S=C_{ij}^S(R_i,R_j)=\frac{\|S_{(i)} \cap S_{(j)}\|}{\|S_{(i)} \cup S_{(j)}\|}$$

$$C_{ij}^T=C_{ij}^T(R_i,R_j)=\frac{\|T_{(i)} \cap T_{(j)}\|}{\|T_{(i)} \cup T_{(j)}\|}$$

$$C_{ij}^F = C_{ij}^F(R_i, R_j) = \frac{\|F_{(i)} \cap F_{(j)}\|}{\|F_{(i)} \cup F_{(j)}\|}$$

定义符号函数为

$$\mathrm{sign}(x) = \begin{cases} 1, & x>0 \\ -1, & x \leqslant 0 \end{cases}$$

则总的关联测度为

$$C(R_i, R_j) = \mathrm{sign}(C_{ij}^s)((C_{ij}^s)^2 + (C_{ij}^T)^2 + (C_{ij}^F)^2)^{1/2}$$

归一化处理后得到

$$C_{ij} = \frac{1}{\sqrt{3}} \mathrm{sign}(C_{ij}^s)((C_{ij}^s)^2 + (C_{ij}^T)^2 + (C_{ij}^F)^2)^{1/2}$$

对地观测需求（任务）融合需遵循两大原则：一是最大限度地保持原有需求（任务）的信息；二是最小限度地占用资源。下面分3种情况讨论。图3-11给出了需求融合的示意图。

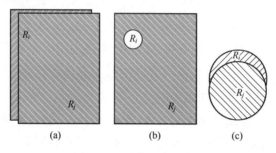

图3-11 需求融合示意图

（a）区域目标与区域目标融合；（b）点目标与区域目标融；（c）点目标融合。

1）点目标与区域目标的融合

如果 R_i 和 R_j 只有一个是点目标，假设 R_i 是点目标。当 $C_{ij}>0$ 且 $F_i \subseteq F_j$，$T_i \subseteq T_j$ 时，R_i 和 R_j 可以融合。融合结果 $R_{(i,j)} = R_j$，相当于一个需求合并问题。

2）区域目标与区域目标的融合

（1）如果 R_i 和 R_j 都是区域目标，$S_{(i)}$ 和 $S_{(j)}$ 同时满足 $\frac{\|S_{(i)}\|}{\|S_{(i)} \cup S_{(j)}\|} > \alpha$ 且 $\frac{\|S_{(i)}\|}{\|S_{(i)} \cup S_{(j)}\|} > \alpha$，其中 α 由专家决定或由规划人员设定，R_i 和 R_j 可以融合。

融合结果为

$$R_{(i,j)} = (S_{(i,j)}, T_{(i,j)}, F_{(i,j)})$$

其中

$$S_{(i,j)} = S_i \cup S_j$$
$$T_{(i,j)} = T_i \cup T_j$$
$$F_{(i,j)} = F_i \cup F_j$$

（2）如果 R_i 和 R_j 都是区域目标，当 $S_i \subseteq S_j$ 且 $F_i \subseteq F_j$，$T_i \subseteq T_j$ 时，R_i 和 R_j 可以融合，融合结果为 $R_{(i,j)} = R_j$。

3）点目标和点目标的融合

如果 R_i 和 R_j 都是点目标，当 $C_{ij} > 0$ 时，R_i 和 R_j 可以融合。融合结果为

$$R_{(i,j)} = (S_{(i,j)}, T_{(i,j)}, F_{(i,j)})$$

其中

$$S_{(i,j)} = S_i \cup S_j$$
$$T_{(i,j)} = T_i \cup T_j$$
$$F_{(i,j)} = F_i \cup F_j$$

关联融合的输入是参与关联性分析的 s 个对地观测需求组成的集合 $X = \{R_1, R_2, \cdots, R_s\}$，经过关联分析后融合关联任务，得到问题的输出为 $h(h \leq s)$ 个彼此间不存在正关联性的对地观测需求（任务）组成的集合 $X' = \{R'_1, R'_2, \cdots, R'_h\}$。

根据需求（任务）之间的关联关系，构造图模型。用 $V(G) = X = \{R'_1, R'_2, \cdots, R'_s\}$ 表示所有参与关联性分析的对地观测需求（任务）。如果两个对地观测需求（任务）R_i 和 R_j 之间存在关联性，则用一条边 e_{ij} 把它们连接起来，边上的权重表示关联测度。用 $E(G)$ 表示所有边的集合。依据此方式得到对地观测需求（任务）集合 $X = \{R_1, R_2, \cdots, R_s\}$ 的关联性分析融合图模型，即 $G = (V(G), E(G))$，如图3-12所示。

用一个 $N \times N$ 的矩阵 $C_{n \times n}$ 表示图 G。$\forall R_i, R_j \in X, C_{ij} = C(R_i, R_j)$，为矩阵 $C_{n \times n}$ 的第 i 行第 j 列，得到 $X = \{R_1, R_2, \cdots, R_n\}$ 的关联测度矩阵为

$$C = \begin{bmatrix} 1 & \cdots & & & C_{1n} \\ & \ddots & & & \\ \vdots & & 1 & C_{ij} & \vdots \\ & & C_{ji} & \ddots & \\ C_{n1} & & \cdots & & 1 \end{bmatrix}$$

根据对地观测需求（任务）关联测度 C_{ij} 的计算方法，容易证明 C_{ij} 满足以下两

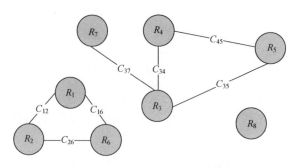

图 3-12 对地观测需求关联图模型

个性质。

性质 1：$\forall R_i \in X$，其自关联测度，$C_{ij} = C(R_i, R_j) = 1$。

性质 2：$\forall R_i, R_j \in X, C_{ij} = C(R_i, R_j) = C(R_j, R_i) = C_{ji}$。

性质 1 保证了关联测度矩阵 $C_{n \times n}$ 在主对角线上的元素值为 1，性质 2 保证了关联测度矩阵 $C_{n \times n}$ 是对称矩阵。

这里采取一种基于关联矩阵的合并算法，其求解思路基于层次融合的思想。在初始的需求集合中，按关联测度从大到小逐步融合。在第 t 次融合中，当两个需求融合时，关联矩阵的大小就变为 $(N-t)(N-t)$，$C_{(t)}$ 代表第 t 次融合开始时的关联矩阵，通过 $C_{(t-1)}$ 得到 $C_{(t)}$ 的方法：一是删除融合需求对应的两行和两列；二是增加融合后的新需求和旧需求之间的关联测度的行和列。算法流程如图 3-13 所示。

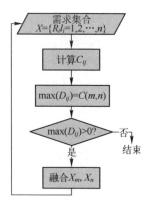

图 3-13 基于矩阵的层次融合算法流程图

算法步骤如下。

（1）N 个初始需求 $R_1, R_2, \cdots, R_n$，计算各个需求之间的关联测度，得到一个

$N×N$ 维的关联测度矩阵 $C_{(0)}$，标号（0）表示融合开始运算前的状态。

（2）如在前一步融合运算中，已经求得关联测度矩阵 $C_{(k)}$（k 为逐次融合的次数），由性质 1、性质 2 可知，只需遍历 $C_{(k)}$ 中下三角部分（或者上三角部分）除主对角线上的元素，找到最大的元素 C_{ij}，如果 $C_{ij} \leq 0$，算法结束，如果 $1 > C_{ij} > 0$，根据融合方法将其对应的两个需求融合。由此建立新的应用任务集合 $R_1(k+1), R_2(k+1), R_3(k+1), \cdots$。

（3）计算融合后新需求间的关联测度，得到新的关联测度矩阵 $C_{(k+1)}$。

（4）跳转至步骤（2），重复计算及融合。

对于区域目标观测需求，由于经常需要将一个区域目标拆分成多个观测区域，而且不同需求所要求观测的区域目标之间有可能有重合部分，因此，需要先对不同区域目标之间进行融合，再将融合后的区域目标分解为多个观测任务，即先任务融合，再对融合后区域目标进行分解。

对于移动目标观测，虽然理论上也可拆分为点目标和区域目标观测的需求，但是由于移动目标观测时效性要求高，因此，为保证观测需求或任务的落实，一般进行单独服务，不与其他需求或任务进行融合。

3.5.2 单轨覆盖下的需求聚合

经过需求分配和资源匹配而形成的元任务集中，有些元任务之间并不存在关联关系，但是在卫星一轨观测成像中，可以通过聚类算法聚合成为一个元任务，这样做可以有效减少观测需求筹划的运算量，提高后续卫星约束特性检查的精确性。

首先，根据卫星的轨道特性、载荷约束（侧摆角范围、成像幅宽等），建立卫星单轨覆盖模型，获取卫星单轨的可覆盖区域范围；再通过基于约束满足的聚类算法，将观测需求按照卫星单轨可覆盖区域范围进行聚类，排除超出卫星可覆盖范围的观测需求，形成单轨覆盖模型下的观测需求集合（图 3-14）。

观测需求聚合处理需要考虑轨道特性和载荷约束条件，载荷约束相对比较复杂。聚类算法首先进行约束分析，主要是定量分析目标点在时间、空间和轨道资源上的聚类约束条件，建立聚类问题模型，再依据载荷机动能力约束，确定每个观测需求的可满足性。

1. 观测需求聚合条件分析

单星成像观测任务聚类问题是考虑与一颗卫星匹配的元任务的聚类问题。存在两个难点：一是如何兼顾点目标元任务和区域目标元任务的聚类特点，将

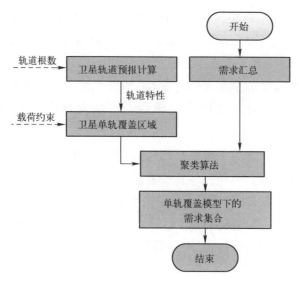

图 3-14 单轨覆盖模型下的观测需求聚合

两者统一起来合理聚类;二是如何合理地选择任务聚类方案,以达到合理利用卫星资源、减少任务规划解空间的目的。

成像观测任务聚类的约束条件是成像观测任务聚类问题的关键要素。成像观测任务的聚类是在任务分解的基础上进行的,此时的成像任务都属于元任务,包括点目标任务和区域目标任务分解之后的区域目标元任务;同时,每个元任务对应了匹配的卫星资源和时间窗口。

多个成像观测元任务聚类后产生的任务称为聚类任务。聚类任务包含了多个元任务,每个元任务都有时间窗口及观测角度,因此,聚类任务不仅是多个具有时序关系的元任务的集合,同时,本身也是一个元任务。成像观测元任务必须满足一定的条件才能聚类,并且聚类任务的时间窗口和观测角度都是由其包含的元任务所决定的。下面分析聚类任务和其包含的元任务之间的关系。

卫星对点目标进行观测时,可以通过变换观测角度将多个不同的点目标调整到其观测条带范围之内。

区域目标分解后的元任务代表了对地观测卫星在特定侧视角度下,对地面目标覆盖的条形区域。如果改变其观测角度,那么,卫星观测的条带就会偏移,不能覆盖原定的区域。因此,为保证对区域目标分解的连贯性,对含有多个区域目标分解后的元任务进行聚类时,不能改变区域目标分解后的元任务的观测角度。若聚类任务包含了区域目标元任务,则该聚类任务的观测角度必须等于区域目标分解后的元任务观测角度。因此,此情况下的聚类任务只能通过延长开机时间实现对点目标元任务的聚类。如果待聚类的元任务中包含了多个区域目标分解后的元任务,区域目标分解后的元任务的观测角度必须相同才有可能合并(图3-15)。

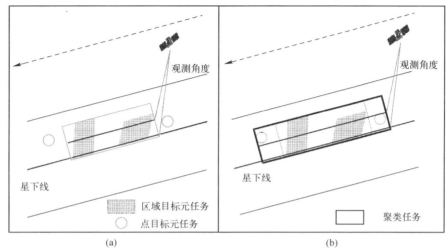

图3-15　单轨覆盖模型下的观测需求聚合示意图

(a) 待聚类的元任务;(b) 聚类分任务。

作为模型输入的要素,元任务的观测时间均是在调度时间段内的,模型中无须考虑这些约束。另外,元任务之间的许多成像约束,如有效观测时段(最早观测时间、最晚观测时间)、要求图像类型、最小地面分辨率等约束,均在任务分解时进行了处理。

2. 任务聚类图

对于单星任务聚类问题来说,所有的元任务都和同一个卫星资源匹配,根据卫星飞行特点,不考虑卫星不同圈次任务聚类方案间存在冲突的情况,即如果存在某个元任务在某个轨道圈次内和其他元任务满足聚类条件,那么,在其他轨道圈次内,该元任务只能和同样的元任务满足聚类条件。下面根据二元任务之间的聚类约束条件,对每个轨道圈次能完成的元任务建立一个任务聚类图。用 $V(G_k)$ 表示卫星 k 圈次内存在时间窗口的元任务,如果二元任务 t_u 和 t_v 满足聚类约束条件,则把它们用一条边 e_{uv} 相连,用 $E(G_k)$ 表示所有边的集合。这样可以得到简单图 $G_k = \{V(G_k), E(G_k)\}$,用 G_k 表示卫星 s_j 第 k 轨道圈次内匹配的所有元任务及它们之间的聚类约束关系。如图3-16所示,带有数字的顶点代表了与卫星 k 轨道圈次内匹配的元任务,顶点间存在边则表示了这两个顶点代表的元任务满足聚类约束条件。如果某个元任务在不同的轨道圈次内都存在时间窗口，那么，把该元任务复制在不同的卫星轨道圈次的任务聚类图中。

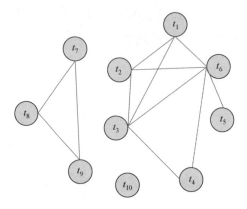

图 3-16　卫星单轨任务聚类图

3. 任务聚类优先准则

为提高卫星的利用效率，选择元任务聚类方案时，必须考虑卫星在执行该观测活动时所消耗的能量。卫星观测消耗的能量是和卫星载荷的侧摆与观测时间相关的。因此，任务聚类必须综合考虑聚类对卫星载荷的侧摆、开机时间等诸多方面的影响。主要考虑下面的优先合成聚类准则。

（1）最小侧摆角度规则。卫星侧摆过程需要消耗一定的能量，侧摆转动以及侧摆后的稳定均需要消耗一定的时间。卫星在执行观测任务时，应尽量采用较小的观测角度。同时，任务聚类后的观测角度为聚类任务中元任务观测角度范围的中间值。聚类观测也尽量选择观测角度较小的方案。对于成像观测卫星来说，采用侧摆角度较小的观测方案，还容易得到比较清晰的观测图像。

（2）最小冗余规则。卫星对地面目标成像观测，在没有实时可用的地面站时，必须将数据存储到星载存储器，待有时间窗口时再回放数据。多个任务进行聚类观测后，会产生一定冗余的观测数据，如图 3-17 所示。

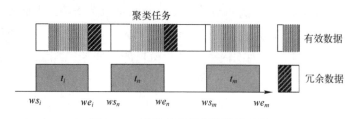

图 3-17　聚类任务冗余数据示意图

设聚类任务中包含了 m 个元任务,第 i 个元任务的开始时间为 ws_i,结束时间为 we_i,持续时间为 dur_i,定义聚类方案的冗余量为

$$\text{redundancy} = \max_{i=1,2,\cdots,m} we_i - \min_{i=1,2,\cdots,m} ws_i - \sum_{i=1,2,\cdots,m} dur_i$$

冗余部分不仅没有观测效率,还要占用一定的存储、下传、接受资源,并且消耗卫星的一定能量。冗余量表明了聚类观测任务对存储资源的浪费,也表明了其对卫星持续开机时间、能量等其他资源的浪费。因此,应优先选择冗余量小的任务聚类方案。

根据任务聚类的最小侧摆角度规则、最小冗余数据规则,对卫星单轨任务聚类图的每一条边赋予与侧摆角度和冗余量相关的权值,使得在聚类任务的方案决策过程中同时考虑聚类任务的侧摆角度和冗余量。权值 w_{uv} 的计算公式为

$$w_{uv} = p_j \left| g_{uv}^* \right| + \rho_j \text{redundancy}_{uv}$$

式中:p_j 表示卫星 s_j 侧摆单位角度所消耗的能量;g_{uv}^* 表示元任务 t_u、t_v 聚类后星的侧摆角度;ρ_j 表示卫星 s_j 观测单位时间所消耗的能量;redundancy_{uv} 表示元任务 t_u、t_v 聚类后的冗余量,可依据前述公式计算求得。

3.6 需求的冲突发现与消解

不同元任务之间,除了可以融合或者聚合外,还可能在卫星约束或者任务约束下发生冲突,需求的合并、融合与聚类解决的是不同需求之间的冗余重叠等问题,而需求的冲突消解解决的是在卫星约束条件下需求(任务)之间矛盾的问题。由于任务与卫星资源的匹配过程本身就相当于考虑各种约束下的任务规划过程,元任务并不会存在违反卫星资源约束的情况,因此,需求的冲突主要指存在于当各种任务均需要满足各种卫星约束条件时,多个任务相对关系产生的发生违反约束条件的现象。对冲突进行消解可以使任务满足约束条件,使规划结果成为可行解。

冲突消解的第一步是发现冲突。发现冲突的工作可以由任务管控部门的需求筹划人员完成,也可以通过为用户提供专业的辅助决策工具实现。第二步是解决冲突,当两个需求无法融合,必须进行取舍时,例如,多于两个任务在同一时段分配了同一个卫星进行观测,而卫星自身能力所限无法兼顾时,利用任务优先级可有效帮助需求筹划人员快速决策任务取舍,从而解决冲突问题。

3.6.1 用户端的冲突发现和消解

为了避免用户需求提出的盲目性,提高观测需求的时效性和落实率,降低发现和消解需求冲突的代价,可以在用户端提供需求生成的辅助决策功能。该功能可以使用户在提交需求前,提前综合目标载荷特性、载荷使用约束、历史观测情况、目标区域气象信息、当前空闲轨道等信息,发现用户需求的冲突所在,帮助用户对所提需求及时进行修正,使得观测需求尽可能合理,从而提高观测任务执行效率和需求落实率。可以为用户生成需求提供辅助决策的因素包括以下几方面。

1. 目标载荷特性

由于不同类型的目标和需求要求决定了所需卫星载荷类型要求,因此,需要建立专用知识库保存各类卫星载荷特性、典型图像及应用效果,供用户参考使用。特别是随着敏捷卫星技术的成熟,卫星的姿态控制更加灵活,成像工作模式大幅增加,需要用户观测需求制定更加精细化。

同时,建立卫星载荷能力符合度列表,为观测需求制定提供卫星载荷选择方面的辅助支撑。例如,用户制定观测需求时,需要考虑的因素包括区域\目标位置、目标特点、地形特性(山地、城市、森林、沙漠、海洋等)以及观测需求的目的、需求时效性等要素。

对这些观测需求要素建立卫星载荷参数决策矩阵及权重,作为用户在制定卫星观测需求时的判断依据。同时,建立辅助决策更新机制,基于历史任务满足情况、任务结果质量评价及资源使用效能评估机制,动态调整、更新决策矩阵及权重,确保在卫星载荷选择方面辅助决策信息可提升合理性,提升用户观测需求与卫星载荷能力的符合度。

用户在观测需求制定前,可根据载荷的约束,进行初步筛选,剔除明显不符合条件的过顶机会,如载荷类型不符合使用要求、太阳高度角过小、侧摆角过大、成像分辨率过低等。对经过初步筛选的需求,可利用目标覆盖范围和轨道的可视化展示,为用户提供直观易理解的辅助支持。

2. 卫星轨道资源及载荷约束支撑

通过开放轨道使用情况信息和载荷主要约束信息,可向用户提供基于轨道资源的可视化分析工具。利用在轨卫星最新星历数据,实时计算卫星星下点轨道参数,通过构建卫星观测模型并进行矢量化计算,实现卫星运行轨迹的实时更新,结合卫星载荷约束、机动能力、目标位置,计算目标的观测机会。基于可视化工具,用户可查看当前轨道的观测需求分布情况,针对目标的多个观测机会,优先选用空闲轨道资源或安排观测任务较少的轨道资源,并对待提交的观测需求与已知需求进行预先的推演和冲突消解。向用户提供卫星载荷的主要约束信息示例如表 3-3 所列。

表 3-3 载荷使用约束条件示例

约束类别	约束条件
工作时间约束	24h 最大任务总数
	单轨最大开机次数
	单次开机最短时长/s
	单轨累积开机时长/s
	轨道周期/min
	是否需要两次开关机(时间差)/s
	第一次开机侧摆角
	第二次开机侧摆角
	两次开关机最小时间差(记录)/s
侧视角约束	最大侧视角范围/(°)
	推荐侧视角范围/(°)
连续成像约束	连续成像次数
	连续侧摆时最大侧摆角差
	是否需要回摆
	时间间隔/s

需要指出的是,虽然需求生成的辅助决策可以降低用户需求提出的盲目性,提高需求生成的科学性和准确性,有助于提高观测任务的落实率和时效性,但是该方法对用户的要求较高,需要非专业用户自身掌握一定的卫星对地观测专业知识和对在轨卫星状态有一定了解,还需要进行较为复杂的需求落实校验操作,这对用户需求生成的时效性、易用性有一定影响。因此,许多用户在用户端只会完成需求的去重,而将冲突消解工作交给将服务端的任务管控系统。

3.6.2 任务管控端的冲突发现和消解

在任务管控系统中,针对在轨可用卫星资源,可建立卫星观测需求约束检查规则,管理各类卫星载荷使用约束、载荷特性能力等信息,包括单轨最大开机次数、单次最短开机时长、单轨累积开机时长、24h 最大任务总数等工作时间类约束,以及侧视角度范围和连续成像时间间隔等机动能力类约束,并定期获取卫星长期使用后的能力变化,维护卫星能力信息。

在汇总形成元任务集后,按照卫星观测的时间顺序,依次根据卫星机动能力、载荷使用约束等条件,进行基于卫星观测时序特性的约束检查,判断哪些观测元任务能够同时得到满足,哪些元任务之间存在冲突。

基于卫星观测时序特性的约束检查与计算模型描述如下:

设需求集 $\text{Req}=\{r_1,r_2,\cdots,r_N\}$,$N$ 表示待检查元任务总数,包含所有的元任务;检查结果集 $X=x_1,x_2,\cdots,x_N$,$\forall i \in 1,2,\cdots,N, x_i \in 0,1$,需求 r_i 被满足时 $x_i=1$,需求 r_i 被拒绝时,$x_i=0$。

设置两个目标函数:

目标函数1:总体成像收益 $\text{Profit} = \max\left(\sum_{i=1}^{N} x_i \cdot \omega_i\right)$,$\omega_i$ 为需求 r_i 的收益值。

对元任务集进行约束检查后,可能得到不同的可落实方案,每个方案对应一个互不冲突的需求子集,在研究确定 ω_i 取值方式的基础上,可计算获取各元任务子集的总体成像收益值。

目标函数2:需求满足量 $\text{TaskNumber} = \max\left(\sum_{i=1}^{N} x_i\right)$。

任意一个可行的元任务子集对应了相应的需求满足数。在确保总体成像收益的同时,需要最大化观测需求落实量。

设置约束条件:

(1) 一个观测需求只能被满足一次。

(2) 各元任务子集满足累计开机时长约束限制。

累计开机时长为

$$\text{ResponseTime} = \min\left(\sum_{i=1}^{N} E_i - S_i \cdot x_i\right)$$

式中:S_i、E_i 分别为元任务 r_i 的观测开始时间和观测结束时间。

(3) 各元任务子集中相邻两个元任务姿态转换时间满足载荷机动时长约束限制。

相邻两个元任务姿态转换时间:$\forall r_i \in \text{Req}, T_i = S_{i+1} - E_i$。

约束检查与冲突消解是观测需求筹划流程的核心环节之一,根据所建立的约束检查模型,自动计算可落实的观测需求子集,由需求筹划人员进行冲解。一方面,与用户交互可否修改冲突的需求;另一方面,根据优先级判定冲突任务的取舍,确保落实最急需且更多的观测需求。单轨约束检查与冲突消解处理流程如图3-18所示。

第 3 章 需求筹划技术

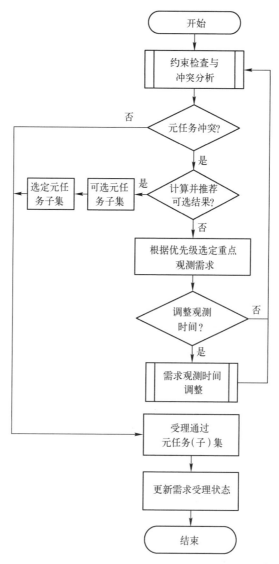

图 3-18 元任务约束检查与冲突消解子流程

（1）对观测元任务(子)集进行约束检查与冲突分析,若不存在冲突,则不需要进行筛选,转至步骤(4)直接受理通过元任务(子)集中所有元任务。

（2）若单轨中的存在冲突,则根据约束检查模型自动计算可落实的元任务子集,并推荐最佳落实方案,同时标明相互冲突的元任务。

（3）针对各可选元任务子集,需求筹划人员结合需求重要程度、目标载荷特性、气象信息等参考信息,选定一个元任务子集方案进行落实,转至步骤(4);

或者继续选定需要重点落实的观测需求,并可对部分元任务开始、结束时间进行手动精细调整,再转至步骤(1)。

(4) 需求筹划人员受理通过选定的元任务(子)集中各元任务,对其余元任务进行拒绝,更新各需求受理状态。

(5) 流程结束。

3.7 需求筹划中气象要素的影响

气象要素是指表明大气物理状态、物理现象的各项要素,主要包括气温、风、湿度、云、降雨和大气辐射特性等要素。由于高分辨率对地观测卫星主要依靠电磁波成像,因此,气象要素对大气环境的影响会对卫星成像质量产生重要影响。为了确保观测效果和成像质量,提高资源使用效率,需要在需求筹划阶段就将气象信息考虑在内。

3.7.1 不同气象条件对对地观测的影响

1. 云气象要素对卫星对地观测的影响

各类气象要素中,云层遮挡对光学遥感成像的影响程度最为显著。由于云的覆盖,常会使遥感影像出现见云不见物的情况,使对地观测效益大大降低。以 SPOT 卫星为例,据统计,其大约 80% 的对地观测由于云层的遮挡而失败,我国的对地观测卫星也有大约 60% 的观测图像因为云层遮挡而不能形成有效的数据产品。其中,对流云云层纵深可达几百米,云层较厚,光学卫星拍摄不易穿透,对卫星观测影响最大。对流层是指近地球表面的大气最低层。几乎所有天气现象,如雨、雪、雷电、云、雾等都发生在对流层内。在对流层内集中了 3/4 的大气质量和 90% 以上的水汽,所以它对电磁波传播有重要的影响,特别是对 10GHz 以上电磁波的影响更加显著。当卫星与地面目标之间有较厚云层时,成像所得到的卫星图像质量差,难以通过地面图像处理系统得到有效的地面目标信息,即使该目标的优先级较高,由于云层的遮挡,在实际的规划调度结果中也无法得到较高的综合收益。主要体现在两个方面:一是云层遮挡使卫星的成像质量下降,光学卫星依靠光线反射成像,光线在穿射云层时会发生折射、散射、衰弱等效应,使成像模糊或产生位移;二是为了规避云层,卫星将通过俯仰和侧摆从云缝中对目标成像,使成像分辨率下降。如图 3-19 所示。图中 S、C、T 分别代表卫星、云层、目标。

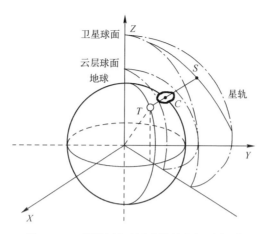

图 3-19 云层遮挡卫星成像的空间示意图

2. 雪气象要素对卫星对地观测的影响

降雪,特别是范围大、持续时间长的降雪会在地表形成明显的积雪。积雪对观测目标的光谱特性、地表反照率均会产生较大影响。另外,雪的新旧程度、干湿程度、密度等的不同,也使得积雪在可见光、近红外波段的反射特性上存在一定的差异。当积雪较厚时,因为雪粒间空隙的存在,使得太阳的入射辐射到达雪面时除了被雪粒吸收和反射外,还有一部分太阳辐射被雪粒间隙折射到下垫面而又被其部分吸收,同时折射到下垫面的另一部分又通过雪粒间隙反射出雪面。这样,通过雪粒间隙折射到下垫面的太阳辐射入射减小,使得大部分入射能量被反射回太空,使得可见光波段积雪全覆盖情况下的目标反照率均大于 0.7,并且随积雪的深度增加而增加;在积雪半覆盖的情况下,反照率一般为 0.3~0.5,并且连续积雪状况下较零散积雪状况下大。对于卫星遥感成像而言,目标光谱特性的变化会增加图像判读的复杂性,而目标反照率的增大会减小遥感影像的对比度,降低影像质量。

3. 大气能见度对卫星对地观测的影响

大气能见度也是影响卫星对地观测的一个因素,大气能见度也称大气视程,按观测者与目标物的所在高度不同分为水平能见度、斜视能见度和铅直能见度三类。大气能见度受恶劣天气诸如雨、雪、云、雾、冰雪、冰雹、沙尘暴等影响较大。较低的大气能见度首先会对遥感影像的灰度层次产生影响。理想的卫星图像通常目标清晰、层次丰富,而较低的大气能见度会在卫星影像上叠加无用的大气背景信息,使图像中目标信息的有效范围变窄,图像层次遭到压缩。较低的大气能见度还会使图像对比度降低,当太阳高度角低于 30°时,其对比度下降比率可达 20%。

3.7.2 多气象要素在需求筹划中的应用

高分辨率卫星对地观测任务对各类气象因素要求较高,应采取多气象要素集成预报的方式保障观测任务的需求筹划。多要素集成预报是指根据对地观测模式,利用现有气象水文信息资源,综合分析重点区域气候特点、中尺度数值天气预报,研究气象云图信息,进行运动学和动力学分析,实现卫星轨道数据、观测区域或目标点矢量图、气象要素和实时气象云图叠加融合,综合集成后对重点区域和重点目标做出多要素预报,可提高云、雾、能见度等主要影响要素的气象预报准确率和预报的精细化、客观定量化水平。

在卫星观测任务保障策略中,云量信息仍是应重点考虑的因素。在需求筹划阶段,数值预报云量结果适合应用于点目标任务需求筹划,实时云图及云系外推信息适用于宽幅成像遥感卫星和区域任务需求筹划,短时高效气象信息适用于应急目标筛选调整。

卫星任务管控系统在计算卫星对地面目标的成像机会时,需要充分考虑各种近实时的云层信息,在复杂气象条件下实现高分辨率对地观测卫星对观测目标有效成像机会的计算和分析,使得卫星可以选择避开云层遮挡,对指定目标进行观测成像;同时卫星也可以选择从两块云层之间的缝隙对指定目标成像,从而有效地提高高分辨率卫星的成像质量。

1. 云层信息遮挡单星调度分析

可以采用 GeoSOT 地球剖分模型对地球表面进行网格离散化处理,将地球表面分割为覆盖全球的多级网格体系。对气象影像图中的云进行标示和编码,计算出云层的空间分布信息,再将卫星观测区域与云层分布区域进行矢量叠加,得到每个观测目标、每个观测目标时间窗口的云层遮挡情况,指导卫星传感器是否开机观测。

针对云层覆盖对卫星观测调度的影响,则可根据卫星、云层和地面目标的位置信息,根据某一时刻卫星与地面目标连线与云层之间的交点,计算云层遮挡时间,将云层遮挡描述为多个固定的时间窗口,在调度前,删除被云层遮挡的观测时间窗口或者切除观测时间窗口中被云层遮挡的部分。

考虑云层遮挡之后,若仅根据云量信息进行需求筹划,则是一种无调度预案的纯反应式在线调度方法,属于边执行边调度的策略。该方法的不足之处在于没有调度预案,不能对用户提出的观测任务需求及时反馈,用户不能根据观测预案或者观测计划,提前安排下一步工作计划,只能在获得观测结果后才能开展下一步工作,具有一定的滞后性。因此,可以考虑采用前摄式调度与反应式调度相结合的调度框架。其中,前摄式调度主要是指在调度计划周期前,考虑所有的观测任务需求、卫星轨道圈次资源和不确定的云层状态信息,建立不确定条件下调度优化模型,采用算法求解模型,得到基准观测调度方案。前摄式调度生成基准方案的过程是由卫星任务管控部门根据基准观测调度方案生成卫星载荷资源控制指令计划,由地面站将卫星载荷控制指令上注到卫星。反应式调度是指在基准观测方案执行过程中,实际的云层遮挡情况与预测信息不一致,即出现扰动导致基准观测方案不能顺利执行或者调度性能明显下降时,采用重调度方法对基准观测方案进行调整,生成新的观测调度方案,以便于后续任务的顺利执行和观测收益提高。其具体的调度过程如图 3-20 所示。

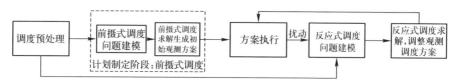

图 3-20 前摄式调度与反应式调度相结合的调度框架

2. 应用多星多相机联合观测

在单卫星调度使用的基础上,还可使用多星多相机联合观测。可采用高分辨率气象卫星与高分辨率对地观测卫星配合观测。气象卫星率先对多个预定区域进行观测并将数据及时下传,对地观测卫星任务管控部门从中挑选气象条件(主要是云信息)较好的区域安排卫星实施观测;或者在卫星上安装两部相机,A 相机观测范围广但分辨率低,B 相机观测范围小但分辨率高,首先 A 相机利用其观测范围广的优势先观测预定地区的多处目标,并根据天气条件进行筛选,然后由 B 相机观测天气条件较好的目标(图 3-21)。

光学相机 CCD 传感器(以线阵为例)的光敏区由光敏单元(或称为像元)阵组成,光敏区能将入射的光能量变换成信号电荷,据此,因为地物和云反射光的强度决定了光敏区变换成信号电荷的大小,因此,可以得到被 CCD 相机光敏区所接受的地物和云反射光的强度。将信号电荷强度设定一个阈值 E,已知云对光的反射率要大于地物,因此,当入射光为云反射时,信号电荷强度则大于阈值 E,而当入射光为地物反射时,信号电荷强度则小于阈值 E,如此反推,只需比较实际光敏区信号电荷强度与阈值 E,便可区分云与地物。例如,若 CCD 线阵相

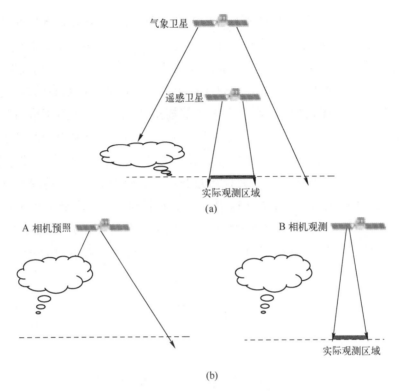

图 3-21 多星多相机联合观测

(a) 方案一；(b) 方案二。

机光敏区有 10000 个像元,其中有 8000 个像元的信号电荷强度都大于阈值 E,便可认为照相区域云量为 8 成,相机可不用安排照相。

3.7.3 多气象预报要素应用策略

在多要素气象预报中,云量主要对光学和近红外模式成像的卫星影像质量产生较大影响,而恶劣气候造成的目标反照率变化和大气能见度变化则会对所有成像遥感卫星造成影响。目前,成像遥感卫星发展呈现出高时空分辨率、多种载荷模式并存的发展态势,因此,对气象预报的准确性和时空分辨率提出越来越高的要求。

在国际上,美国军方针对云量预报而重点建设的"云描述和预报系统"(Cloud Depiction and Forecast System,CDFS)已经建成了第二代,可针对全球战区尺度的作战情报需求,逐时提供水平分辨率为 23km 的全球云分析和预报产品,并可针对战场尺度的作战需求提供水平分辨率 5.5km 的云预报产品。未来美军还将建立时空分辨率分别达到 1h~1min、1km~100m 的气象保障系统。

为提高预报准确性和分辨率，气象要素预报模型在设计时，可包含云量数值推演预报及观测指数计算等功能。其中，云量数值推演预报主要包括模式初始化及数据输入输出、区域数值预报、背景场匹配、云图预报等功能，可采用 WRF 数值预报模式对未来若干小时内卫星星下点扫描区域范围进行云量预报，为卫星观测（开机）指数计算提供云量数值预报信息。同时，能将预报云量与实际云量进行对比评价。

观测指数计算主要应包括云量统计、云量分析、观测指数计算等功能。可以完成卫星星下点扫描覆盖区域内的云预报数值，经加权影响因子评估算法，计算出该区域的云覆盖概率值，按开机阈值给出该区域是否观测（开机）的评估值，并提供计划管理子系统参考，同时累积观测指数，通过数理统计方法，自动或按需求生成每日、每月、每年的全球及中国区域的观测指数值。

星间协同是一种应用气象信息辅助光学遥感卫星成像的方式，该模式主要依靠云探测器为光学遥感卫星观测提供云量信息，光学遥感卫星根据云量反馈对观测计划进行调整，此种模式目前应用较为成熟的主要为 OptiSAR。

OptiSAR 是加拿大 UrtheCast 公司建立的世界首个集成光学和雷达成像遥感的卫星星座，该星座由分布在 2 个轨道面的 8 颗光学卫星和 8 颗 SAR 卫星组成，OptiSAR 星座的一个轨道面采用太阳同步轨道，另一个轨道面采用中等倾角（20°~45°）轨道。每个轨道面均匀分布有 4 对高分辨率卫星，每对卫星包含 1 颗高分辨率光学卫星和 1 颗双频 SAR 卫星，SAR 卫星搭载云量探测器，SAR 卫星在前观测，可见光卫星根据云量反馈调整观测覆盖区域，从而实施有效精确覆盖。

OptiSAR 星座对地观测中，SAR 卫星首先对待观测区域大范围实施初步成像覆盖，通过星间链路向光学卫星传输初步观测区域云量信息，光学成像遥感卫星利用星上自主规划功能，根据 SAR 卫星反馈的实时云量信息规划观测区域，对观测区域实施有效观测（图 3-22）。

新一代对地观测卫星很多都装载了云层探测器。如 Pleiades 卫星的云层探测器具有最大 30°的俯仰角，因此，可以在对目标观测前探测到云层覆盖信息，判断观测是否被云层遮挡。基于此，Beaumet 等人设计了一种考虑云层遮挡的对地观测卫星调度算法，该算法首先通过云层探测器得到云层覆盖信息，基于云层覆盖信息判断哪个目标可以观测成功，然后进行在线决策，选择下一观测目标，以此往复。显然，上述方法是一种无调度预案的纯反应式在线调度方法，

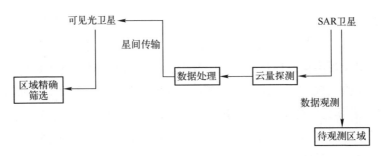

图 3-22 星间协同流程

属于边执行边调度的策略。该方法的不足之处在于没有调度预案,不能对用户提出的观测任务需求及时反馈,用户不能根据观测预案或者观测计划,提前安排下一步工作计划,只能在获得观测结果后才能开展下一步工作,具有一定滞后性,并且没有考虑到生成基准观测方案。

在学术研究领域,对云层遮挡的对地观测卫星调度研究较少,大部分研究将云层遮挡描述为确定条件,对观测时间窗口进行筛选或者裁剪。除了本章介绍的方法外,黄瀚分析了卫星观测过程中的云量等级约束,即每个观测目标、观测时间的实际云量等级必须满足其所需的云量等级约束。何苗和贺仁杰分析了云层覆盖对卫星观测机会的影响,建立了考虑云层覆盖的调度模型,采用基于最大观测收益规则的启发式算法求解模型。何磊等人综合考虑成像质量和任务完成收益,采用蚁群算法对敏捷对地观测卫星调度问题进行求解得到规划预案,在实时云层信息的基础上进行重规划。Bensana 等人研究了单颗对地观测卫星调度问题,采用了一种基于马尔可夫决策过程框架的数学方法对云层遮挡这一不确定因素进行处理,实现了考虑云层遮挡情况下的卫星调度优化。Liao 等人分析了云层遮挡对"华卫"二号卫星成像过程的影响,将云层遮挡的影响描述为随机事件,建立了该问题的期望值模型,并采用滚动调度策略,根据最新的云层覆盖情况实时调整已经生成的任务调度方法。王海波等人考虑云层的不确定性,采用区间灰数描述观测时间窗口的云量,以最小化未完成任务收益和最小化观测任务的云量为目标,建立成像遥感卫星调度多目标优化模型,采用灰色蚁群系统对模型求解。王建江等人提出了云层遮挡不确定条件下对地观测卫星调度方法,首先讨论了不确定条件下对地观测卫星前摄式调度,在生成基准调度方案前考虑随后可能发生的扰动,使得生成的调度方案在一定程度上具有良好的鲁棒性,并且对于可能发生的扰动具有一定的抗干扰能力,在此基础上采用了反应式调度策略对基准方案进行调整,以提高调度性能。

欧洲国家航空航天实验室提出了一种对云覆盖有效的规避方法,提出了选择性成像的概念,只有在感兴趣的区域(Area of Interested,AOI)上的航迹中记录数据的选定部分,并存储在内存中。这种方法需要依赖气象卫星云图。欧洲航天局在其一项地球观测任务中,提出了两种方式进行有效成像:一种是选择性成像;另一种是云编辑。选择性成像是动态调度的一种形式,即只有在卫星AOI观测过顶时才有选择地开机对选定部分进行成像,并存储在星上内存中,其选择依据有云气候数据统计、天气预报数据、卫星AOI过顶前获取地球静止气象卫星数据生成的云图等。

第 4 章 卫星任务规划技术

卫星任务规划是指综合考虑卫星资源能力和观测任务要求,以最大化执行的观测任务数量(或对地观测任务优先级之和)为目标将任务分配给各卫星,并确定任务中各具体活动的起止时间,以最大限度地满足用户的需求。随着观测任务种类、数量不断增加,迫切需要联合多种、多颗观测卫星实施成像,并尽早将观测数据传回地面接收站。因此,卫星任务规划技术必须综合考虑多星、多地面站等对地观测资源共同完成观测任务和数据传输任务,在整个卫星任务管控技术体系中占有十分重要的地位。

4.1 卫星任务规划问题描述与特点分析

准确地描述卫星任务规划问题是建模和求解工作的基础,为了抓住对地观测卫星任务规划问题的实质和主要特点,首先对卫星任务规划问题进行描述,并对卫星任务规划问题中的点目标和区域目标联合规划、移动目标任务规划以及卫星任务规划的其他特点进行分析,为用数学语言对卫星任务规划问题进行形式化描述打下基础。

4.1.1 卫星成像主要约束分析

1. 卫星传感器

成像遥感卫星的卫星传感器可按电磁波辐射来源分为两类:主动式传感器和被动式传感器。主动式传感器向目标发射电磁波并收集目标反射回来的电磁波信息,如合成孔径雷达、激光雷达等。被动式传感器收集地面目标反射的太阳光能量或目标本身辐射的电磁波能量,如摄影相机和多光谱扫描仪等。按传感器的成像原理和所获取图像的性质不同,被动式传感器又可分为摄影型和扫描型两类。此处主要讨论装载扫描型传感器的成像遥感卫星调度问题。

扫描型传感器采用专门的光敏或热敏探测器把收集到的地面目标电磁波能量转化成电信号记录下来,再把电信号数字化处理为数字信号,利用数字通信技术,把数字化的图像信息传回地面,从而实现地面目标信息的实时或近实时传输。常见的有光机扫描仪和推扫式扫描仪。

(1)光机扫描仪,又称掸扫式扫描仪(Whiskbroom Scanner),借助卫星平台沿飞行方向运动和传感器本身光学机械横向扫描对地面进行覆盖,得到地面条带图像,如图 4-1(a)所示。

(2)推扫式(Pushbroom Mode)扫描仪采用线阵(或面阵)探测器作为敏感元件,线阵探测器在光学焦平面上垂直于飞行方向作横向排列,当卫星向前飞行完成纵向扫描时,排列的探测器就扫出一条带状轨迹,从而得到地面目标的图像信息,如图 4-1(b)所示。

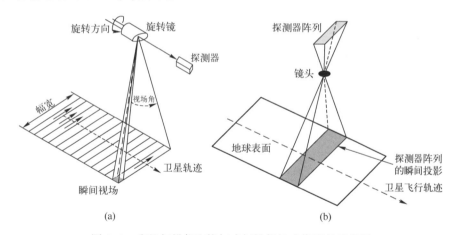

图 4-1 光机扫描仪和推扫式扫描仪的成像原理示意图
(a) 光机扫描仪;(b) 推扫式扫描仪。

由于成像遥感卫星沿预定轨道绕地球飞行和地球自转,使得成像遥感卫星可以在特定时段经过目标上空,从而可以对目标进行成像。成像遥感卫星的观测范围可以通过其轨道和卫星传感器的参数确定。

2. 主要约束分析

成像遥感卫星进行成像时必须满足一定的约束条件,即成像遥感卫星执行成像动作、存储以及传输数据时的限制,是保证成像遥感卫星安全、准确执行任务的前提。约束条件可以分为资源约束、任务约束两类。

资源约束主要为卫星资源使用时的约束条件，具体包括以下几种。

（1）成像遥感卫星目标的时间窗口约束。成像遥感卫星在近地轨道高速运行，卫星传感器具有一定视场角，能够覆盖地面一定范围的目标。只有当成像遥感卫星与目标间具有可见时间窗口时，目标处于成像遥感卫星的可观测范围内，成像遥感卫星才能对目标进行观测。

（2）卫星传感器的类型和最佳地面分辨率约束。卫星传感器的类型主要包括可见光成像、多光谱成像、红外成像、微波雷达成像等。不同类型的传感器能够获取不同类型的目标信息。另外，卫星传感器通常具有一定的空间分辨率。此约束主要是针对卫星的能力而言的，卫星不能执行超出其能力要求的任务。

（3）卫星传感器的唯一性约束。同一时刻，卫星传感器只能采用一种姿态角度对地面目标成像。

（4）卫星存储器的容量约束。星载存储器的容量有限，成像遥感卫星星上保存的数据不能大于其存储器容量限制。

（5）卫星最大工作时间约束。为保护卫星载荷，卫星具有单天的累计最大工作时间限制。

（6）卫星传感器在单个轨道圈次内的最大成像次数约束。受卫星机动性能限制，卫星在每个轨道圈次内，只能完成有限次数的成像动作。

（7）成像遥感卫星的能量约束。成像遥感卫星的能量消耗主要在于其成像工作时间以及机动动作，卫星消耗的能量不能超出其最大能量限制。

（8）成像遥感卫星观测活动间的转换约束。卫星的两个连续成像活动间必须具有足够的时间间隔保证卫星传感器进行姿态转换，包括卫星姿态转换时间及姿态转换后的稳定时间。

（9）对于可见光传感器来说，为保证一定的成像质量，其成像时必须满足一定的外部条件，如最小太阳高度角、云层厚度等。

任务约束是用户为实现特定的观测目的提出的具体要求。为任务安排卫星资源以及执行时间时，必须满足各种任务约束。任务约束主要包括以下几方面。

（1）任务的时间约束。在遥感观测、灾害预防等应用中，用户对目标的观测需求具有较强的时限性要求。因此，某些任务具有最早观测时间及最晚观测时间的约束。

（2）任务的成像类型及最低分辨率约束。为实现特定目的，一些任务要求获取特定类型的观测数据；另外，任务还会要求获取图像的最低分辨率。

（3）任务的周期性要求。为便于比较地面目标的变化，用户会要求在特定时段内，对目标进行重复观测。

（4）其他约束。用户对成像质量有一定需求，为达到一定的图像质量，必须满足一定的气象条件。例如，任务要求在满足一定云层等级和一定光照条件下，才能采用成像遥感卫星的可见光传感器对目标成像。

4.1.2 卫星任务规划问题概述

任务规划可以看作将有限的资源按时间分配给不同任务的过程。规划问题包含一个任务集 $J=\{J_1,J_2,\cdots,J_n\}$ 和一个资源集 $M=\{M_1,M_2,\cdots,M_n\}$，任务集代表了需要安排的任务，任务的完成需要一定的持续时间，并且在执行时需要一定的资源。资源集代表了完成任务所需的人力和资源，如工人、原材料、设备等。每个资源都具有一定的能力约束，在任何时间，活动对资源的需求都必须满足资源的能力约束。在定义了任务、资源以及约束后，规划问题的优化目标就是在满足时间和资源约束的条件下，为每个任务分配资源并确定执行时间，以使得问题的目标函数值最大(最小)。

按照规划因素分类，规划问题一般可以分为两大类。

（1）时间分配问题。该问题的特点是规划前已经确定了执行任务的资源，规划的目标是给每个任务安排执行时间。此类问题的典型代表是 Job-Shop 问题。

（2）资源分配问题。该问题的特点是事先确定了任务的执行时间，规划的目标是给每个任务分配资源。此类问题的典型代表是航班的机组分配问题（Airline Crew Scheduling）。

对于大多数规划问题来说，规划过程既包含时间分配，又包含资源分配。卫星任务规划问题也是一个混合了时间和资源分配的复杂规划问题。

首先，卫星任务规划的一个主要特点是具有时间窗口约束，即观测任务必须在可见时间窗口内执行。通过卫星轨道预报及对目标的访问计算，可以得到卫星对目标的多个时间窗口，因此，观测任务的时间窗口还与特定卫星资源相关联。从调度理论研究来看，其他应用领域的研究均没有考虑工件的加工时间窗口与机器相关这一约束条件，而且许多研究仅考虑了单个时间窗口的情况，而没有考虑存在多个时间窗口的情况。另外，从优化目标来看，大多数理论研究中，考虑的优化目标是最小化加工时间或最小化加工费用，其所有的工件都必须安排加工。成像遥感卫星规划为过多订购问题，任务需求远大于资源的能力,只能安排部分任务,优化目标通常考虑最大化安排任务。

其次,卫星任务规划问题是一个十分复杂的组合优化问题,问题的规模通常使得完整的枚举式方法不可行。杰克森(Jackson)在相关文献中提到,给定 N 个可选的成像设备和 T 个成像目标,假设所有成像设备都有能力完成对任意一个成像目标的观测,则可能解的数目将有 $(N/2) \cdot (T-1)!$ 个。举例而言,假如有 5 个可供选用的卫星和 20 个需要成像的目标,则资源分配的可选方式将有 6.1×10^{17} 个;如果可供选用的卫星增加到 10 个,而成像目标增加到 25 个,那么,可能解的数目将有 3.1×10^{24} 个。可见,问题的指数爆炸特征十分明显,而如果再考虑对观测活动具体时间的确定,问题还会变得更复杂。

4.1.3 点目标和区域目标联合规划难点分析

按照卫星传感器视场与地面目标的相对大小关系,成像遥感卫星的观测任务可分为点目标和区域目标。如图 4-2 所示,点目标相对卫星传感器的幅宽较小,通常是一个较小的圆形或矩形区域,能够完全被单张成像遥感卫星照片的视场所包含。区域目标也称为面目标,通常是一个多边形区域,这一类目标相对较大,无法被卫星传感器单景或单条带完全覆盖,需要被多次成像(每次观测不同的部分)才能实现对区域的完整覆盖,区域目标的完整图像通常是多张卫星图像(单景或条带照片)拼合在一起的结果。区域目标一般用于区域态势监视、辅助绘制地图、海上搜索以及国土安全监视等领域。

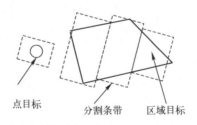

图 4-2 点目标与区域目标示意图

由于点目标可以被卫星单次观测完成,因此,面向点目标的卫星规划实质上是为每个点目标分配卫星资源,并确定观测的具体时间。面向点目标的卫星规划相对简单,可以映射为车间调度、多维背包等问题,通过建立规划模型、约束满足问题等模型,采用各种优化算法进行求解。

区域目标的范围较大,必须由卫星多次观测才能完成覆盖。因此,制定卫星对区域目标的成像方案时,必须首先依据卫星的轨道特征以及传感器的参数,将区域目标分解,再进行调度。其与面向点目标的调度存在很大区别,主要体现在以下几个方面。

(1) 需要考虑区域目标的覆盖范围。面向点目标的卫星调度中,点目标的覆盖范围可被忽略并被简化作一个点,只是带有持续观测时间要求。区域目标的覆盖范围作为区域目标的重要特征,不能被忽略,必须考虑成像遥感卫星观测范围与区域目标的位置关系。

(2) 需要构造可供卫星执行的候选观测活动。面向点目标的卫星调度中,可以通过计算卫星与地面目标的时间窗口数量,得到每个点目标的候选观测活动集合。区域目标的范围一般都远超出传感器观测能力,特别是对于具有侧摆能力的卫星来说,可以采用多种姿态对区域成像,不同成像姿态又对应着不同的地面场景,哪些成像姿态对应的观测活动能够作为调度模型的输入信息,这在受理用户需求时并不明确,必须通过分析区域目标地理位置、传感器性能以及卫星轨道参数才能得到。因此,对区域目标调度时,首先需要对区域目标进行分解,构造可供卫星执行的候选观测活动。

(3) 区域目标可分配给多个卫星共同观测。区域目标的面积较大,单个传感器一般只能观测到区域目标的一部分,客观上需要多个卫星资源通过协同,在限定时间内尽量多地获得目标的图像数据,因此,面向区域目标的卫星调度需要考虑如何协同多颗卫星进行观测。

(4) 区域目标中的部分地物会被重复观测。当运行在不同轨道的多颗卫星同时对一个地面目标观测时,由于轨道倾角不同,得到的瞬间视场(或观测条带)易产生重叠现象,如图4-3所示。另外,当单个传感器观测同一区域目标中多个场景时,也可能产生重叠覆盖现象。对于重大自然灾害监测等时效性要求较高的任务来说,重复观测会降低卫星对区域目标的观测效率,应该尽量减少重复观测并尽可能多地观测尚未被观测的地区。所以,定量分析重复观测场景并采取措施减少重复观测,是面向区域目标的卫星调度中需要着重考虑的问题。

(5) 区域目标可能只被部分完成。区域目标可能存在只被部分观测的情形,为了量化卫星对区域目标的观测情况,必须采用区域目标被观测的覆盖率或覆盖面积等参数进行量化分析。

由于上述特殊性质,卫星对区域目标进行成像调度时,首先要对区域目标进行分解,构造相应的观测活动。在调度过程中,优化安排各个观测活动。由于观测活动间存在交叉覆盖,因此,总体收益并非各个观测活动收益之和,必须以安排的观测活动对区域目标的综合覆盖率进行衡量。

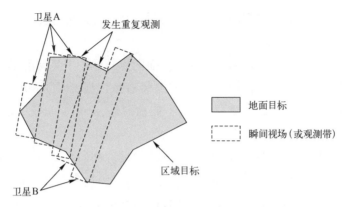

图 4-3 传感器因轨道倾角差异产生重复覆盖现象示意图

在成像遥感卫星的实际应用中,用户提交的任务需求既包含点目标,又包含区域目标,理想方式是将两类目标综合调度。但由于卫星对两类目标的调度在处理方式、求解模型及优化算法等方面均存在很大差异,已有研究多是将二者单独考虑,即成像遥感卫星调度的任务中只包含点目标,或只包含区域目标。

目前的成像遥感卫星调度应用系统中,计划编制人员一般只能优先安排一类目标,然后依据卫星的剩余能力,安排其他的目标成像。成像遥感卫星调度具有超额认购问题(Oversubscribed)特征,即待安排的任务远大于卫星资源的观测能力,因此,优先安排某类目标,往往没有剩余资源观测另一类目标。另外,优先安排某类目标,再安排其他目标,属于分阶段的优化方式,往往不能得到优化的成像调度方案。因此,两类目标综合调度是难点问题。

4.1.4 移动目标任务规划难点分析

随着社会经济的发展和人类活动范围的延伸,各类搜索营救、缉私打击犯罪等任务日益繁重,尤其是海洋搜救、海关缉私和海上浮游生物监测等任务,需要移动目标搜索技术作为保障。因此,移动目标搜索具有广阔的应用前景和巨大的价值。但是由于观测环境的复杂性、目标运动的不确定性、任务的高时效性和成像设备的不完善性,导致了移动目标搜索问题比较复杂。

(1) 搜索区域几何尺寸大、地理结构复杂,如陆地和海洋交错、地势和海拔各不相同、江河湖泊和海上岛屿分布各异等。

(2) 目标本身是运动的,运动的规律具有不可知性和不确定性,而且移动目标也会有意地进行隐蔽、反搜索或临时更改目标运动计划,导致目标运动规律更加难以掌握。

（3）区别于对静止点目标和区域目标的观测，移动目标搜索对时间的敏感性要求较高，需要达到一定的时间分辨率要求。

（4）尤其是对海上移动目标来说，一般离海岸较远，陆上、海上、空中观测设备受视距和活动范围限制，存在定位精度差、发现概率低、虚警概率高等缺点。

使用卫星对移动目标搜索具有其他搜索设备无法比拟的优势，但是卫星有其特殊的运动规律，无法长时间在目标上空盘旋飞行，只能周期性地对目标实施成像观测。如果采用单颗卫星对移动目标进行搜索，则无法完成这种时效性要求很高的任务，势必会导致目标丢失、反馈不及时等诸多问题。如果采用多颗卫星联合对移动目标进行搜索则具有巨大优势，如可以保证在空间分辨率不变的前提下，增加对搜索区域的访问次数并缩短重访周期，提高实时搜索的效果；携带不同类型成像设备的多颗卫星联合在一起对移动目标进行搜索，可以发挥不同传感器的优势，通过相互引导，达到更佳的应用效果。

随着卫星技术的长足进步及我国航天力量的发展，我国在轨卫星数量不断增加，观测能力也不断增强，同时，在移动目标观测需求的推动牵引下，多颗卫星联合对移动目标搜索势在必行。随之而来的问题是采用多星对移动目标搜索大大增加了卫星任务规划的难度，不同于传统的面向点目标或区域目标观测问题，受移动目标观测问题的特殊性影响，面向移动目标搜索的卫星任务规划问题具有其独特的复杂性。

1. 任务的复杂性

除了由移动目标环境的复杂性、目标运动的不确定性、任务的高时效性和观测设备的不完善性导致任务比较复杂之外，移动目标搜索不同于对点（区域）目标的观测，需要考虑观测的时空一致性，不能仅从空间覆盖的角度优化安排卫星资源，更需要考虑如何随时间的推进对目标分布进行更新和对目标运动进行预测，并在更新和预测的基础上，根据目标的即时态势优化卫星的观测行动，从而能够获得更大的探测概率或能够提高目标的发现次数。

2. 资源的复杂性

多颗、多类卫星平台具有迥异的轨道参数、成像约束和回传约束，需要结合特定区域位置信息和特定卫星轨道参数合理地进行成像条带划分，这些为卫星资源的统一管理带来了不便，增加了问题的复杂性。

3. 不确定因素的复杂性

系统中不确定因素的存在增加了问题的复杂性，不确定因素主要来源于目标运动规律的未知性、遥感设备的不完善性、图像信息处理能力欠缺等因素，这些因素导致面向移动目标搜索的卫星任务规划问题是不确定环境和不完全信息条件下的决策问题,而这些不确定因素将会直接影响最优决策的制定,增加问题的复杂性。

4. 建模复杂性

考虑到航天测控系统和图像信息处理能力差异产生了不同的应用模式,在任务建模过程中必须综合考虑应用模式的特性、各种实际的复杂约束以及移动目标的运动估计信息,建立不同的求解模型,模型必须能够解决不确定环境下序贯决策问题,这也增加了问题的复杂性。

5. 求解的复杂性

卫星数量规模、约束及任务区域的尺寸等因素共同导致组合的复杂程度高,甚至面临组合爆炸的挑战,但移动目标观测的时效性要求,需要求解算法能够快速收敛,在有限的时间内获得最优或者较优解,同时满足任务规划的优化性和时效性要求。

综上所述,面向移动目标搜索的卫星任务规划问题不仅具有传统的卫星任务规划问题的特点,同时,移动目标搜索任务的特性导致了问题进一步复杂,卫星资源的优化调度面临巨大的挑战。

4.1.5 卫星任务规划问题的其他特点

1. 非完全可替代的可选资源

一般调度问题中,一个活动可以由多个可选资源完成的情况并非罕见,卫星任务规划问题也具有这个特征。例如,一个特定的观测活动既可以由卫星1所带的传感器执行,也可以由卫星2所带的传感器完成;一个特定的卫星既可以向地面站1下传数据,也可以向地面站2下传数据。但不同之处在于,两颗卫星不可能具有完全相同的轨道,因此卫星任务规划问题中,可选资源是不具备完全可替代性的。例如,在给定成像目标与卫星1的某个可见时间窗口内,如果卫星1的传感器由于种种原因不能执行该观测活动(如该传感器可能正在执行另一个观测活动,或存储器容量不足),也不能简单地用卫星2替换卫星1,因为该时刻卫星2很可能是看不到指定成像目标的。

2. 可恢复的星载数据存储资源与事先不确定的数据下传活动

星载数据存储资源既可以因观测活动而被占用,也可以因数据下传活动而被释放。问题的难点在于,用于恢复存储资源的数据下传活动,其恰当的次数以及持续时间都是事先未定的,它们取决于具体卫星存储设备的容量、相关观测活动的安排情况、向地面下传机会的多少以及下传的数据量等。太多的数据下传活动是对相关地面站资源的浪费,特别是加重了接收站的工作负担,而次数太少又可能导致某些观测活动被迫取消。

卫星任务规划问题中,需要完成哪些观测活动以及这些活动的持续时间,需要完成哪些数据下传活动以及每个下传活动的持续时间,都需要在任务规划过程中才能确定。每颗卫星在其每个下传机会里是否进行下传活动,下传多长时间,这些都是问题的变量,对其取值同样存在着各种约束,并与其他变量的取值相互影响。对这些变量取值的选择和确定将大大增加问题求解的复杂性。这也是卫星任务规划问题不同于一般规划调度问题,特别是比仅考虑观测活动的卫星调度问题困难的地方之一。

3. 观测活动和数据下传活动之间的先后关系

作为完成观测任务的两个环节,卫星的观测活动和数据下传活动就像工件加工的两道工序一样,有着内在的先后顺序关系。但是由于卫星采集的数据都是累积到一定程度才进行一次集中下传,因此,观测活动和数据下传活动并不是一一对应的。正如前面所述,一颗卫星在什么时候进行一次下传活动,传输多少数据,是事先不能确定的,并且由于技术原因限制,一次下传活动传输的数据究竟对应于哪几次观测活动,有时也不能确定。因此,在问题模型中,要明确对应同一观测任务的观测活动和数据下传活动之间的顺序约束,是很困难的。可行的办法是以星载存储资源作为中介,以隐性的方式限制这种先后关系。

4. 连续观测活动之间的转换时间

卫星传感器一般都至少具有一维的侧摆自由度,在执行对指定地面目标的观测活动时,可以通过调整侧摆角度获得最佳的成像质量。但侧摆角度的调整一般并不能瞬间完成,需要消耗一定的时间,因此,在同一卫星传感器连续进行的两次观测活动之间,必须留出一定的时间间隔作为角度调整之用。

5. 资源的不同类型及作为离散资源的地面站

卫星任务规划问题中,所涉及的资源主要有三类。卫星传感器资源是一种独占资源,一个传感器通常只能完成一种类型的观测活动,而且在同一时刻只能执行一个活动。星载存储资源是一种容器资源,这种资源的容纳能力既可以被某些活动所消耗,也可以被某些活动所恢复,而且不要求消耗量或恢复量一定是离散的,也可以是连续值。地面站资源则是另一类离散资源,在卫星比较多的情况下,经常出现多颗卫星同时经过同一地面站的情况,此时,必须考虑地面接收站的容纳能力限制,其容量就是所具有天线的数目。

不同类型的资源会带来不同的资源约束,从而增加处理约束的难度,这一点也使得卫星任务规划问题比只考虑卫星传感器资源的卫星调度问题要复杂。

4.2 卫星任务规划模型

上述问题分析只是对卫星任务规划问题的定性分析,要对卫星任务规划问题进行求解,还必须对问题进行精确、全面的描述,建立卫星任务规划问题模型。建模是对问题进行抽象的过程,合理有效地建模才能确保结果的优化性和实用性。

卫星任务规划涉及多种类型卫星、有效载荷和地面站资源,这些资源在能力、属性、使用规则和操作限制等方面存在着明显的差异,不同资源的特性最终表现为任务规划过程必须满足的资源约束。为了能准确地描述这一实际工程问题,客观贴切地反映问题内在的基本特征,必须对各类资源约束进行抽象和归纳,进行规范化描述,建立问题的数学模型和计算机语言描述模型,这一工作是实现多星多站联合任务规划的前提。

4.2.1 资源约束模型构建

根据卫星任务规划问题特点,不管任务输入形式如何,最终都要分解为可被卫星单次观测的元任务形式。因此,这里考虑数据传输、存储器容量、星上能量及多星联合等载荷约束,面向分解后的元任务建立多卫星任务规划资源约束描述模型,为进行其他层次下的问题建模提供基础。

1. 资源约束分析

卫星任务规划中资源约束分为以下几类。

1)卫星有效载荷使用约束

虽然多卫星载荷特性各异,但是从任务规划的角度出发,对多卫星载荷进行高度抽象,把卫星载荷的每一次可能的开关机看作一个工作模式,则可以建立统一的载荷动作模式使用约束描述模型。载荷动作模式的主要约束包括以下几种。

(1)载荷观测范围约束。卫星有效载荷的每个确定的动作模式,对应于一定的观测谱段、观测分辨率和视场范围,所有可选模式集合构成了卫星载荷的能力范围,卫星只能满足在它能力范围内的观测任务请求。

(2) 工作模式观测条件约束。有些卫星载荷在特定条件下可能无法有效观测,如可见光卫星受光照条件和云量覆盖的影响较大,在光照条件不好和云层较厚时无法观测等。

(3) 开关机时间长度约束。由于星上载荷的工作特性限制,为保护星上载荷,一般对每个模式下的最长开关机时间进行限制。为对地面目标进行有效观测,获得更可信的数据,卫星对地面目标进行观测时通常也需要满足一定持续时间,称为最小开机时间。

(4) 模式切换约束。卫星在两次连续的观测动作之间需要满足一定的动作切换时间,称为动作切换时间约束。

(5) 动作唯一性约束。由于卫星载荷特点限制,卫星在任一时刻只能执行一个动作,不允许两个动作有时间上的交叉。

2) 卫星平台约束

(1) 观测时间窗约束。低轨对地观测卫星轨道通过每一个地域的时间长度有限,与目标的可见时间窗一般也较小,依据目标大小不同通常只有几秒到几十秒时间,对地观测卫星只能在与目标的可见时间窗内才能实施观测。

(2) 能量约束。在进行任务规划时,需要考虑卫星能量对卫星观测活动的影响。针对不同类型的卫星,能量限制通常有以下表示方式。

① 限制指定时间内的卫星动作时间,如"任意×× min 内观测时间不超过×× min"。

② 限制指定时间内的卫星动作次数,如"任意一圈内的开机次数不超过××次"。

③ 限制指定时间内的卫星侧视次数,如"任意一圈内的侧视次数不超过××次"。

④ 限制总的动作时间,如"一次规划段内的开机总时间不超过×× min"等。

通常情况下,卫星能量约束是上述约束的一种或多种的组合。

(3) 存储约束。现代卫星多采用固态存储器存储数据,固态存储器具有以下使用约束。

① 存储容量限制。星上存储数据的容量不能超过星载存储器的最大数据容量,称为存储容量约束。

② 文件存取方式。每次开关机获得的数据生成一个独立文件,存储器通过文件操作实现对存储数据的管理。

③ 文件数目上限。固态存储器会指定一个存储文件数上限,表示同一时间内不能有超过该指定上限值的文件存在。

④ 随机存取数据的能力。即可以随机地选择某一块存储空间进行数据传输与数据存储的能力。

⑤ 星载存储器可重复使用。当存储器被占用时,是否可以通过将部分数据传输到数据接收站以释放空间,释放出来的空间可以用来进行新的数据记录。

3) 数据传输约束

(1) 数据传输时间窗约束。卫星在与接收站可见并满足一定的接收条件才能传输数据,因而,卫星与接收站之间需要满足一定的时间窗约束。

(2) 文件传输约束。为保证数据的一致性与完备性,一般一个数据文件的数据需在一次进站时段内传输完毕,一般不允许一个文件在两个以上的数据传输段内传输。

(3) 动作次序约束。卫星必须先对任务进行观测并获得观测数据后,才能进行相应的观测数据传输。

(4) 实传与回放约束。实传动作对应的是一种即时数据传输模式,卫星在观测获取数据的同时将该数据传输到接收站,该过程不占用星载存储器,但要求卫星与接收站以及目标同时可见。把满足实传条件的目标的时间窗口段称为"实传窗口"。回放动作对应的是卫星记录获得的观测数据后,当卫星与接收站存在数据传输时间窗时,将星载存储数据传输至接收站的一种处理方式,是一种延时处理模式。

卫星实传和回放动作的切换需要较长时间,为处理方便,假设卫星在同一个接收站的跟踪接收时段内不能进行实传和回放动作的切换。

(5) 数据一致性约束。卫星在同一个接收站的接收数据量与星载存储器释放的存储容量一致。

4) 相关假设与预处理

为方便处理,对多星多站联合任务规划问题的求解条件进行以下假设。

(1) 假设不满足太阳高度角、云量等级等约束条件,超出卫星观测能力范围的观测时间窗口已经被删除。

(2) 有些卫星对能量的要求是前述能量动作的组合,或者是卫星每圈的数据传输动作与观测动作的结合,这就导致其结果可能不是线性的。在建模时可进行一定简化,假设每圈数据传输动作对能量的影响不考虑,卫星能量可简化为每圈要求的卫星观测动作时间长度。

（3）存储器使用上，假设两个不连续空间的数据被释放后，新的观测数据文件可以在两个空间内连续存取。

（4）假设所有任务已分解为元任务，规划时限满足元任务的观测时限要求，元任务所有不满足谱段要求、分辨率要求和观测模式要求的观测时间窗口已过滤。

2. 符号表示及意义

为方便建立数学模型，首先定义以下符号及其意义（表4-1）。

表4-1 资源约束层符号及意义

符号	类型	意义
S	集合	参与规划的卫星资源集合
G	集合	参与规划的地面站资源集合
T	集合	参与规划的观测元任务集合
W	集合	参与规划观测元任务的所有观测时间窗口集合
s	参数	卫星资源集合中任一卫星资源
m	参数	参与规划任务集合中任一元任务
W_s	集合	可被卫星 s 观测的所有观测时间窗口集合
W_m^s	集合	元任务 m 可被卫星 s 观测的所有观测时间窗口集合
G_s	集合	可对卫星 s 进行数据传输的所有数据传输时间窗口集合
$value_m$	参数	元任务 m 的任务重要性评价值
st_{mi}^s	参数	元任务 m 可被卫星 s 观测的观测时间窗口 i 的开始时间
et_{mi}^s	参数	元任务 m 可被卫星 s 观测的观测时间窗口 i 的结束时间
mem_{mi}^s	参数	任务 m 被卫星 s 观测的观测时间窗口 i 占用的存储器容量，与地面站接收数据长度量纲一致
mod_{mi}^s	参数	元任务 m 可被卫星 s 观测的观测时间窗口 i 的观测模式；对光学卫星指侧视角度；对SAR等卫星来说，包括模式和入射角、频率选择等
$real_{mi}^s$	参数	元任务 m 可被卫星 s 观测的观测时间窗口 i 是否是实传目标，如果是实传目标，取1；否则，取0
$Tran(i,j)$	函数	卫星 s 两个观测模式 i、j 之间的转换时间计算函数
pre_s	参数	卫星 s 的开机准备时间
$post_s$	参数	卫星 s 的关机稳定时间
cap_s	参数	卫星 s 的星载存储器容量，与地面站接收数据长度量纲一致
fn_s	参数	卫星 s 的星载存储器最大管理文件个数

(续)

符号	类型	意 义
gs_g^s	参数	卫星 s 的地面站接收站 g 的开始接收时间
ge_g^s	参数	卫星 s 的地面站接收站 g 的结束接收时间
gl_g^s	参数	卫星 s 的地面站接收站 g 的最大接收数据长度
TL_s	参数	卫星 s 每圈的时间长度
$\lim_s$	参数	卫星 s 每圈最大允许开机时间长度
$t_{\min_s}$	参数	卫星 s 要求的最短开机时间限制
$t_{\max_s}$	参数	卫星 s 要求的最长开机时间限制
x_{mi}^s	决策变量	布尔变量,元任务 m 可被卫星 s 观测的第 i 个观测时间窗口被观测为 1,否则为 0
g_{mig}^s	决策变量	布尔变量,元任务 m 可被卫星 s 观测的第 i 个观测时间窗口被观测并且在第 g 个地面接收站传输为 1,否则为 0
mem_{mi}^s	决策变量	元任务 m 可被卫星 s 观测的第 i 个观测时间窗口被观测后存储器占用量

3. 资源约束描述模型

根据前述约束分析,建立的卫星任务规划资源约束描述模型如表 4-2 所列。

表 4-2 资源约束描述模型

$x_{mi}^s t_{\min_s} \leq x_{mi}^s (et_{mi}^s - st_{mi}^s) \leq x_{mi}^s t_{\max_s}$ $\forall s \in S; m \in T; i \in W_m^s$	(4-1)
$[st_{mi}^s - et_{nj}^s - (\text{pre}_s + \text{post}_s + \text{Tran}(\text{mod}_{mi}^s, \text{mod}_{nj}^s))] x_{mi}^s x_{nj}^s \geq 0$ $\forall s \in S; m, n \in T; i \in W_m^s; j \in W_n^s; st_{mi}^s > et_{nj}^s$	(4-2)
$g_{mig}^s et_{mi}^s < ge_g^s$ $\forall s \in S; m \in T; i \in W_m^s; g \in G_s$	(4-3)
$g_{mig}^s (gs_g^s - st_{mi}^s)(gs_g^s - et_{mi}^s) \geq 0$ $\forall s \in S; m \in T; i \in W_m^s; g \in G_s$	(4-4)
$\sum_{m=1}^{\lfloor T \rfloor} \sum_{i=1}^{\lvert W_m^s \rvert} \text{mem}_{mi}^s g_{mig}^s \leq \min(gl_g^s, \text{cap}_s)$ $\forall s \in S; g \in G_s$	(4-5)
$x_{mi}^s \text{real}_{mi}^s g_{mig}^s \sum_{n=1}^{\lfloor T \rfloor} \sum_{j=1}^{\lvert W_n^s \rvert} (1 - \text{real}_{nj}^s) g_{njg}^s = 0$ $\forall s \in S; m \in T; i \in W_m^s; g \in G_s$	(4-6)

(续)

$x_{mi}^s \text{real}_{mi}^s g_{mig}^s gs_g^s \leq x_{mi}^s \text{real}_{mi}^s st_{mi}^s \leq x_{mi}^s \text{real}_{mi}^s et_{mi}^s \leq x_{mi}^s \text{real}_{mi}^s g_{mig}^s ge_g^s$ $\forall s \in S; m \in T; i \in W_m^s; g \in G_s$	(4-7)
$\text{mem}_{mi}^s = x_{mi}^s \left(\sum_{\substack{n=1 \\ n \neq m}}^{\lfloor T \rfloor} \sum_{j=1}^{\lvert W_n^s \rvert} \max\left[0, \frac{et_{mi}^s - et_{nj}^s}{\lvert et_{mi}^s - et_{nj}^s \rvert} \right] \text{mem}_{nj}^s + \text{mem}_{mi}^s - \sum_{g=1}^{\lvert G_s \rvert} \max\left[0, \frac{et_{mi}^s - gs_g^s}{\lvert et_{mi}^s - gs_g^s \rvert} \right] \right.$ $\left. \sum_{\substack{n=1 \\ n \neq m}}^{\lfloor T \rfloor} \sum_{j=1}^{\lvert W_n^s \rvert} \text{mem}_{nj}^s g_{njg}^s \right)$ $\forall s \in S; m \in T; i \in W_m^s$	(4-8)
$\text{mem}_{mi}^s \leq \text{cap}_s$ $\forall s \in S; m \in T; i \in W_m^s$	(4-9)
$x_{mi}^s \left(\sum_{\substack{n=1 \\ n \neq m}}^{\lfloor T \rfloor} \sum_{j=1}^{\lvert W_n^s \rvert} \max\left[0, \frac{et_{mi}^s - et_{nj}^s}{\lvert et_{mi}^s - et_{nj}^s \rvert} \right] - \sum_{g=1}^{\lvert G_s \rvert} \max\left[0, \frac{et_{mi}^s - gs_g^s}{\lvert et_{mi}^s - gs_g^s \rvert} \right] \sum_{\substack{n=1 \\ n \neq m}}^{\lfloor T \rfloor} \sum_{j=1}^{\lvert W_n^s \rvert} g_{njg}^s + 1 \right) \leq fn_s$ $\forall s \in S; m \in T; i \in W_m^s$	(4-10)
$\sum_{n \in T} \sum_{j \in W_n^s} x_{mi}^s x_{mj}^s (et_{nj}^s - st_{nj}^s) \max\left[0, -\frac{(et_{nj}^s - st_{mi}^s)(st_{nj}^s - st_{mi}^s - \text{TL}_s)}{\lvert (et_{nj}^s - st_{mi}^s)(st_{nj}^s - st_{mi}^s - \text{TL}_s) \rvert} \right] \leq \text{lim}_s$ $\forall s \in S; m \in T; i \in W_m^s$	(4-11)
$\sum_{\substack{n=1 \\ n \neq m}}^{\lfloor T \rfloor} \sum_{j=1}^{\lvert W_n^s \rvert} \text{mem}_{mi}^s = \sum_{g=1}^{\lvert G_s \rvert} \sum_{m=1}^{\lvert T \rvert} \sum_{i=1}^{\lvert W_m^s \rvert} g_{mig}^s \text{mem}_{mi}^s$ $\forall s \in S$	(4-12)

上述约束模型中,约束式(4-1)表示每个观测时间窗口的开机时间长度必须大于最短开机时间,小于最长关机时间;约束式(4-2)表示卫星任意两个观测时间窗口之间必须满足动作切换时间约束;约束式(4-3)表示卫星任意观测时间窗口的数据传输时间晚于其观测时间;约束式(4-4)表示卫星的观测动作与数据传输动作之间不能在时间上交叉;约束式(4-1)、式(4-2)、式(4-3)、式(4-4)共同表明,任意时刻卫星同时只能进行一个动作活动;约束式(4-5)表示每颗卫星在每个地面站接收时段内接收的总下传数据量不能大于该站的最大回放容量,同时也不能超过卫星的最大存储容量;约束式(4-6)表示每个跟踪接收时段不能同时执行两个数据接收活动;约束式(4-7)表示卫星执行实传动作必须满足实传条件,即卫星与地面站、目标之间同时可见;约束式(4-8)表示卫星在每个观测时间窗口完成观测后,星载存储器占用情况;需要特别说明

的是,卫星在执行实传动作后,由于实传窗口的数据实时传输回地面接收站,不占用存储资源,因而,存储器占用量保持实传前的数值;约束式(4-9)表示任意时刻卫星星载存储器占用不能超过卫星的存储容量上限;约束式(4-10)表示任意时刻,卫星星载存储器管理的文件数目不大于指定个数;约束式(4-11)表示不能违反能量约束,即任意指定时间段内,卫星总的开机时间不能超过一个指定值;约束式(4-12)表示每次规划完毕后,星上存储的数据必须完全下传到接收站。

需要说明的是,上述约束是针对大多数卫星载荷和卫星平台抽象得到的载荷约束条件;部分卫星平台或卫星载荷由于业务需要可能具有独特的载荷特性设计,使得其约束条件与上述约束不相一致,可以针对某颗或某几颗卫星的特殊载荷特性进行约束建模,在规划时根据需要自主进行约束选择和约束组合。

4.2.2 接收资源调度模型

接收资源也可称为数传资源。根据实际经验,数据接收资源调度模式一般可分为3种:第一种是针对部分卫星已下达观测任务,为这些卫星安排接收资源,同时,为其他卫星预分配接收资源;第二种是针对其他卫星已下达观测任务,为这些卫星安排剩余的接收资源;第三种是针对应急任务,对已有的接收资源分配方案进行调整。为了便于描述,将这3种调度模式分别称为初次调度模式、剩余资源调度模式和重调度模式。

根据资源调度和任务规划情况,将接收资源的状态分为未分配、已分配、已使用和已冻结4种状态。所谓冻结是指该接收资源与已分配的接收资源冲突,一旦将与之冲突的已分配接收资源调整为未分配状态,那么,该接收资源将解冻,能够重新参与调度。

初次调度前,所有的接收资源状态均为未分配。初次调度后,一部分接收资源已分配,一部分接收资源已冻结,一部分接收资源未分配,当然,后两者有可能不存在,即所有接收资源均已分配完,并且接收资源之间不存在冲突。

剩余资源调度前,有可能一部分接收资源已在任务规划中被使用,已分配、已使用和已冻结的接收资源不能参与调度,只能对未分配的接收资源进行调度。剩余资源调度后,接收资源的状态可能同时存在已分配、已冻结和未分配3种情况。

重调度前,已使用的接收资源不能参与重调度,如果从接收资源分配方案中移除某个接收资源,那么,与之冲突的已冻结接收资源有可能被插入到分配方案中,因此,参与重调度的接收资源状态包括已分配、已冻结和未分配。

1. 数据接收资源联合调度基本规则

(1) 实传任务优先规则。对于实传任务,如果存在可用的实传资源,那么,安排该站接收该任务的成像数据。如果存在多个实传资源,那么,优先选择冲突度最小的实传资源。如果不存在可用的实传资源,那么,将该任务标记为不可实传任务,根据(2)安排相应接收资源。计算冲突度时必须考虑其他卫星对接收资源的需求度。

(2) 重点任务优先规则。对于重点任务,优先安排最近的接收资源回放成像数据,如果存在多个接收资源,那么,优先选择冲突度最小的接收资源。

(3) 指定站任务优先规则。如果所指定的接收资源未安排任何任务,那么,安排该站接收该任务的成像数据。如果所指定的接收资源已安排任务,那么,判断该站剩余时长是否能够安排该任务,同时,必须考虑卫星使用约束。

(4) 负载均衡规则。根据接收总圈次要求,确保每个地面站的接收圈次相差不大。

(5) 任务取舍规则。当多个成像任务之间互相冲突时,按照任务的最长成像时长安排接收资源。

(6) 冲突消解规则。同一卫星与两个相邻的接收资源的接收弧段冲突时,对接收弧段进行裁剪,以消解冲突。如果裁剪后仍不满足要求,保留安排了实传任务的接收弧段。如果都能够安排实传任务或重点任务,则保留有指定任务的接收弧段。如果没有指定任务,则保留与同一接收资源前后接收弧段不冲突的接收弧段。如果这两个接收弧段均不与自己的相邻弧段冲突,那么,保留已安排圈次最少的接收资源。

同一接收资源与两个相邻卫星的接收弧段冲突时,首先判断能否安排双天线接收,若不能,则对接收弧段进行裁剪,以消解冲突。如果裁剪后仍不满足要求,保留安排了实传任务的接收弧段。如果都能够安排实传任务或重点任务,则保留有指定任务的接收弧段。如果没有指定任务,则保留与同一接收资源前后接收弧段冲突最小的接收弧段。

(7) 预留资源规则。对于没有下达成像任务的卫星,根据卫星使用约束和载荷特点,预先保留某些接收资源给该卫星。

(8) 资源选择规则。如果接收弧段与成像任务冲突,那么,优先选择与任务冲突最小的接收资源。当可用资源不足时,再考虑存在冲突的接收资源。如果能够实传,并且不会导致其他任务无法回放,那么,安排该资源接收该任务的成像数据;否则,放弃该任务。

2. 重调度规则

对原分配方案进行重调度遵循的基本规则如下。

(1) 已分配资源优先规则。当有应急任务下达时,若任务未要求实传,且已分配的接收资源中仍存在剩余接收时长,那么,不需要调整接收资源分配方案。

(2) 未分配资源优先规则。如果已分配的接收资源中不存在剩余接收时长,那么,判断是否存在未分配资源,如果存在未分配资源,那么,安排该接收资源回放应急成像数据。

(3) 原方案最小变更规则。此规则下,当需要对原分配方案进行动态调整时,应尽量使得调整后的方案与初始方案的变化最小。

当应急任务要求实传时,如果相应接收时段存在实传任务,那么,将该应急任务替换掉原来的实传任务,原实传任务安排回放。如果相应接收时段状态为已冻结,那么,将该接收时段解冻,即将与之冲突的已分配接收时段从分配方案中移除,然后为其他任务重新分配接收资源。

4.2.3　区域目标分解模型

为有效解决多星对区域目标的协同观测问题,尤其是针对卫星间的传感器性能、运动轨迹及工作模式存在较大差异的情况,需首先研究现有多星协同条件下区域目标的划分方法,先将其分割成较小的条带,再将这些小条带分配给相应的卫星进行遥感成像。合理的分割方法和精心设计的任务规划算法是完成区域目标成像的关键技术。以下对现有的区域分割方法进行对比分析,并介绍一种新的动态划分方法和3种考虑区域目标特性的多星任务规划算法。

1. 区域目标划分方法及分析

区域目标由于其特有的"面"特性,不能被卫星传感器的一个视场或一个条带覆盖,必须首先划分为多个子任务,再安排卫星进行观测。成像遥感卫星对区域目标的调度中,区域目标划分是关键环节,任务划分方式决定了子任务间的关系,也很大程度上影响了卫星对区域目标的观测效率。目前,对区域目标主要有以下 4 种划分方法。

（1）依据单景划分。将区域分解转化为集合覆盖问题，首先，在轨道方向上按照标准像幅长度等距离分解区域目标；然后，使用垂直于轨道方向的横条按照标准像幅的尺寸将区域分解成一个个独立场景，使得能以尽量少的场景覆盖指定区域。经过分解后，区域目标调度被转化为针对这些独立场景的点目标调度。也有研究采用类似方法，只在分解的顺序以及分解单元的大小上存在差异。图 4-4 为一个区域目标的集合覆盖分解示意图。

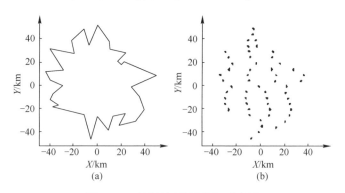

图 4-4 区域目标单景分解示意图
（a）待分割的区域目标；（b）分割后形成的点目标。

（2）采用预定义的参考系统分解。预定义的参考系统一般包括全球参考系统（WRS）和网格参考系统（GRS）等。参考系统按照一定的坐标系，将全球划分为多个带有编号的场景。按照预定义的参考系统对区域进行分解时，只需要检索与区域目标相关的场景，并进行规划即可。其适用于类似美国陆地卫星（Landsat）这类陆地观测卫星的全球性或区域性普查。

（3）采用固定宽度的条带进行分解。依据卫星的飞行径向和传感器幅宽，将区域分解为固定宽度的平行条带。如图 4-5 所示，采用参数方向角和偏移量来控制整个分解过程。图中实线多边形为区域轮廓，虚线矩形为分解后的条带。其中，条带的宽度依照卫星的幅宽而定，条带的方向与卫星的飞行径向平行。

（4）按照不同卫星传感器参数重复分解。上述方法均为单颗卫星对区域目标观测时的分解方式，为了适应多颗卫星对区域目标的观测，可对方法 3 进行改进，采用按照不同卫星传感器幅宽对区域目标重复分解的方式。其基本思想是：按照每颗卫星的传感器幅宽以及飞行径向，在多个时间窗口内对区域目标进行重复分解。此方法依据不同卫星传感器的性能参数分解区域，考虑了不同卫星传感器性能的差异,能够充分发挥不同卫星的观测能力。

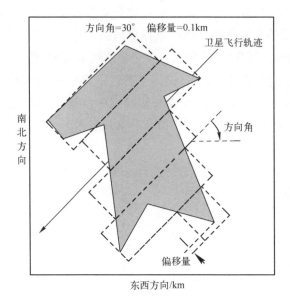

图 4-5　按固定的宽度与方向分解区域目标

如图 4-6 所示,由于其按照不同卫星传感器的参数独立分解,因此,分解的子任务能够充分体现不同卫星的观测能力。但是,分解的子任务间会存在交叉覆盖,给优化求解带来一定的困难。

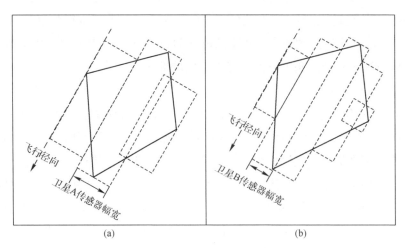

图 4-6　按照不同卫星传感器幅宽重复分解区域目标
(a) 依据卫星 A 分解;(b) 依据卫星 B 分解。

从分解得到的子任务间的关系看,前3种方法均为"完全分解"方式,即分解后的子任务间互相独立,不存在重叠,其收益也相互独立(互不影响)。因此,每个子任务均可以视为单独的点目标。采用此类分解方式可以将区域目标转化为点目标,并采用针对点目标调度的模型及算法求解。第4种方法对区域目标进行重复分解,得到的子任务间存在重叠,因此,不能将每个子任务简单视为"点目标",必须考虑多个子任务对区域的综合覆盖率。

从卫星的观测效率来看,采用前3种方法必须提前确定分解的参数(单景大小、条带宽度及划分方向),并采用固定参数进行分解。其中,单景的大小、条带的宽度是依据卫星传感器参数而定,条带的划分方向依据卫星的轨道参数而定。当使用多颗卫星观测区域目标时,由于不同卫星在轨道倾角及卫星传感器幅宽等参数上均存在差异,若采用这些分解方法,将不能体现不同卫星的性能差异,不能充分发挥卫星的观测能力,会降低对区域目标的观测效率。因此,前3种方法只适用于单颗卫星对区域目标观测的情况。第4种方法能够根据多颗卫星的性能参数对区域目标重复分解,充分考虑了不同卫星在传感器幅宽、侧摆性能以及飞行径向上的差异,能够提高多星对区域目标的观测效率。

综上可知,第4种分解方法能够满足多星对区域目标的观测需求,并提高卫星对区域目标的观测效率。但是该分解方式也存在如下一些缺点。

(1) 对区域目标的经度差存在限制。由于分解时获取的卫星星下点、区域目标顶点等信息,均是基于大地坐标系,是以经纬度表示的,而大地坐标系并不是标准的长度单位,不便于计算面积和长度。该方法采用了高斯投影,将区域目标投影到平面坐标系,以便于对区域目标分解,并计算区域的覆盖面积。高斯投影在长度和面积上变形较小,具有投影精度高等优点,但是仅能对经度差6°内的区域目标进行投影,即使采用宽带高斯投影,也仅能解决经度差在9°内的区域目标投影需求。因此,该分解方式不能处理经度差过大的区域目标。

(2) 对区域目标采用固定宽度进行分解,存在一定误差。该方法将区域目标投影到平面坐标系后,按照卫星传感器的幅宽对区域目标的可观测区域进行等距离划分,然后通过坐标投影反算公式,将观测场景顶点的坐标由平面坐标系转换到大地坐标系,再利用这些经纬度坐标计算卫星与当前观测场景的时间窗口。由卫星传感器的特性可知,卫星在不同侧视角度下的成像范围并不相同,但该方法将区域按照等距离划分,因此,其分解方式存在一定的误差。

(3) 计算效率有待提高。该方法的分解过程中要进行多次高斯投影及反向运算,实现大地坐标系与平面坐标之间的变换。为了获取平面坐标系下的星下点轨迹的方程式,还要进行多次最小二乘曲线拟合。区域分解后,还要通过轨道预报软件计算其时间窗口及观测角度。为了便于统计不同的观测条带对区域目标的综合覆盖率,还采用了网格统计法,需要保留计算过程中任一网格的覆盖状态。上述这些操作均对区域目标的分解效率带来一定影响。采用改进的区域目标动态分解方法可以克服该方法的以上缺点。

2. 基于多星观测能力的动态区域划分方法

与方法 4 类似,本方法也是在卫星对区域的每个时间窗口内分解区域,但采用了卫星在不同观测角度下的对区域目标的覆盖范围作为分解的依据。分解过程是在卫星与任务的时间窗口内,依据卫星的传感器幅宽和飞行径向而动态分解的,因此,称为区域目标动态分解方法(Polygons Dynamic Segmenting Method,PDSM)。该方法在以下几个方面进行了改进。

(1)采用立体几何计算卫星在某侧视角度下,对区域目标的覆盖范围,而不是采用投影到平面坐标系的方式,克服了高斯投影在区域目标经度差上的限制。

(2)卫星每次经过区域目标时,对区域的可观测范围按照卫星传感器的不同观测角度对区域目标进行分解,更加精确。

(3)方法中没有采用高斯投影在大地坐标系与平面坐标系之间反复变换,而是根据多边形顶点的经纬度坐标,采用 MapInfo 软件计算多个条带对区域目标的综合覆盖率,效率更高。

由于动态分解方法中采用了按照角度对区域的分解操作,因此,必须首先求得卫星在某观测角度下对地面的覆盖范围。下面首先介绍卫星在某观测角度下,对地面覆盖区域的计算方法。

1)卫星对地面覆盖区域的计算

如图 4-7 所示,已知 t 时刻卫星的星下点为 A,t' 时刻卫星的星下点为 A',设卫星在 t 至 t' 时刻采用侧视角度 θ 进行观测,覆盖的地面区域的顶点依次为 $\{R, L, L', R'\}$。要获取该区域的坐标信息,必须获得 4 个顶点的经纬度坐标。

图 4-8 所示为 t 时刻卫星的侧面剖析图,卫星的视场角为 Δg,由图可知,$\theta_1 = \theta + \frac{1}{2}\Delta g$,$\theta_2 = \theta - \frac{1}{2}\Delta g$。因此,问题的关键在于根据星下点坐标、侧视角度 (θ_1, θ_2) 以及卫星的轨道等信息得到 (L, R) 的坐标。

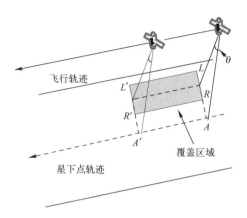

图 4-7　卫星对地面覆盖区域示意图

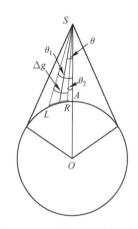

图 4-8　卫星对地面覆盖示意图

设 t 时刻卫星星下点 A 的经纬度坐标为 (λ,φ)，卫星在传感器侧视面内(垂直于轨道面)以 θ 角偏离卫星与球心的矢径时，要计算其投射到地面的观测点的坐标。由于卫星可以采用 θ 角进行左右的侧视，因此，要根据需要对左右两侧的观测点分别计算。通过分析立体几何关系，可以得到卫星采用 θ 角度时，投射地面观测点的坐标计算公式。

根据相关的几何关系如图 4-9 所示，将地球近似认为是圆球体，图中 O 为地球球心，设 t 时刻卫星位置为 S，A 为星下点，过 A 点做线段 AO 的垂线交赤道平面于 C，连接 OC。B 为赤道与卫星轨道面的交点，不失一般性，取与 OA 呈锐角的点 B，则平面 BOC 为赤道面，平面 AOB 为卫星轨道面，平面 AOC 为 t 时刻传感器侧视面。从 A 点向赤道平面做垂线 AD 得垂足为 D，从 D 点依次做 OB

和 OC 的垂线得垂足分别为 E 和 F,连接 AE 和 AF。过 B 做 SO 的垂线得垂足 G,侧视面内偏离 SO 为 θ 角的与地球表面的交点分别为 L 和 R,需要计算两点的经纬度坐标 $(\lambda_R, \varphi_R), (\lambda_L, \varphi_L)$。$R$ 和 L 具有类似的几何关系,以 R 为例进行求解,做 RR' 垂直于赤道面,并做 $R'H$ 垂直于 OC。

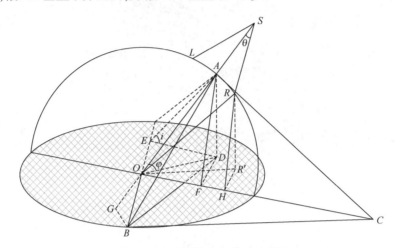

图 4-9 卫星覆盖几何关系示意图

由上述分析可知,$OE \perp AD$,$OE \perp ED$,则 $OE \perp \triangle AED$,因此,$\angle AED$ 为卫星的轨道倾角,有 $\angle AED = i$,$\angle AOD = \varphi$,$\angle LSA = \angle RSA = \theta$,设地球半径为 r,t 时刻卫星轨道高度为 h,则有

$$\begin{cases} \varphi_R = \arcsin\left(\dfrac{\sin\left(\arcsin\sqrt{\dfrac{\sin^2\varphi}{1-\sin^2 i + \sin^2\varphi}} - \arcsin\left(\left(1+\dfrac{h}{r}\right)\sin\theta\right) + \theta\right)}{\sqrt{\dfrac{1}{1-\sin^2 i + \sin^2\varphi}}}\right) \\ \lambda_R = \lambda - \left(\arccos\dfrac{\cos\angle AOC}{\cos\varphi} - \arccos\dfrac{\cos\angle ROC}{\cos\varphi_R}\right) \end{cases} \quad (4\text{-}13)$$

$$\begin{cases} \varphi_L = \arcsin\left(\dfrac{\sin\left(\arcsin\sqrt{\dfrac{\sin^2\varphi}{1-\sin^2 i + \sin^2\varphi}} - \arcsin\left(\left(1+\dfrac{h}{r}\right)\sin\theta\right) - \theta\right)}{\sqrt{\dfrac{1}{1-\sin^2 i + \sin^2\varphi}}}\right) \\ \lambda_L = \lambda - \left(\arccos\dfrac{\cos\angle AOC}{\cos\varphi} - \arccos\dfrac{\cos\angle LOC}{\cos\varphi_L}\right) \end{cases} \quad (4\text{-}14)$$

其详细的推导过程如下。

由 $\begin{cases} AD = r\sin\varphi \\ OD = r\cos\varphi \\ S_{BOD} = S_{AOB}\cos i \end{cases}$ 可知

$$\sin\angle AOB = \frac{\sin\angle BOD \cdot \cos\varphi}{\cos i} \tag{4-15}$$

又由于 $\tan i = |AD|/|DE|, DE = OD\sin\angle BOD$，则有

$$\sin\angle BOD = \tan\varphi/\tan i \tag{4-16}$$

$$\angle BOD = \arcsin(\tan\varphi/\tan i) \tag{4-17}$$

$$\sin\angle AOB = \sin\varphi/\sin i \tag{4-18}$$

$$\angle AOB = \arcsin(\sin\varphi/\sin i) \tag{4-19}$$

由 $V_{A-BOC} = V_{C-AOB}$ 可知

$$\sin\varphi \cdot \sin\angle BOC = \sin\angle AOC \cdot \sin\angle AOB \tag{4-20}$$

由于 AC 和 BE 为两异面直线并且相互垂直，作 $BG \perp AO$ 于 G，则由两互相垂直的异面直线距离公式，可得

$$|BC|^2 = |BG|^2 + |AG|^2 + |AC|^2 \tag{4-21}$$

因此，有

$$\cos\angle BOC = \cos\angle AOB \cdot \cos\angle AOC \tag{4-22}$$

由上述公式可得

$$\sin\angle AOC = \sqrt{\frac{\sin^2\varphi}{1-\sin^2 i + \sin^2\varphi}} \tag{4-23}$$

$$\angle AOC = \arcsin\sqrt{\frac{\sin^2\varphi}{1-\sin^2 i + \sin^2\varphi}} \tag{4-24}$$

$$\sin\angle BOC = \sqrt{\frac{1}{1-\sin^2 i + \sin^2\varphi}}/\sin i \tag{4-25}$$

$$\angle BOC = \arcsin\left(\sqrt{\frac{1}{1-\sin^2 i + \sin^2\varphi}}/\sin i\right) \tag{4-26}$$

由于 $\triangle AFD$ 与 $\triangle RHR'$ 相似，因此，$|AF|/|RH| = |AD|/|RR'|$，即

$$\frac{\sin\angle AOC}{\sin\angle ROC} = \frac{r\sin\varphi}{|RR'|} \tag{4-27}$$

又有

$$\angle ROC = \angle AOC - \angle AOR \tag{4-28}$$

在 $\triangle SOR$ 中，由正弦定理可知

$$\frac{r}{\sin\theta} = \frac{r+h}{\sin(\theta+\angle AOR)}$$

即

$$\angle AOR = \arcsin\left(\left(1+\frac{h}{r}\right)\sin\theta\right) - \theta \tag{4-29}$$

由上述公式可知

$$|RR'| = \frac{r \cdot \sin\left(\arcsin\sqrt{\frac{\sin^2\varphi}{1-\sin^2 i+\sin^2\varphi}} - \arcsin\left(\left(1+\frac{h}{r}\right)\sin\theta\right) + \theta\right)}{\sqrt{\frac{1}{1-\sin^2 i+\sin^2\varphi}}} \tag{4-30}$$

则有

$$\varphi_R = \arcsin\left(\frac{\sin\left(\arcsin\sqrt{\frac{\sin^2\varphi}{1-\sin^2 i+\sin^2\varphi}} - \arcsin\left(\left(1+\frac{h}{r}\right)\sin\theta\right) + \theta\right)}{\sqrt{\frac{1}{1-\sin^2 i+\sin^2\varphi}}}\right) \tag{4-31}$$

又由 $\lambda_R = \lambda - (\angle DOC - \angle R'OC')$,因此有

$$\lambda_R = \lambda - \left(\arccos\frac{\cos\angle AOC}{\cos\varphi} - \arccos\frac{\cos\angle ROC}{\cos\varphi_R}\right) \tag{4-32}$$

同理,L 的坐标 (λ_L, φ_L) 也可以根据对应的几何关系进行求解。

由此可以得到卫星在采用任一角度对地面观测时能够覆盖的地面区域的顶点坐标,便于区域目标分解时获取不同观测角度下对区域的覆盖信息。下面详细介绍区域目标的动态分解方法。

2) 区域目标动态分解方法描述

为便于表述,首先对符号进行定义。设卫星集合 $S = \{s_1, s_2, \cdots, s_{N_S}\}$,区域目标集合 $T_p = \{t_1, t_2, \cdots, t_{N_T}\}$。卫星 s_j 的最大侧视角度为 $\max g_j$,最小侧视角度为 $\min g_j$,传感器视场角为 Δg_j,分解时的角度偏移量为 $\Delta\lambda$。

设调度时段内,卫星 s_j 对区域目标任务 t_i 的时间窗口数量为 N_{ij},卫星 s_j 在第 k 个时间窗口内对任务 t_i 进行分解,得到的子任务数量为 N_{ijk},o_{ijkv} 表示卫星 s_j 在第 k 个时间窗口内对任务 t_i 进行分解时得到的第 v 个子任务。为便于表述,进行如下定义。

任务 t_i 依据卫星 s_j 的第 k 个时间窗口分解的元任务集合 $O_{ijk} = \{o_{ijk1}, o_{ijk2}, \cdots, o_{ijkN_{ijk}}\}$,其中 $k \in [1, N_{ij}]$。

任务 t_i 依据卫星 s_j 分解的元任务集合 $O_{ij} = \{O_{ij1}, O_{ij2}, \cdots, O_{ijN_{ij}}\}$。

任务 t_i 分解的元任务集合 $O_i = \{O_{i1}, O_{i2}, \cdots, O_{iN_S}\}$。

综上所述,任务 t_i 分解后的子任务集合可以表示为

$$O_i = \bigcup_{j=1}^{N_S} \bigcup_{k=1}^{N_{ij}} \bigcup_{v=1}^{N_{ijk}} o_{ijkv}, i = \{1, 2, \cdots, N_T\}$$

图 4-10 是对单个区域目标动态分解的简要流程图。

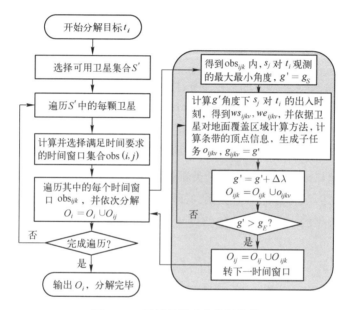

图 4-10 区域目标动态分解流程

下面对多颗卫星观测多个区域目标时区域目标的动态分解方法进行描述。

(1) 遍历 T 中的每个区域目标。针对区域目标 t_i 的传感器类型要求及最低分辨率要求,选择可用卫星集合 S'。

(2) 遍历 S' 中的每个卫星,根据每颗卫星 s_j 对 t_i 进行分解。

(3) 根据卫星轨道预报,计算 s_j 与 t_i 的时间窗口集合 $\mathrm{obs}(i,j)$,并删除其中不满足 t_i 时间要求的时间窗口。

(4) 遍历 $\mathrm{obs}(i,j)$ 中的每个时间窗口 obs_{ijk},根据每个时间窗口进行分解。

① 得到时间窗口 obs_{ijk} 内,卫星 s_j 指向区域目标 t_i 顶点的最小、最大角度 $g_{\min}(i,j), g_{\max}(i,j)$。

② 得到 obs_{ijk} 内,卫星对 t_i 有效观测的最小角度 g_S、最大角度 g_E,即

$$g_S = \max\left\{g_{\min}(i,j) + \frac{1}{2}\Delta g_j, \min g_j\right\}$$

$$g_E = \min\left\{g_{\max}(i,j) - \frac{1}{2}\Delta g_j, \max g_j\right\}$$

③ 按照不同的观测角度 g' 对区域进行分解。g' 从最小角度 g_S 开始,以 $\Delta\lambda$ 为角度偏移量进行偏移,直至最大角度 g_E 结束。

④ 在每种观测角度 g' 下,均生成一个子任务 o_{ijkv},o_{ijkv} 的观测角度 g_{ijkv} 为 g',其开始时间 ws_{ijkv}、结束时间 we_{ijkv} 分别为卫星采用 g' 角度观测时出入区域目标的时刻。根据 ws_{ijkv}、we_{ijkv} 及对应时刻的星下点坐标,采用卫星对地面覆盖区域的计算公式,得到卫星在此角度下覆盖的条带的顶点坐标,从而得到条带的坐标信息。

⑤ 将卫星 s_j 与 s_j 在时间窗口 obs_{ijk} 内分解的子任务加入集合 O_{ijk}。

(5) 将卫星 s_j 与 s_j 在各个时间窗口内分解得到的子任务加入集合 O_{ij}。

(6) 将所有卫星与 s_j 分解的子任务加入集合 O_i。

(7) 依次分解其他任务,若分解完毕,则返回并输出结果。

由于区域目标分解的每个子任务都是卫星的一个可选的观测活动,为便于统计子任务对区域目标的覆盖关系,必须记录其坐标信息。子任务的坐标信息采用顺时针顺序的 4 个顶点的经纬度坐标表示。分解得到的子任务采用六元组表示,即

$$o_{ijkv} = \{\text{AtomicId}, \text{TaskId}, \text{SatId}, \text{Win}, \text{Angle}, \text{Coordinate}\}$$

分别为子任务标识、任务标识、卫星标识、时间窗口、观测角度及子任务的坐标信息。

4.2.4 移动目标任务规划模型

移动目标,即在运动和静止两种状态间不断转换的目标,目标的运动状态具有一定的随机性,或行进,或停止。相对于陆上、空中等大型人造目标,海洋大型移动目标具有几何尺寸大、移动速度相对较慢、海洋背景广阔而单一的特点。因此,可以运用遥感卫星,对失联或被劫持船只等大型海上移动目标进行搜索、发现、监视、识别和确认。

由于目标运动轨迹的不确定性,常规的任务规划流程和处理机制不能有效解决移动跟踪问题,需要研究特殊的规划机制和求解算法。移动目标跟踪主要分为搜索发现、跟踪和卫星观测方案的动态调整等处理步骤,问题求解的难点和重点在于如何结合相关信息对目标位置进行准确预测,即如何进行有效的搜索发现和跟踪。

海洋移动目标任务规划需要对目标状态进行估计,因此,可以借鉴最优估计的相关理论以引导求解。估计理论是概率论和数理统计的一个分支。它所研究的目标是随机现象,是根据受干扰的观测数据来估计关于随机变量、随机过程或系统的某些特性的一种数学方法。

几种常用的最优估计理论。

1. 极大似然估计

设 X 为被估计量,Z 为 X 的测量值。极大似然准则是使条件概率分布密度 $P(Z|X)$ 达到极大的那个 X 值作为估值。按照这种估计准则得到的 X 的最优估值称为极大似然估计。为了求出极大似然估计,需要知道条件概率分布密度 $P(Z|X)$,即

$$\max P(Z|X)\Big|_{x=\hat{X}_{\mathrm{ML}}(z)} \tag{4-33}$$

2. 极大后验估计

如果给出 X 的条件概率密度 $P(X|Z)$(也称为后验概率密度函数),并把"使后验概率密度函数 $P(X|Z)$ 达到极大"作为估计准则,就可得到另一种最优估计——极大后验估计。设 X 为被估计量,Z 为 X 的观测值,$P(X|Z)$ 为 $Z=z$ 条件下 X 的条件概率密度(X 的后验概率密度)。如果估计值 $\hat{X}(z)$ 在一切 X 值中,有

$$\max P(X|Z)\Big|_{x=\hat{X}(z)} \tag{4-34}$$

则称 $\hat{X}(z)$ 为 X 的极大后验估计,并记为 $\hat{X}_{\mathrm{MA}}(z)$。

极大后验准则是使后验概率分布密度 $P(X|Z)$ 达到极大的那个 X 值作为估值。按照这种估计准则得到的 X 的最优估计值称为极大后验估计。为了求出极大后验估计,需要知道后验概率分布密度 $P(X|Z)$。

3. 贝叶斯(Bayes)估计

贝叶斯方法的基本思想是:把概率函数(包括分布密度和离散的分布概率)中的未知参数当作随机变量(或随机向量)。

在贝叶斯方法中不再区分参数与随机变量,所以未知参数分布的确认是最重要的。在抽取样本之前,就只能根据先验知识设置未知参数的分布,称为先验分布,在抽取样本后,根据对于抽取到的样本的概率规律的了解,就可用贝叶斯公式把参数先验公式改为后验分布,也称为贝叶斯分布。

设随机变量 ξ(或随机矢量)的分布(或概率函数)为 $p(x,\theta)$(θ 可以是矢量)。用贝叶斯的观点,把 θ 看成随机变量后,$p(x,\theta)$ 就是:在 θ 已知的条件下,

ξ 的条件分布,即

$$p_{\xi\theta}(x\mid\theta)=p(x,\theta) \quad (4\text{-}35)$$

假设 θ 的分布密度(或概率函数)为 $F(\theta)$,称为 θ 的先验分布,于是,(ξ,θ) 的联合分布为 $F(\theta)p(x,\theta)$。在 θ 取固定值的条件下,假若 $\xi_1,\cdots,\xi_n$ 为采自 $p(x,\theta)$ 的独立随机样本,在 $\xi_1,\cdots,\xi_n$ 已知的条件下,θ 的条件分布记为 $\varphi(\theta\mid\xi_1,\cdots,\xi_n)$。由 Bayes 公式可知,它是 θ 与 $((\xi_1,\cdots,\xi_n))$ 的联合概率密度 $F(\theta)\prod_{i=1}^{n}p(\xi_i,\theta)$,除以 $((\xi_1,\cdots,\xi_n))$ 的边缘密度,即

$$\xi(\theta\mid\xi_1,\cdots,\xi_n)=\frac{\varphi(\theta)\prod_{i=1}^{n}p(\xi_i,\theta)}{\int F(\theta)\prod_{i=1}^{n}p(\xi_i,\theta)\,\mathrm{d}\theta} \quad (4\text{-}36)$$

称为 θ 的后验分布,或 Bayes 分布。

根据以上最优估计理论,如果把卫星观测结果作为样本,把目标运动模型和目标在观测区域内的概率分布作为随机变量,则移动目标跟踪问题与上述最优估计在本质上是一致的。移动目标跟踪过程首先需要根据目标先验分布概率选择最优观测条带进行观测,并根据观测结果进行后验分布更新计算,进而影响下一次的跟踪过程。

4. 基于网格目标分布概率动态更新的移动目标搜索发现算法

无目标先验信息条件下,无法确定目标在区域内的准确位置以及可能的运动路线,需要对整个区域进行大范围搜索,以快速发现目标。基于网格目标分布概率动态更新的移动目标搜索发现方法就是通过对观测区域进行网格划分的方法,动态更新网格目标分布概率。

不同卫星具有不同的覆盖区域,从而对应不同的覆盖效果。如前次过境的某颗卫星对某一区域观测后未发现目标,下一次过境卫星进行观测时选择其他未观测过的区域进行观测,则可能具有更高的目标发现概率。因此,存在卫星以何种方式观测发现目标概率更大的问题,特别是进行多次连续地搜索发现过程中,后续搜索发现的结果如何利用历史观测的结果信息,是搜索发现需要解决的问题。另外,在跟踪过程中,如果连续若干次观测未发现目标,需要进行新的搜索发现,这时需要结合历史观测信息,对下一时刻的搜索发现进行引导。

基于网格目标分布概率动态更新的移动目标搜索发现算法主要执行流程

如图4-11所示。在算法中,基于等距划分的移动目标区域网格,引入概率分布思想,对每个网格定义目标分布概率(目标出现在对应网格内的概率)。进行每次过境时刻的规划时,根据前次观测结果信息和历史共享观测信息,考虑观测不确定性,基于动态概率更新思想和目标随机机动模型,对本次过境前网格内的目标分布概率进行动态更新,进而引导后续的观测动作。算法根据有无历史观测信息,以及历史观测动作是搜索发现动作还是跟踪动作,将移动跟踪任务的主要处理流程分解为3个子流程,下面对上述算法关键思想和流程关键步骤进行详细介绍。

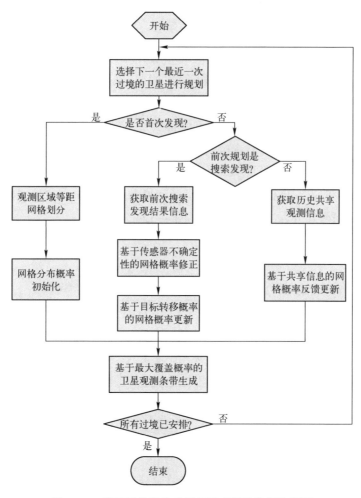

图4-11 基于网络的移动目标搜索算法执行流程图

需要说明的是,由于当前需要对未来若干次过境的卫星动作进行规划,当进行某次卫星过境规划时,该次规划前的过境观测结果信息可能尚未获得,为处理方便,假设这些观测结果为未发现目标。

1) 目标分布区域网格划分

相对于较大范围的目标分布区域,卫星传感器的幅宽有限,每次观测都只能覆盖目标区域内的一部分面积。搜索发现阶段的难点在于发现目标是否存在,以及可能分布在区域的哪一块位置,对目标精确位置的要求不需要特别高。考虑这些因素,对目标分布区域采用网格划分方法,将区域划分成若干小网格,每个网格代表了区域内的一小块区间;这样在进行规划时,只需对网格进行处理,然后映射到相应的地理坐标即可。

考虑到洋流等作用力对目标运动的影响有限,为简化问题,假设目标在等长时间内向不同方向的运动距离是相等的,因此,采用等距网格划分法,将目标分布区域划分为长宽相等的若干个小网格。另外,网格划分粒度对规划的影响较大:当划分粒度过大时,对目标的定位精度达不到;当划分粒度过小时,则又会使得计算量大大增加,导致求解时效性得不到保障;考虑卫星观测过程特点,在网格划分时,采用网格长度和宽度设为当前最小幅宽卫星的幅宽的分数,如最小幅宽 1/2 的方式进行求解。由于坐标变换和坐标投影有比较成熟的技术,这里对等距网格划分方法不详细介绍(图 4-12)。

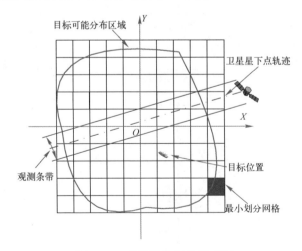

图 4-12 等距网格划分示意图

2) 基于随机机动模型的目标转移概率计算

移动目标搜索发现需要估计每个网格的目标分布概率,而网格目标分布概率的量测值服从一定的目标运动模型下的概率分布,由于目标位置和运动特性未知,因此,需要基于一定的运动模型假设以方便计算。

假设目标服从随机机动模型,即目标向其运动范围内任何方向任何位置移动的概率相同。假设 t_{n-1} 时刻目标出现在网格 i 内,目标的平均运动速度为 v,则 t_n 时刻目标的概率分布函数满足:当以网格 i 的中心点为圆心,以目标在时段 $\Delta t = t_n - t_{n-1}$ 内的平均移动距离 $d = v\Delta t$ 为半径作圆时,目标出现在该圆内任意位置的目标分布概率相等;当以网格为最小计量单元时,目标在圆内各个网格的目标分布概率分布相等。在目标服从随机机动模型假设下,基于极大似然估计准则,目标从网格 i 向网格 j 的转移概率密度函数为

$$Q(i,j,n \mid \text{Randmode}) = \max\left[0, \frac{v\Delta t - d(i,j)}{|v\Delta t - d(i,j)|}\right] \frac{p_{in} - 1}{|N_i|} \qquad (4-37)$$

式中: $d(i,j)$ 表示从网格 i 的中心到网格 j 的中心的直线距离; $\max\left[0, \frac{v\Delta t - d(i,j)}{|v\Delta t - d(i,j)|}\right]$ 表示网格 i 到网格 j 的距离小于最大平均移动距离时,目标才会从网格 i 向网格 j 转移; N_i 表示在以 i 为圆心、$v\Delta t$ 为半径的圆覆盖的网格集合,要求网格被圆覆盖超过 50% 时才认为该网格被覆盖;对处于目标分布区域边缘的网格 i,对应的网格面积按实际被覆盖的区域计算;Randmode 为随机机动模型。

算法主要步骤如下。

(1) 网格概率初始化。当首次进行目标的搜索发现时,没有任何目标的历史观测信息。这种情况下,可以假设目标分布在区域的任意一个位置,即目标在区域内的任何一个网格内的目标分布概率相等,所有网格总的目标分布概率为 1。每个网格下的目标分布概率为

$$p_{i0} = \frac{1}{|N_G|} \qquad (4-38)$$

式中: N_G 表示目标分布区域覆盖的所有网格的总和。由于区域的不规则性,某些情况下区域边缘只能覆盖某个网格的部分内容,并不能对整个网格完全覆盖。为有效描述,假设目标分布区域对网格的覆盖率超过指定比例(如 50%)时,该网格才能纳入到目标分布概率的覆盖范围内来。

(2) 基于传感器不确定性的后验网格概率修正。卫星每次进行观测得到

观测信息后,根据前一次的观测结果信息,可以得到目标在目标分布区域内的每个网格新的目标分布概率,该概率值可能与原有估计的网格目标分布概率不一致,为提高发现效率,需要基于该观测结果信息对整个区域内所有网格的目标分布概率进行修正。

考虑卫星发现概率概率和虚警概率的影响,设第 $n-1$ 次观测时卫星发现概率为 $p_{d,n-1}$,虚警概率为 $p_{f,n-1}$,被观测的区域为 $N_{W,n-1}$,未被观测区域为 $N_{U,n-1}$,第 $n-1$ 次观测前网格 i 的目标分布概率为 $p_{f,n-1}$,第 $n-1$ 次观测后的目标分布概率为 $p'_{i,n-1}$。

根据统计判决知识,前次观测未发现目标条件下,目标实际出现在观测区域 $N_{W,n-1}$ 但并没有被发现的概率(即漏报概率)为 $1-p_{d,n-1}$,该值对应了目标出现在该观测区域的概率,即为区域 $N_{W,n-1}$ 内所有网格的后验目标分布概率之和。考虑到漏报条件是一种虚假状态,为贴近实际,假设观测区域内网格的目标分布概率所占比例不变,则观测区域 $N_{W,n-1}$ 内网格 i 的修正目标分布概率为

$$p'_{i,n-1} = \frac{p_{i,n-1}(1-p_{d,n-1})}{\sum\limits_{j \in N_{W,n-1}} p_{j,n-1}}, \ i \in N_{W,n-1}, i \in N_{W,n-1} \quad (4-39)$$

根据目标在区域内的总目标分布概率为 1 的假设,目标出现在观测区域之外的其他区域 $N_{U,n-1}$ 的总的观测概率为 $p_{d,n-1}$,按照网格目标分布概率所占比例不变原则,区域 $N_{U,n-1}$ 内网格 j 的修正目标分布概率为

$$p'_{j,n-1} = \frac{p_{j,n-1} p_{d,n-1}}{\sum\limits_{k \in N_{U,n-1}} p_{k,n-1}}, \ j \in N_{U,n-1} \quad (4-40)$$

基于传感器不确定性的后验网格概率修正过程对应了 Bayes 方法的后验概率分布计算过程。

(3) 基于目标转移概率的网格目标分布概率动态更新。当根据 t_{n-1} 时刻获得的观测结果进行网格概率修正后,在进行第 t_n 时刻的观测之前,目标有可能在目标分布区域内进行了运动。因此,需要根据目标运动特点,对从 t_{n-1} 时刻到 t_n 时刻的时段内,目标运动对网格内目标分布概率的影响进行估计,即动态地更新网格的目标分布概率,以更精确地引导卫星进行观测。

根据前述转移概率计算公式,区域内任一个网格 j 的目标分布概率等于它周围所有网格向该网格的网格转移概率之和。网格目标分布概率更新计算公式为

$$p_{jn} = \sum_{i \in N_G} Q(i,j,n \mid \text{Randmode}) \tag{4-41}$$

基于目标转移概率的网格目标分布概率动态更新过程对应了 Bayes 方法的先验概率分布计算过程。

(4) 基于共享信息的网格目标分布概率反馈更新。从跟踪转为搜索发现条件下,原有针对移动跟踪方法不再可行,需要进行新的搜索发现;跟踪阶段的观测结果信息对搜索发现具有指导作用,可以避免对目标不可能出现地区的重复观测;结合跟踪阶段的共享历史观测信息,可对区域网格目标分布概率进行反馈更新。

假设历史观测结果中最后一次发现目标的时刻为 t_0,对应目标网格位置为 t_n,目标的运动速度为 v,经 $t_1, t_2, \cdots, t_{n-1}, t_n$ 次未发现目标的观测后,需要进行当前次(即第 t_n 次)动作的规划。假设进行第 t_0 时刻观测时,目标分布区域内每个网格的目标分布概率可以从历史观测信息里获得。

从时刻 t_0 到时刻 t_1,根据目标转移概率计算函数,得到网格目标分布概率分布为

$$p_{j1} = \sum_{i \in N_G} Q(i,j,1 \mid \text{Randmode}) = \max\left[0, \frac{v(t_1-t_0)-d(i_0,j)}{|v(t_1-t_0)-d(i_0,j)|}\right] \frac{1}{|N_{i_0}|} \tag{4-42}$$

当进行 t_1 时刻观测后,假设观测区域覆盖网格集合为 $N_{W,1}$,观测区域之外的网格集合 $N_{U,1}$,由网格概率修正方法,得到第一次观测后的修正网格目标分布概率为

$$p'_{i,1} = \frac{p_{i,1}(1-p_{d,1})}{\sum_{j \in N_{W,1}} p_{j,1}}, \; i \in N_{W,1}$$

$$p'_{j,1} = \frac{p_{j,1} p_{d,1}}{\sum_{k \in N_{U,1}} p_{k,1}}, \; j \in N_{U,1}$$

根据网格目标分布概率动态更新求解方法,得到进行 t_2 时刻观测时,网格 j 内的目标分布概率为

$$p_{j,2} = \sum_{i \in N_G} Q(i,j,2 \mid \text{Randmode}) = \max\left[0, \frac{v(t_2-t_1)-d(i,j)}{|v(t_2-t_1)-d(i,j)|}\right] \frac{p'_{i,1}}{|N_i|} \tag{4-43}$$

上述步骤重复执行,直到 t_{n-1} 时刻,根据前述计算方法,得到第 t_{n-1} 时刻目标

观测后,修正的网格目标分布概率为

$$p'_{i,n-1} = \frac{p_{i,n-1}(1-p_{d,n-1})}{\sum_{j \in N_{W,n-1}} p_{j,n-1}}, i \in N_{W,n-1}$$

$$p'_{j,n-1} = \frac{p_{j,n-1}p_{d,n-1}}{\sum_{k \in N_{U,n-1}} p_{j,n-1}}, j \in N_{U,n-1} \quad (4\text{-}44)$$

得到第 $n-1$ 次观测的修正网格目标分布概率后,采用网格目标分布概率动态更新方法,得到 t_n 时刻网格内的目标分布概率为

$$p_{jn} = \sum_{i \in N_G} Q(i,j,n \mid \text{Randmode}) \quad (4\text{-}45)$$

(5) 基于最大覆盖概率的卫星观测条带生成。基于网格目标分布概率,需要确定每颗卫星的观测条带,使得卫星对区域内的总的目标发现概率最大。确定卫星的覆盖条带,对光学卫星即是确定卫星的开关机时间与侧视角度;对 SAR 卫星来说,则需要同时确定模式、入射角度和开关机时间。当卫星角度、模式、开关机时间确定后,由于卫星飞经目标区域的幅宽一定,因此,可以定量地得到卫星对地面的覆盖范围,进而结合目标在对应区域内的概率分布函数计算得到对目标的可能覆盖概率。由于卫星的角度、模式、开关机时间参数可以连续选取,因此必须首先将其离散化,转化为若干具有指定步长的离散参数。然后,对这些参数进行组合,每一组参数组合对应了卫星的一个固定的覆盖条带,根据覆盖条带可计算得到该条带覆盖的网格集合,进而可以根据网格目标分布概率,得到该条带对目标可能的覆盖概率。

当一次规划安排多颗卫星的过境观测动作时,需要考虑多星配合过程,对多条卫星观测条带进行组合,使对目标的覆盖观测概率最大。该过程可以看做一个简单的集合覆盖问题,可以采用集合覆盖问题的相关算法进行求解。

4.2.5 联合任务规划模型

为了获得满意的卫星任务规划方案,必须建立适当的评价准则,对不同规划方案的质量进行评价。评价准则即是问题求解的优化目标,选择合适的优化目标并使之量化,是充分体现用户需求、观测任务要求、比较卫星任务规划方案优劣的关键。

根据优化目标的数量可以将优化问题分为单目标优化与多目标优化问题,

单目标优化的目标函数只有一个,其优点是便于目标函数值计算、算法搜索速度较快,其缺点是单一的目标函数往往很难准确描述现实生活中的问题。例如,在卫星任务规划问题中,希望寻找的规划方案不仅目标数量最多、卫星能源消耗最少,并且接收资源使用最少,也就是有多个目标函数需要优化,这就扩展出了多目标优化问题。多目标的引入使得问题的求解与单目标条件下有所不同,由于各个目标通常都存在着冲突,针对某个目标具有优势的解对于另一个目标来说可能并不是优化的,这样造成多目标最短路径问题一般不存在一个单一的优化解,而是一个优化解集,也称为 pareto 解集,优化的概念扩展为 pareto 优化。相应地,问题的难度也大大增加了。

卫星任务规划问题可以根据观测任务、工程应用要求建立单目标优化模型,也可以建立多目标优化模型。单目标优化模型可以适用于针对应急任务的动态调整,可以较好地满足对原方案调整少、时效性要求高的要求;多目标优化模型适用于对任务规划时效性要求不高的情况,可以较好地兼顾目标数量多、卫星能源消耗少、接收资源节约等多方面的要求。

1. 单目标优化模型

卫星任务规划问题的优化目标可以有不同的形式,具体决定于卫星使用部门的偏好。在当前卫星观测需求远大于卫星观测能力的情况下,任务规划的优化目标可以设定为实际完成的成像任务数最多。由于不同的成像任务之间一般存在价值或优先级上的差别,因此,优化目标也可以是最大化完成任务的总价值,或者完全偏向于保障高优先级任务。

在最大化完成任务的总价值优化目标下,卫星任务规划问题可以描述为:已知一个卫星资源集 R,一个与观测任务需求一一对应的观测活动集 I,一个所有卫星所有可能的数据下传活动集 J,要求将 R 中的资源按时间分配给 I 和 J 中的活动,使得在满足若干约束的条件下,卫星集 R 能够完成的观测任务的总价值最高。在给出具体描述模型前,首先定义以下符号。

(1) 参数。

I: 与观测任务需求一一对应的观测活动集合。

R: 卫星资源集合。

G: 地面接收站集合。

J: 所有可能的数据下传活动集合,与所有卫星和所有地面站的所有离散可见时间窗口是一一对应关系。

a: 本次任务规划周期开始时间,为正整数。

b：本次任务规划周期结束时间，为正整数。

I_r：所有经预处理后以卫星 r 为可选资源之一的观测活动集合，$r \in R$。

J_r：所有经预处理后与卫星 r 相关的数据下传活动集合，$r \in R$。

o_r：表示卫星 r 在本任务规划周期内开始工作状态的虚拟活动，其开始时间为 a，持续时间为 0，$r \in R$。

d_r：表示卫星 r 在本任务规划周期内结束工作状态的虚拟活动，其开始时间为 b，持续时间为 0，$r \in R$。

e_i：放弃观测活动 i 的损失，也即对应观测任务的优先级，$i \in I$。

R_v：活动 v 的可用或相关卫星集合，$v \in I \cup J$，$R_v \subseteq R$。

a_i：观测活动 i 的最早开始时间，$i \in I$。

b_i：观测活动 i 的最晚开始时间，$i \in I$。

n_{ri}：与观测活动 i 对应的成像目标在 $[a,b]$ 内与卫星 r 相互可见的离散时间窗口的数目，$i \in I$，$r \in R_i$。

TW_{ri}^k：观测活动 i 对应的成像目标在 $[a,b]$ 内与卫星 r 的第 k 个可见时间窗口，是一个较短的时间范围 $[[stw_{ri}^k, etw_{ri}^k]]$，$i \in I$，$r \in R_i$，$k = 1, 2, \cdots, n_{ri}$。

dt_i^r：观测活动 i 由卫星 r 完成时需要的持续时间，$i \in I$，$r \in R_i$。

q_i^r：观测活动 i 由卫星 r 完成时对应的数据量，$i \in I$，$r \in R_i$。

C_r：卫星 r 的存储容量，$r \in R$。

ω_r：卫星 r 的数据下传码速率，$r \in R$。

TW_j：对应数据下传活动 j 的卫星与地面站之间的可见时间窗口，是一个相对稍长的时间范围 $[[stw_j, etw_j]]$，$j \in J$。

t_{uv}^r：卫星 r 在连续执行活动 u 和 u 之间沿轨道运行经过的时间，$r \in R$，$u, v \in I_r \cup J_r \cup \{o_r, d_r\}$。

(2) 变量。

x_{uv}^r：一个布尔变量，仅当卫星 r 先后连续执行活动 u 和 v 时取值 1，否则，取值 0。$r \in R$，$u \in I_r \cup J_r \cup \{o_r\}$，$v \in I_r \cup J_r \cup \{d_r\}$。

y_{ir}^k：一个布尔变量，仅当观测活动 i 在它与卫星 r 之间的第 k 个时间窗口内完成时取值 1，否则，取值 0。$r \in R$，$i \in I_r$，$k = 1, 2, \cdots, n_{ri}$。

st_v：表示活动 v 的开始时间，$v \in I \cup J$。

dt_j：表示数据下传活动 j 的持续时间，$j \in J$。

Q_v^r：卫星 r 在执行活动 v 之前已被占据的存储空间。$r \in R$，$v \in I_r \cup J_r \cup$

$\{d_r\}$, $\forall r \in R, Q^r_{o_r} = 0$。

问题的数学模型可以表示为

$$\max \sum_{r \in R} \sum_{i \in I} e_i \cdot \sum_{u \in I_r \cup J_r \cup \{o_r\} - \{i\}} x^r_{ui} \qquad (4\text{-}46)$$

s. t.

$$\sum_{r \in R_u} \sum_{v \in I_r \cup J_r \cup \{d_r\}} x^r_{uv} \leqslant 1 \quad \forall u \in I \cup J \qquad (4\text{-}47)$$

$$\sum_{v \in I_r \cup J_r \cup \{d_r\}} x^r_{o_r v} = 1 \quad \forall r \in R \qquad (4\text{-}48)$$

$$\sum_{u \in I_r \cup J_r \cup \{o_r\}} x^r_{u d_r} = 1 \quad \forall r \in R \qquad (4\text{-}49)$$

$$\sum_{u \in I_r \cup J_r \cup \{o_r\}} x^r_{uv} - \sum_{u \in I_r \cup J_r \cup \{d_r\}} x^r_{vu} = 0 \quad \forall r \in R; v \in I_r \cup J_r \qquad (4\text{-}50)$$

$$\sum_{k=1}^{n_{ri}} y^k_{ir} - \sum_{v \in I_r \cup J_r} x^r_{iv} = 0 \quad \forall i \in I; r \in R_i \qquad (4\text{-}51)$$

$$x^r_{uv} y^k_{ur}(st_u - stw^k_{ru}) \geqslant 0 \quad \forall r \in R; u \in I_r; v \in I_r \cup J_r \cup \{d_r\}$$
$$k = \{1, 2, \cdots, n_{ri}\} \qquad (4\text{-}52)$$

$$x^r_{uv} y^k_{vr}(st_v - stw_v) \geqslant 0 \quad \forall r \in R; v \in J_r; u \in I_r \cup J_r \cup \{o_r\} \qquad (4\text{-}53)$$

$$x^r_{uv} y^k_{ur}(st_u + dt^r_u - etw^k_{ru}) \geqslant 0 \quad \forall r \in R; u \in I_r; v \in I_r \cup J_r \cup \{d_r\}$$
$$k = \{1, 2, \cdots, n_{ri}\} \qquad (4\text{-}54)$$

$$x^r_{uv} y^k_{vr}(st_v + dt_v - etw_v) \leqslant 0 \quad \forall r \in R; v \in J_r; u \in I_r \cup J_r \cup \{o_r\} \qquad (4\text{-}55)$$

$$x^r_{uv}(st_u - a_u) \geqslant 0 \quad \forall r \in R; u \in I_r; v \in I_r \cup J_r \cup \{d_r\} \qquad (4\text{-}56)$$

$$x^r_{uv}(st_u - b_u) \leqslant 0 \quad \forall r \in R; u \in I_r; v \in I_r \cup J_r \cup \{d_r\} \qquad (4\text{-}57)$$

$$x^r_{uv}(st_u + dt^r_u + t^r_{uv} - st_v) \leqslant 0 \quad \forall r \in R; u \in I_r; v \in I_r \cup J_r \cup \{d_r\} \qquad (4\text{-}58)$$

$$x^r_{uv}(st_u + dt_u + t^r_{uv} - st_v) \leqslant 0 \quad \forall r \in R; u \in J_r; v \in I_r \cup J_r \cup \{o_r\} \qquad (4\text{-}59)$$

$$x^r_{uv}(Q^r_v - Q^r_u - q^r_u) = 0 \quad \forall r \in R; u \in I_r \cup \{o_r\}; v \in I_r \cup J_r \cup \{d_r\} \qquad (4\text{-}60)$$

$$x^r_{uv}(Q^r_v - Q^r_u - \omega_u dt_u) = 0 \quad \forall r \in R; u \in J_r; v \in I_r \cup J_r \cup \{d_r\} \qquad (4\text{-}61)$$

$$Q^r_v \leqslant C_r \quad \forall r \in R; v \in I_r \cup J_r \qquad (4\text{-}62)$$

$$Q^r_{d_r} = 0 \quad \forall r \in R \qquad (4\text{-}63)$$

$$x^r_{uv} \in \{0, 1\} \quad \forall r \in R; u \in I_r \cup J_r \cup \{o_r\}; v \in I_r \cup J_r \cup \{d_r\}$$

$$y^k_{ir} \in \{0, 1\} \quad \forall r \in R; i \in I_r; k = \{1, 2, \cdots, n_{ri}\}$$

$$a \leqslant st_v \leqslant b \quad \forall v \in I \cup J \qquad (4\text{-}64)$$

$$dt_j \geqslant 0 \quad \forall j \in J$$

$$Q^r_v \geqslant 0 \quad \forall r \in R; v \in I_r \cup J_r \cup \{d_r\}$$

其中,目标函数式(4-46)表示问题求解应使得能够完成的观测任务的优先级之和(总价值)最大。约束条件式(4-47)表示所有可能的观测活动或数据下传活动最多被某一颗卫星执行一次,并且被同一颗卫星执行的活动之间有明确的先后次序之分。约束条件式(4-48)和式(4-49)共同说明所有的卫星都是可用的,或者说,其虚拟的开始工作和结束工作活动必须执行。约束条件式(4-50)可以理解为所有卫星在完成一个观测或下传活动后都将离开所在位置继续移动,它和式(4-46)共同说明,所有观测活动或数据下传活动如果被执行,必定有唯一的前驱活动和后继活动。约束条件式(4-51)说明一个观测活动如果被执行,只能在与某一颗卫星的某一个可见时间窗口内完成。约束条件式(4-52)和式(4-53)说明,一个观测活动如果在某颗卫星的某个时间窗口内执行,则活动的起止时间不能超出该时间窗口范围。类似地,约束条件式(4-54)和式(4-55)说明,一个数据下传活动如果被执行,其起止时间也不能超出其对应的唯一的一个时间窗口范围。约束条件式(4-56)和式(4-57)说明,一个观测活动如果被执行,那么,该活动的起止时间不能超出用户指定的有效期范围。约束条件式(4-58)和式(4-59)说明了被某颗卫星执行的观测或数据下传活动与它们的后续活动之间的时间推进关系,该关系也保证了由同一卫星执行的所有活动序列中不存在环路。约束条件式(4-60)说明了被某颗卫星执行的观测活动对卫星数据存储总量的累加效应。注意:这个数据的增加量是事先已知的固定值。相应地,约束条件式(4-61)说明了被某颗卫星执行的数据下传活动对卫星数据存储总量的削减效应,但这个下传的数据量是一个变量,在数值上等于下传活动的持续时间与下传码速率的乘积。约束条件式(4-62)说明所有卫星在任何时刻存储的数据总量都不能超出其存储容量的限制。约束条件式(4-63)说明卫星在结束工作状态时必须将其上存储的全部数据下传完毕,以保证所有观测任务的完整执行。最后,约束条件式(4-64)说明了所有决策变量的初始取值范围。

2. 多目标优化模型

实际上,在多目标优化问题的求解过程中,各目标之间常常存在着冲突,某些方案可能在部分目标上很好,在其他目标上又不如其他方案,各个目标的重要性也不一样,很难说哪个方案更好。所以采用多目标优化的思想,通过建立多个优化目标,对不同任务规划方案的综合效果进行评价,寻求较为均衡的优化解决方案。

1) 规划方案的多准则评价

根据卫星成像问题,可以构造出以下对成像目标序列生成起决定性作用的

3条准则,即成像目标数量准则、目标重要性准则、成像效果准则。设成像目标序列表示为S,则可以定义出这3个准则。

(1) 成像目标数量准则f_1。成像目标数量准则考虑成像序列中成像目标的数目,相应的准则函数表示为$f_1(S) = \sum_{i \in S} N_1(i)$,其中$N_1(i)$表示成像目标序列$S$中成像节点$i$(一个卫星开关机时段称为一个成像节点)所含地面目标的数目。成像时,希望该准则值越大越好。

(2) 目标重要性准则f_2。目标重要性准则主要考虑目标的等级,相应的准则函数表示为$f_2(S) = \sum_{i \in S} v_i y_i$,其中$i$的范围为方案内目标对应的编号,$v_i$为不同目标等级对应的重要性权值,$y_i$为方案中第$i$个目标的等级。

(3) 成像效果准则f_3。当一个成像目标的云量等级在$i(0 \leq i \leq m, m$为最高云量覆盖)以下、太阳高度角大于$j(0 \leq j \leq n, n$为最大太阳高度角)时,称其具有好的成像质量。成像效果准则考虑成像目标序列中具有较好光照和气象条件的成像目标的数目,相应的准则函数表示为$f_3(S) = \sum_{i \in S} N_2(i)$,其中$N_2(i)$表示成像目标序列$S$中具有较好成像质量的成像目标数目。成像时,也希望该准则值越大越好。

2) 多目标最短路径问题模型

根据图论思想,我们将成像目标看作图的顶点,并依据访问时间对顶点进行排序,这里称顶点具有时间序,实际上也就是对应了一种拓扑序,由目标之间的约束条件得到与之对应的边集,这样就可以构建成像目标无圈有向图模型,如图4-13所示。

成像路径的定义:在有向图G中,从S到T的一条成像路径P_{ST}是G的一条或多条边的序列$(v_0, v_1), (v_1, v_2), \cdots, (v_{n-1}, v_n)$,其中$v_0 = S, v_n = T$。成像路径中一条边的终点和下一条边的始点相同,这条成像路径记为$v_0, v_1, \cdots, v_n$,对应了一个成像目标序列。

由于卫星是严格按照预定轨道运行的,所以不存在由同一顶点开始和结束的成像路径中,即不存在回路或圈。

在实际应用中,地面成像目标数目众多,加之成像目标重要性、气象光照条件不同,所以可以形成具有不同成像效果的多种成像路径,如图4-14所示。

有了这样的卫星成像时间序无圈有向图后,就可以建立相应的问题分析模型,并使用优化搜索算法进行优化成像路径,即优化成像目标序列的求解。

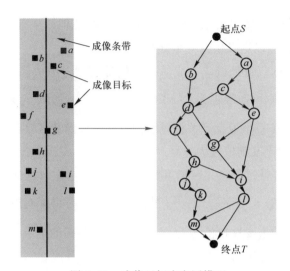

图 4-13 成像目标有向图模型

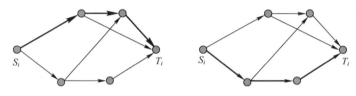

图 4-14 成像图中的不同成像路径示意图

设 $v_i, v_j \in V$,它们对应的地面成像目标的侧视角分别为 $\mathrm{Ang}(v_i)$ 和 $\mathrm{Ang}(v_j)$。顶点 v_i 与 v_j 的连接关系表示为

$$x_{ij}=\begin{cases}1, & v_i \text{ 与 } v_j \text{ 具有连接关系}\\ 0, & \text{其他}\end{cases} \quad (4\text{-}65)$$

设一条从 S 到 T 的路径为 P_{ST},P_{ST} 包含的顶点集合为 V_{ST},包含的边集为 A_{ST};图 G 中每个顶点 $a \in A$ 对应一个 2 维评价矢量 $\boldsymbol{c}_a^2$ 用以标明顶点质量,即

$$\boldsymbol{c}_a^2 = (c_a^1, c_a^2) \quad (4\text{-}66)$$

其中,$c_a^1 = 1$;当 a 对应的地面成像目标云量等级在 5 以下、太阳高度角大于 25° 且为一级目标时,$c_a^2 = 1$,否则 $c_a^2 = 0$。

设起始顶点 S 和终止顶点 T 的评价矢量为

$$\boldsymbol{c}_S^2 = \boldsymbol{c}_T^2 = (0, 0) \quad (4\text{-}67)$$

为便于建立多目标最短路径模型,这里我们将顶点的评价矢量对应到相应的边上,即设边 (v_i, v_j) 的评价矢量为

$$\boldsymbol{\omega}_{ij}^3 = (\omega_{ij}^1, \omega_{ij}^2, \omega_{ij}^3) = (\boldsymbol{c}_j^2, \omega_{ij}^3) \qquad (4-68)$$

式中

$$\omega_{ij}^3 = \begin{cases} 1, & \text{Ang}(v_i) \neq \text{Ang}(v_j) \\ 0, & \text{其他} \end{cases} \qquad (4-69)$$

使用目标矢量 $\boldsymbol{\Psi}_{ST}^3 = (\psi_{ST}^1, \psi_{ST}^2, \psi_{ST}^3)$ 衡量路径 P_{ST} 的质量,有

$$\psi_{ST}^k = f_k(P_{ST}) = \sum_{(v_i, v_j) \in A_{ST}} \omega_{ij}^k, \quad k = 1, 2, 3 \qquad (4-70)$$

这样,多目标最短路径问题可以建模为

$$\max \sum_{i=S}^{T} \sum_{\substack{j=S \\ j \neq i}}^{T} \omega_{ij}^1 x_{ij}$$

$$\max \sum_{i=S}^{T} \sum_{\substack{j=S \\ j \neq i}}^{T} \omega_{ij}^2 x_{ij}$$

$$\max \sum_{i=S}^{T} \sum_{\substack{j=S \\ j \neq i}}^{T} \omega_{ij}^3 x_{ij}$$

其中

$$\sum_{\substack{j=S \\ j \neq i}}^{T} x_{ij} - \sum_{\substack{j=S \\ j \neq i}}^{T} x_{ji} = \begin{cases} 1, i \in S \\ -1, i \in T \\ 0, \text{其他} \end{cases} \qquad (4-71)$$

式中:

$$\sum_{\substack{j=S \\ j \neq i}}^{T} x_{ij} \begin{cases} \leq 1, i \neq T \\ = 0, i = T \end{cases}$$

$$x_{ij} \in \{0, 1\}, \forall i \in V$$

这里,3个目标函数分别取最大或最小,不失一般性,这里仍称其为多目标最短路径问题模型。其中约束条件保证构成一条从顶点 S 到 T 的路径。

4.3 卫星任务规划算法

规划算法是整个任务规划的核心,在卫星任务规划算法研究中,目前主要存在两类对卫星任务规划问题的求解思路:完全搜索算法和局部邻域搜索。完全搜索算法通过对解空间的完整搜索实现对问题的求解,这种算法的优势在于能够找出问题的最优解,但当问题规模庞大或者复杂时,这些算法的求解效率低,如回退算法、分支定界法、列生成算法等。

局部邻域搜索算法放弃了对空间的完整搜索,通过模拟人工思维过程和自然界中物种进化规律中的寻优思想指导对问题的求解过程,这些算法具有适用广、效率高等优势。尽管启发式算法不能证明解的最优性,但很多情况下却能够以合理的计算代价找出较好的近优解,如贪婪算法(Greed Algorithm)、遗传算法(Genetic Algorithm)、模拟退火算法(Simulated Algorithm)、蚁群算法(Ant Colony Optimization)、禁忌搜索(Tabu Research)等。这也是目前在卫星任务规划算法研究中,几乎所有的国内外学者都不约而同地采用了局部邻域算法的主要原因。

4.3.1 数据传输接收资源调度算法

1. 数据传输接收资源联合调度流程设计

数据传输接收资源联合调度流程设计需要适应接收资源调度不同模式的需求,首先根据成像任务的下达情况,决定是初次调度模式还是剩余资源调度模式。初次调度针对的是部分卫星的成像任务已下达,而其他卫星的观测任务未下达,因此,必须为这些卫星预先留出一部分接收资源,同时为已下达任务的卫星分配接收资源。剩余资源调度针对的是其他卫星的观测任务已下达,为这些卫星分配剩余的未分配接收资源。然后,根据是否已有分配方案,决定是剩余资源调度模式还是动态重调度模式。如果该星未分配任何接收资源,那么,进行剩余资源调度。当然,在这种情况下,如果其他卫星也没有分配接收资源,那么,实际上是针对所有接收资源进行调度。如果该星已分配接收资源,那么,进行动态重调度。

基于上述考虑,数据接收资源联合调度基本流程如图 4-15 所示。

不同的资源调度模式将接收资源调度过程分成以下几个阶段。

1)确定资源调度模式

该阶段需要根据观测任务要求、到达的时机、资源调度的进展等情况,综合分析判断资源调度模式,确定是对现有方案的调度调整还是生成新的分配方案。

2)模型构建

模型构建是将资源调度问题转换为可以用数学方法求解的关键步骤,接收资源联合调度主要包括初次调度、剩余资源调度和动态重调度 3 个基本模型。

在资源调度过程中,根据不同调度模式的特点及需求,需建立对应不同资源调度模式和用户偏好的优化目标或准则,并结合任务本身要求的相关约束,

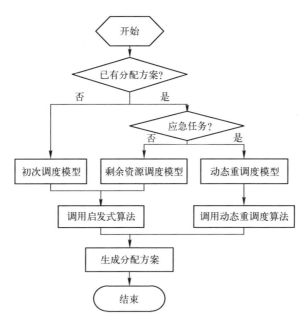

图 4-15 数据接收资源联合调度基本流程

给出附加约束条件,构建完整的资源调度模型。本阶段不同优化准则的确定充分考虑到了不同调度模式的需求,以便更好地指导优化决策过程,生成合理优化的分配方案。

3) 优化算法求解

基于前述调度模型,根据不同的问题规模及优化准则,采用相应的优化调度算法,每种算法在计算速度和求解质量方面各有所长,能适应不同问题的需要。

2. 数据接收资源联合调度算法

1) 基于规则的启发式搜索算法

在接收资源调度问题中,根据已分配接收资源的情况分为初次调度和剩余资源调度两种。对于初次调度,由于需要为未下达观测任务的卫星预留接收资源,因此,在消解资源冲突时,必须优先选择那些与预留资源不冲突的接收资源。

根据调度规则,依次按照实传任务、重点任务、指定站要求任务、其他任务的顺序安排接收资源。

算法流程如下:

数据接收资源初次调度启发式优化算法流程如图 4-16 所示。

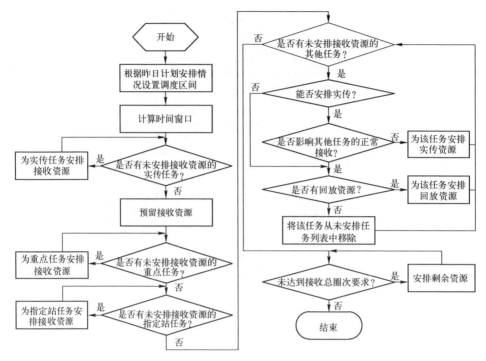

图 4-16 初次调度启发式优化算法流程图

数据接收资源初次调度启发式优化算法的主要步骤如下。

(1) 参数设置,根据前一日计划安排情况确定本次调度的时间区间。

(2) 数据获取,计算卫星与地面站的可见时间窗口。

(3) 分别获取实传任务列表、重点任务列表、指定站任务列表以及其他任务列表,将所有任务的状态设置为未安排。

(4) 依次为每个实传任务安排接收资源,如果所有实传任务均已被安排,转步骤(5);否则,继续安排下一个实传任务。

(5) 根据卫星观测计划历史数据,为所有未下达观测任务的卫星预留接收资源。

(6) 依次为每个重点任务安排接收资源,如果所有重点任务均已被安排,转步骤(7);否则,继续安排下一个重点任务。

(7) 依次为每个指定站任务安排接收资源,如果所有指定站任务均已被安排,转步骤(8);否则,继续安排下一个指定站任务。

(8) 依次判断每个其他任务能否安排实传,如果能够实传,转步骤(9);否则,转步骤(10)。

(9) 判断安排实传是否会影响其他任务的正常接收,如果存在影响,转步骤(10);否则,为当前任务安排实传资源,转步骤(11)。

(10) 判断是否有回放资源,如果存在回放资源,为该任务安排回放资源;否则,将该任务从未安排任务列表中移除。

(11) 如果仍存在未安排接收资源的其他任务,转步骤(8);否则,转步骤(12)。

(12) 判断是否已达到接收总圈次要求,如果未达到,继续安排剩余资源;否则,转步骤(13)。

(13) 结束搜索过程,输出接收资源分配方案。

剩余资源调度启发式优化算法流程如图 4-17 所示。

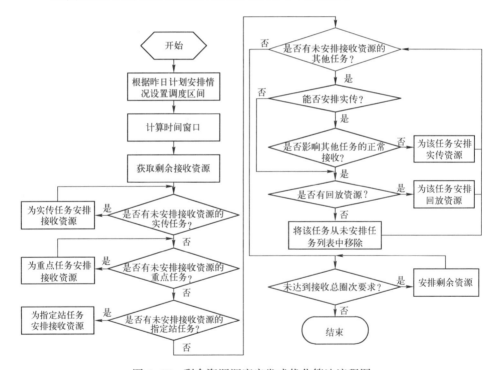

图 4-17 剩余资源调度启发式优化算法流程图

从图 4-17 可以看出,剩余资源调度流程与初次调度流程相差不大,只是在安排实传任务前需要获取剩余的接收资源,即所有未分配的接收资源,并且不需要考虑预留接收资源,因此,不再赘述。

2) 基于变邻域搜索的动态重调度算法

动态重调度是对已有分配方案进行调整以安排应急任务。在为应急任务分配接收资源时,一方面需要在满足星地资源约束的前提下,快速对新的任务进行安排;另一方面又不希望对原方案进行大幅度的变更。

应急任务的安排可以分为 3 个阶段,首先尝试直接插入,即判断接收资源原分配方案中是否存在剩余时长可以安排该任务,如果能够安排,那么算法搜索结束,否则,尝试分配剩余资源给该任务,若失败,则进入第二个阶段。

尝试移位插入,即为已安排任务重新分配接收资源,以腾出可用的接收资源安排应急任务,而这些被移动的任务可能会引起其他任务无法使用原来分配的接收资源,必须继续移动另外的任务。显然,如果不加限制,这种移动会一直蔓延下去,导致算法的求解过程过长,因此,应该设置移动插入的最大搜索深度。

如果移位插入失败,那么进入第三个阶段,即替换插入,即将与应急任务冲突的任务直接删除,以腾出接收资源安排应急任务。

这 3 个阶段包含 4 种邻域结构,即插入邻域、删除邻域、再分配邻域和交换邻域。邻域结构是组合优化中的一个重要概念,其作用是指导如何由一个解产生一个新的解。按照邻域搜索中的概念,一个组合优化问题可以用二元组 (S,g) 定义,其中 S 表示满足问题所有约束的可行解的集合,g 表示目标函数,它可以把 S 中的任意元素 s 映射到一个实数。极大化问题的求解目标是在 S 中寻找某个解 s^*,使得目标函数 g 最大化。因此,极大化问题可以表示为

$$\max g(s), \forall s \in S \tag{4-72}$$

组合优化问题 (S,g) 的一个邻域结构可以定义为从 S 向其幂集的一个映射,即

$$N: S \rightarrow 2^S \tag{4-73}$$

该映射将为每个 $s \in S$ 关联一个邻居集 $N(s) \subseteq S$。$N(s)$ 又可以称作解 s 的邻域,其中包含了所有能够从解 s 经过一步移动到达的解,这些解称为 s 的邻居。移动的含义是代表了一个微小变化的操作,它能够实现一个解向其邻居的转变,通常称为移动算子。

邻域搜索算法从某个初始解开始,以迭代的方式反复尝试在当前解的邻域内,寻找一个更好的解,并以此作为新的起点继续进行搜索,直到满足一定的条件为止。影响邻域搜索算法性能的两个重要因素是邻域结构和搜索策略,一般而言,邻域结构越好,搜索出局部最优解的质量就越好。结合问题特征,可设计 4 种邻域结构。

为了便于描述,给出活动序列图的概念,活动序列图是解(调度方案)的一

种表现形式,根据不同资源分别记录每个资源上的活动序列,活动在资源上按照开始时间排列,每个活动都包含前驱活动与后续活动的信息。资源分为真实资源和虚拟资源,虚拟资源能够执行所有不能被真实资源完成的活动。在本书所建立的模型中,资源和活动分别对应卫星资源和元任务,因此,活动序列图表示各个卫星资源上元任务的排列,真实卫星资源上的元任务均为已安排元任务,而虚拟卫星资源(s_0)上的元任务均为未安排元任务,如图 4-18 所示。

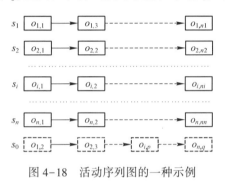

图 4-18 活动序列图的一种示例

(1)插入邻域。该邻域的功能是将虚拟卫星资源上的未安排元任务插入相应真实卫星资源上的已安排元任务列表中,并检查其可行性。若满足约束条件,则将该元任务从虚拟卫星资源的元任务列表中删除,如图 4-19 所示。若不满足相关约束,则撤销操作。

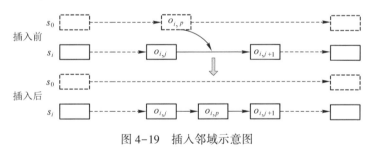

图 4-19 插入邻域示意图

采用插入邻域的目的在于通过向真实卫星资源上已安排元任务列表中直接插入某些未安排元任务,以尽可能多地完成任务。如果未安排元任务与相应真实卫星资源上某个已安排元任务冲突,那么无法插入成功,因此,插入邻域针对的是那些与真实卫星资源上任何已安排元任务均不冲突且满足相关任务约束的未安排元任务。

(2)删除邻域。该邻域的功能是移除真实卫星资源上已安排元任务列表中的某个元任务。使用删除邻域时,只会减少真实卫星资源的能量消耗,因此,无须进行卫星资源约束检查,但由于有可能删除原观测方案的元任务,故必须进行扰动约束检查。若满足约束条件,则将该元任务从相应卫星的已安排元任务列表中删除,同时,将该元任务加入虚拟卫星资源的未安排元任务列表中,如图 4-20 所示。

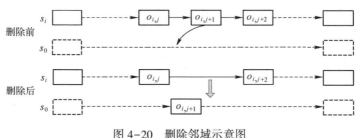

图 4-20　删除邻域示意图

采用删除邻域的目的在于通过删除真实卫星资源上的某些已安排元任务,以方便为该任务重新分配时间窗口或腾出空间安排价值更大的其他任务。

（3）再分配邻域。该邻域的功能是重新分配任务的卫星资源以及时间窗口,前提是该任务包含多个元任务。这些元任务可能属于同一卫星资源,也可能属于不同卫星资源,因此,可以将该任务在同一卫星资源内再次分配时间窗口,如图 4-21 所示,也可以将该任务重新分配给另一卫星资源,如图 4-22 所示。

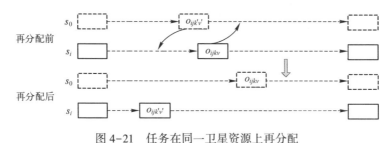

图 4-21　任务在同一卫星资源上再分配

根据任务的唯一性约束可知,对于点目标,真实卫星资源上不可能同时出现同一任务的两个元任务,要实现再分配,必须将真实卫星资源上的元任务与虚拟卫星资源上属于同一任务的元任务进行对调,即移除真实卫星资源上的元任务,同时将虚拟卫星资源上的相应元任务插入到真实卫星资源上,因此,再分配操作可以看作是插入操作与删除操作的一种组合。由于涉及插入和删除操作,必须进行约束检查,若满足约束条件,则再分配成功,否则,撤销再分配

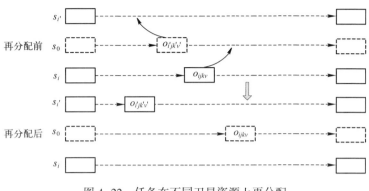

图 4-22 任务在不同卫星资源上再分配

操作。

采用再分配邻域的目的在于通过调整执行任务的卫星资源和时间窗口,以提前完成该任务或增大安排其他任务的机会。

(4) 交换邻域。该邻域的功能是交换两个任务的卫星资源以及时间窗口,前提是这两个任务存在冲突关系。在具有时间窗口的并行机调度中,考虑了 3 种任务交换邻域结构:①同一资源上两个任务之间的交换;②不同资源上两个任务之间的交换;③已安排任务与未安排任务之间的交换。由于成像遥感卫星调度问题具有严格的时间窗口特征,同一资源上或不同资源上的两个任务无法交换,因此,只能采用第三种交换邻域结构,在已安排任务与未安排任务之间进行交换,即在真实卫星资源与虚拟卫星资源之间交换任务,如图 4-23 所示。

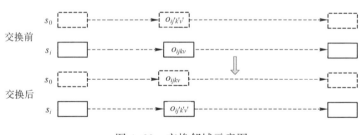

图 4-23 交换邻域示意图

已安排任务与未安排任务进行交换,需要从真实卫星资源上已安排元任务列表中移除与已安排任务相关的元任务,同时将与未安排任务相关的元任务插入到真实卫星资源上,因此,交换操作也可以看作是插入操作与删除操作的一种组合。由于涉及插入和删除操作,必须进行约束检查,若满足约束条件,则交换成功,否则,撤销交换操作。

采用交换邻域的目的在于通过删除某些任务,增大完成其他任务的机会,另外,可以用价值较高的任务替换价值较低的任务,从而提高解的质量。需要注意的是,交换邻域针对的是两个冲突任务进行交换,如果两个任务之间不存在冲突关系,那么,可以对未安排任务采取插入操作,使两个任务都能够得到安排,这就成了插入邻域。

动态重调度算法流程如图4-24所示。

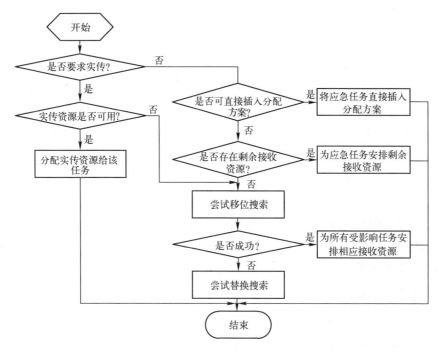

图4-24 动态重调度算法流程图

动态重调度算法的主要步骤如下。

(1) 读取应急任务和已有分配方案信息,并读取已安排任务的执行情况。

(2) 判断应急任务是否要求实传,如果要求实传,转步骤(3);否则,转步骤(4)。

(3) 判断实传资源是否可用,如果可用,将实传资源分配给该任务,转步骤(9);否则,转步骤(6)。

(4) 判断应急任务是否能够直接插入分配方案,如果能够插入,将该任务插入分配方案,转步骤(9);否则,转步骤(5)。

(5) 判断是否存在剩余资源,如果有剩余资源,为该任务分配剩余资源,转步骤(9);否则,转步骤(6)。

(6) 尝试移位搜索,将与应急任务冲突的其他任务重新安排到其他接收资源。

(7) 如果搜索成功,为所有受影响的任务重新分配相应接收资源,转步骤(9);否则,转步骤(8)。

(8) 尝试替换搜索,将与应急任务冲突的任务直接删除。

(9) 结束搜索过程,输出调整后的接收资源分配方案。

4.3.2 区域目标规划算法

在4.2.3节中,已介绍了多个区域目标分解模型。本节主要介绍一种考虑区域目标特性的卫星任务规划算法,解决区域目标的卫星任务规划问题。

1. 算法求解框架

面向区域目标的卫星任务规划问题不同于一般的点目标卫星任务规划问题,其复杂性在于算法在搜索规划方案的过程中必须考虑不同条带对整个区域目标的覆盖收益,以及因为条带重叠产生的成像成本。因此,采用启发式搜索算法思想设计区域目标的基本求解框架。该框架将整个求解阶段划分为初始解构造、局部搜索以及微调3个阶段。

(1) 初始解构造阶段。主要任务是按照给定的规则构造出一个可行解作为局部搜索的起点,这一阶段的工作需要考虑解的合法性。

(2) 局部搜索阶段。该阶段是模型求解的主要部分,它是一个反复迭代的过程,每一步迭代过程都是首先根据具体算法的需求以及不同阶段的优化目标选择合适的邻域结构,然后基于当前解构造出指定类型的邻域,接着在邻域中按照预定的规则改进当前解并更新最优解候选集,如此反复迭代直到满足终止规则。

(3) 微调阶段。主要任务是在获得最优解候选集之后逐个处理最优解候选集中的解,剔除因为场景重叠而产生的冗余活动,直到所有候选解都不包含冗余活动,此时,再从候选最优解中选择一个观测成本最小的解作为最优解。

2. 基于分级优化策略的贪婪随机变邻域搜索算法

在考虑面向区域目标的卫星遥感问题特点的基础上,利用上一段给出的算法框架,综合贪婪规则、随机模式和变邻域等因素,有学者提出了贪婪随机变邻域搜索算法(Greedy Randomized Variable Neighborhood Search,GRVNS)。该算法采用分级优化策略,将整个局部搜索过程划分为多个阶段,根据不同的阶段性目标采用不同结构的邻域,并在每一步迭代过程以随机模式调整邻域中候选解的先后顺序,同时,在判断是否接受候选解时采取了贪婪规则,只接受比当前解质量优的候选解。这种算法具有使用简单、求解速度快、解质量稳定等优点,很大程度上改进了一般启发式算法容易陷入局部最优的不足。

1) 邻域设计

GRVNS算法采用变邻域分级优化的思想,在不同阶段根据不同阶段性目标采用relocate_to_S(Sol)和exchange(Sol)两种邻域结构。

其中,relocate_to_S(Sol)邻域的功能是基于当前解Sol,将占用虚拟资源S^0的活动转移到真实资源的活动序列中,在搜索过程中采用这一种邻域结构,解的整体收益将始终保持着非减的变化趋势。

exchange(Sol)邻域的功能是基于当前解Sol将分别位于虚拟资源和真实资源上的活动进行位置互换,该结构邻域实质是交换已安排执行的活动和未安排执行的活动,它不能保证解对应的整体收益一直保持非减的趋势。该邻域可用于对卫星成像方案的多目标优化过程,既可通过交换活动促使整体收益增长,又可通过在保持整体收益不变的条件下,用低成本的活动置换高成本的活动实现解质量的提高。

2) 候选解的接受准则

GRVNS算法在判断是否接受候选解时采取了贪婪规则,总是以当前搜索阶段的优化目标为评价标准,接受邻域中比当前解质量更好的局部最优解。在同一阶段,无论是以最大化整体收益为优化目标,还是以最小化观测成本为优化目标,都有可能在当前优化目标下面临多个质量无差异的候选解,此时,可以采取随机模式在这些候选解中选择一个更新当前解。

3) 终止规则

GRVNS算法局部搜索过程的终止规则是:判断以最大化整体收益和最小化观测成本为优化目标的迭代过程是否都完全结束,若是,则停止局部搜索过程,并进入冗余活动的识别和剔除阶段。其中判断relocate_to_S(Sol)或exchange(Sol)邻域的迭代过程是否终止的规则如下。

(1) 当邻域为空集时,终止当前邻域的迭代过程。

(2) 当迭代过程是以最大化整体收益为优化目标时,判断当前邻域是否无法提供整体收益比当前解更高的候选解,若是,则终止当前邻域的迭代过程。

(3) 当迭代过程是以最小化观测成本为优化目标时,判断当前邻域是否无法提供与当前解整体收益相等但是观测成本更低的候选解,若是,则终止当前邻域的迭代过程。

4) 最优解信息的保留

由于 GRVNS 算法的局部搜索过程分阶段地以最大化整体收益和最小化观测成本为优化目标进行迭代,其每一步迭代都是以邻域中比当前解质量更好的局部最优解更新当前解,当前解的质量在整个局部搜索过程中总是稳步提高的,因此,只需要在整个局部搜索过程中保留唯一的最优解信息。

5) 算法描述

下面给出 GRVNS 算法的详细流程。

(1) 初始化 iIter,令阶段标记 iIter=0,表示首先以最大化整体收益为优化目标搜索 relocate_to_S(Sol) 邻域。

(2) 将所有候选观测活动都编入虚拟资源的活动序列,并以随机的顺序排列,构造出初始解 Sol,再令最优解 Sol^{best}=Sol。

(3) 基于当前解 Sol,构造所有候选解都通过可行性分析的邻域 N(Sol):如果阶段标记 iIter=0,则构造 relocate_to_S(Sol) 邻域,否则,构造 exchange(Sol) 邻域。

(4) 若 N(Sol)=∅,转步骤(9);否则,转步骤(5)。

(5) 以随机模式调整邻域 N(Sol)中所有候选解的先后顺序,使候选解以随机顺序排列,得到邻域 rN(Sol)。

(6) 若阶段标记 iIter≤1,以最大化整体收益为优化目标,在邻域 rN(Sol)中按候选解先后顺序比较各候选解的整体收益,并选取整体收益最大的解 Sol′;若阶段标记 iIter=2,以最小化观测成本为优化目标,在邻域 rN(Sol)中按候选解先后顺序比较总执行时间,并在整体收益不降低的条件下选取总执行时间最小的解 Sol′。如果同时有多个候选解符合条件,从中选取最早访问的那个解;如果没有符合条件的解,转步骤(9)。

(7) 当同时满足条件 iIter≠2 且 profit(Sol^{best})<profit(Sol′),或者同时满足条件 iIter=2 且总执行时间 cost(Sol′)<cost(Sol^{best}),令 Sol^{best}=Sol′,并转步骤(8),否则,转步骤(9)。

(8) 根据解 Sol^{best} 更新相关网格空间内各网格的网格覆盖值,使网格空间

的状态与解 Sol^{best} 的状态一致,并更新当前解 $Sol=Sol'$,转步骤(3)。

(9) 如果阶段标记 iIter<2,令 iIter=iIter+1,转步骤(3),否则,转步骤(10)。

(10) 计算解 Sol^{best} 中所有被真实资源执行的观测活动对解 Sol^{best} 的影响力。

(11) 若存在影响力为 0 的活动,则从真实资源的活动序列中移出该活动,修改解 Sol^{best},转步骤(12),否则,转步骤(13)。若同时有多个活动的影响力为 0,则移出其中活动持续时间最长的那个。

(12) 使网格空间的状态与解 Sol^{best} 的状态一致,转步骤(10)。

(13) 输出最优解。

4.3.3 点目标和区域目标联合任务规划算法

针对面向点目标和区域目标联合任务规划问题,目前常采用两种适用于不同问题规模和规划要求的算法,即基于贪婪启发式的快速任务规划算法与基于遗传算法的任务规划算法。基于贪婪启发式的快速卫星任务规划算法适合于问题规模较小、对规划时效性要求较高的情况,基于遗传算法的多星规划算法适合于问题规模较大、对规划时效性要求不高的情况。除此之外,还有基于标记更新的规划算法、基于分解优化和蚁群算法的规划算法、基于禁忌搜索的规划算法等,这些算法各有特点,适用范围更广,更具针对性,可以满足不同问题规模和不同规划要求的问题求解。

1. 基于贪婪启发式的快速任务规划算法

贪婪搜索算法主要是基于不同的贪婪规则,从空解(所有任务的规划状态尚未确定,所有卫星尚未承担任何观测任务的起始状态)开始逐步构造一个完整解(所有任务的规划状态都已确定,所有卫星承担的观测任务以及任务间的执行次序都已确定的状态)。由于贪婪算法不需要回溯或迭代,因此,具有多项式特征的计算复杂性,对常见的任何规模的问题都可以很快返回一个可行解。

贪婪启发式算法具有速度快、便于实现的特点,适用于对生成卫星计划的时限性要求较高的情形,可以根据用户在不同任务规划模式下的不同偏好,如任务优先、资源优先、综合效益优先等,明确制定相应的规则,优点在于方便用户的参与和规划方案的可解释性。

贪婪规则主要来源于对既往规划经验的总结、对规划人员偏好的抽取以及对卫星及星上载荷运行约束的考虑3个方面。由于卫星任务规划中涉及的规划对象从抽象的角度,可以概括为任务、成像时间窗口以及资源三类对象。因此,我们按照规则作用对象的不同,将贪婪规则划分为以下 3 个层次。

(1) 任务选取的贪婪规则。指示按照何种顺序选取任务,尤其是当多个任务在某一方面的指标上的度量值相同时。其中任务可以分为实传任务、记录任务和回放任务。

(2) 资源选取的贪婪规则。指示按照何种顺序选取完成任务的资源,尤其是当多个彼此有一定替代性的资源之间在某一方面的指标上的度量值相同时。资源可以分为卫星资源、传感器资源和地面站资源。

(3) 成像时间窗口选取的贪婪规则。指示按照何种顺序选取任务的执行方式,尤其是当针对同一任务的多个成像时间窗口在某一方面指标上的度量值相同时。

这 3 个层次的贪婪规则之间的调用流程如图 4-25 所示。

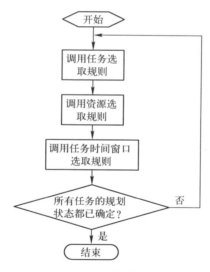

图 4-25 贪婪规则调用流程

1) 任务选取规则

任务选取规则中主要考虑以下几种规则。

(1) 访问时间优先规则。任务的访问时间定义为该任务与所有卫星的所有时间窗口的最早开始时间。先到先服务规则就是该时间值越早的任务,越优先规划。

(2) 任务优先级规则。每个任务关联了一个规划人员或用户指定的优先级,任务优先级规则就是按照该优先级数值的大小对所有任务逐个进行规划(此处假定任务的优先级数值越小,优先级越高)。

(3) 任务剩余可用时间窗口数量规则。观测任务对所有卫星的所有可见时间窗口组成了该任务的可用时间窗口集合。剩余可用时间窗口的数量越多,表明该任务的剩余成像机会越多,则对该任务的规划就显得并不十分迫切。在多个候选任务等待规划的情况下,可以选择更迫切需要规划的任务。简言之,就是剩余可用时间窗口数量越少的任务,越优先规划。

启发式构造算法得到的初始解中不但含有观测任务(实传任务和记录任务都属于观测任务)序列,也含有回放任务序列。对于回放任务进行规划的贪婪规则如下。

(1) 接收资源冲突消解规则。当一套接收系统遇到同时需要接收两颗以上卫星,或接收两颗卫星的时间间隔小于接收系统所需的连续两次接收的最小转换时间 ΔT 时,称为接收资源冲突。此时,冲突消解的规则是比较多个卫星各自承担观测任务(存储于星载存储器中的观测任务)的重要程度(优先级和任务的回传时效性要求)和卫星分辨能力(卫星传感器的分辨率),按照承担观测任务更重要、时限更紧,以及分辨率更高的卫星优先安排数据回放。

(2) 多套接收系统性能搭配规则。对于同一地面站具有多套接收系统的情况,可以根据不同接收系统特性分别优先安排不同卫星。

2) 资源选取规则

资源选取的贪婪规则按照资源的相关属性可以分为以下几种。

(1) 规划人员资源偏好规则。如果用户指定了卫星或传感器,则不考虑其他卫星或传感器。如果明确了最佳卫星或传感器,则最佳卫星或传感器优先;否则,可使用任何卫星或传感器。

(2) 资源充分利用规则。某些卫星,如可见光卫星在一段工作时间内具有严格的侧摆次数限制,对于这类卫星,一旦发生一次侧摆,就应尽量"物尽其用"地充分利用这次"来之不易"的侧摆机会,尝试将其他有机会安排在该侧摆角度下的未规划任务,安排在该侧摆角度下的一次最大开机时段内。该规则的目的是在不超过资源使用约束的前提下,充分发挥资源,尤其是某些稀缺资源的使用价值。

(3) 多资源任务负荷均衡规则。在规划时,还需考虑多颗卫星之间的观测任务负荷的均衡,避免出现"厚此薄彼"的极端情况,一方面造成某些卫星任务负荷过重,另一方面又造成一些卫星处于闲置状态。该规则同样适用于面向回传任务的多地面站资源的分配。

3) 任务时间窗口选取规则

任务时间窗口选取的贪婪规则按照任务时间窗口的相关属性可以分为以下几种。

(1) 时间窗口的时间优先规则。成像开始时间早的时间窗口优先。

(2) 时间窗口的图像质量规则。即小侧摆角优先规则。对于可见光、红外、高光谱成像,具有小侧摆角的时间窗口优先;对于 SAR 成像,波位对应的相对侧摆角(中心波位为基点)较小的时间窗口优先。

(3) 时间窗口的冲突消解规则。时间窗口间的冲突定义是:两个时间窗口如果不能进行聚类,并且如果一个窗口的安排会导致另一个窗口无法在不违反卫星及传感器约束的条件同时安排,则称这两个窗口冲突。对任务的每个可用时间窗口与未规划任务的所有可用窗口的冲突数进行统计,优先安排冲突数小的窗口。这一规则可以在不违反卫星及传感器约束的情况下,安排更多的观测任务。

上述各种规则经过灵活组合,可以产生多种算法,具体规则的组合方式可以通过人工干预最终确定。

2. 基于遗传算法的任务规划算法

遗传算法(Genetic Algorithm,GA)是启发式群体搜索算法的典型代表,它是一类借鉴生物界的进化规律(适者生存、优胜劣汰遗传机制)演化而来的随机化搜索方法,是一种基于解空间迭代搜索的求解方法,它通过交叉、变异循环选优达到对最优解的逼近,适合于对求解速度要求不高、解的近似程度要求高或要求多个可行解做比较的情况。卫星任务规划问题需要考虑多种卫星约束条件,并且需要从大量的备选方案集合中选择合适的、优化的方案,因而,可以将其看成是一个复杂的组合优化问题。在问题规模较大时,可以建立观测任务和数据传输规划的数学模型,设计相应的遗传算法进行求解。

基于遗传算法的多星规划算法基本步骤如下。

1) 问题编码

由于各个卫星成像任务集合是成像任务按照时间序的一个排列,为了便于算法操作,采用等长 0-1 编码构造染色体,即用 $|I_\alpha|$ 位二进制编码表示第 α 颗卫星的成像任务序列。称每一个二进制序列为一个染色体段,如图 4-26 所示,整个调度结果是这 $|S|$ 个二进制序列所代表的成像任务的集合。后续的遗传算子操作和目标函数值计算都是在这 $|S|$ 个相对独立的二进制序列所代表的染色体段

上进行,染色体段中的基因和成像任务一一对应。

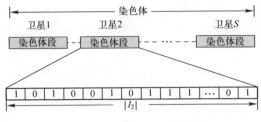

图 4-26 问题编码示意图

2) 种群初始化

为了能够加快算法的搜索速度,种群初始化时采用一种基于贪婪思想的初始种群生成方法。其基本思想是:首先随机选择染色体段中的一个成像任务 i,把它的基因值置为 1,并将成像时间在 i 前且成像角度和 i 相同的其他成像任务的基因值也置为 1,然后根据成像约束,选择成像时间在 i 后的成像任务,最后,如果生成的染色体段不满足其他成像约束,则根据成像任务的重要程度,按照轮盘赌的原则随机选择染色体段中的成像任务,将其基因值置为 0,直到所有的成像约束都得到满足。对于数据传输需求,将其基因值全部置为 0,也就是设其初始值均为实传状态。

初始化函数的具体描述如下。

RS:表示一个染色体,即种群中的一个个体。

RS_α:表示对应于成像遥感卫星 α 的染色体段。

rand(down,up):表示 rand(down,up)间的随机整数。

$R(i)$:表示编码中 i 所对应的成像任务,$R(i).$ angle 是其对应的侧视角。

merge(RS_α):表示成像时间段的合并操作。

slew(SpanRS_α,$R(i)$):判断函数,判断 $R(i)$ 和染色体段 RS_α 中的成像任务能否满足约束(2)。

$cs(RS_\alpha)$:表示对 RS_α 进行调整以满足成像约束条件。

输入:卫星集合 S,各卫星成像任务集合 I_α,$\alpha \in S$,种群大小 V_1

输出:初始种群 P^0

Begin

1:$P^0 \leftarrow \emptyset$

2: repeat
3: for all $\alpha \in S$
4:   $RS_\alpha[0] \leftarrow 1$, $RS_\alpha[|I_\alpha|] \leftarrow 1$
5:   repeat
6:    $i = \text{rand}(0, |I_\alpha|)$
7:   until $R(i) \notin U$
8:   $RS_\alpha[i] \leftarrow 1$
9:   for j from 1 to $i-1$
10:    if $R(j).\text{angle} = R(i).\text{angle}$ then $RS_\alpha[j] \leftarrow 1$
11:   end for
12:   $pos = i$
13:   repeat
14:    $Span_{RS_\alpha} \leftarrow \text{merge}(RS_\alpha)$
15:    repeat
16:     $k = \text{rand}(pos, |I_\alpha|+1)$
17:    until $R(k) \notin U$
18:    if $\text{slew}(Span_{RS_\alpha}, R(k))$ then
19:     $RS_\alpha[k] = 1$
20:     $pos \leftarrow k$
21:    else
22:     $pos \leftarrow k$
23:   until $k \geq |I_\alpha|$
24:   for l from 1 to $|I_\alpha|$
25:    if $R(l) \in U$ then $RS_\alpha[l] \leftarrow 1$

26:   end for

27:   $RS_\alpha \leftarrow cs(RS_\alpha)$

28: end for

29: $P^0 \leftarrow P^0 \cup (RS)$

30: until $|P^0| \geq V_1$

End

3) 交叉操作

为了保证通过交叉、变异操作不会产生过多的不可行解,采用基于成像约束调整的交叉和变异操作算子,在交叉和变异操作的同时进行约束判断,通过约束调整操作保证每个的结果都是可行解。由于卫星成像条件约束分别针对各个卫星,这两个个体分别包含了独立的$|S|$个染色体段,交叉和变异操作分别在对应的染色体段上并行完成。下面仅以一个成像遥感卫星的染色体段进行说明。

(1) 设进行交叉的染色体段为RS_α_1和RS_α_2。

(2) 在整数区间$(1,|I_\alpha|)$随机生成一个交叉点N_c,其中$1 \leq N_c$。

(3) 设RS_α_1染色体段中交叉点N_c代表的成像任务是i,如果i表示数据传输任务,则重新选择交叉点,直到i表示成像任务。

如果交叉点$\tau_{\alpha i} = 1$,则在RS_α_2中找到第一个使得$\tau_{\alpha i}\sigma_{\alpha i k} = 1$的交叉位置$L_c$(在染色体段$RS_\alpha\_2$中,$L_c$位置代表成像任务$k$),用$RS_\alpha\_2$的$L_c$位置后的部分替换到$RS_\alpha\_1$中,并将$RS_\alpha\_1$中$N_c$和$L_c$间的基因全部置为0(如果基因代表数据传输需求,则不改变其编码值),得到交叉结果offspring$\_RS_\alpha\_1$。

如果$\tau_{\alpha i} = 0$,则对RS_α_1从N_c开始向前查找,直到找到成像任务i',使得$\tau_{\alpha i'} = 1$,然后进行上述相同的交叉操作,得到offspring$\_RS_\alpha\_1$。

对于RS_α_2染色体段采用上述类似的操作;如图4-27所示,显然这里的交叉结果满足成像约束,这种基于约束的交叉操作相当于顺序查找,最差情况的时间复杂度为$O(\sum|I_\alpha|)$。

根据上面的分析,交叉操作算法具体描述如下(与初始化函数中相类似的定义不在这里重复)。

$cut(RS_\alpha,i)$:表示将染色体段在成像任务i后面的所有非数据传输需求置

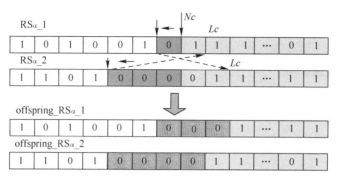

图 4-27 交叉操作示意图

为 0,而不改变数据传输需求的编码值,这种操作相当于将成像任务方案阶段截断。

交叉算法具体描述如下:

输入:参与交叉操作的染色体段 RS_α_1, RS_α_2

输出:交叉结果 $offspring\_RS_\alpha\_1$

Begin

1:repeat

2: $\quad N_c = \mathrm{rand}(0, |I_\alpha|)$

3:until $R(N_c) \notin U$

4:for i from 0 to N_c

5: $\quad$ if $RS_\alpha\_1[i] = 1$ and $R(i) \notin U$, then break

6:end for

7:$offspring\_RS_\alpha\_1 \leftarrow \mathrm{cut}(RS_\alpha\_1, i)$

8:$\mathrm{Span}_{offspring\_RS_\alpha\_1} \leftarrow \mathrm{merge}(offspring\_RS_\alpha\_1)$

9:for k from i to $|I_\alpha|$

10: $\quad$ if $R(k) \in U$ then

11: $\quad\quad offspring\_RS_\alpha\_1[k] \leftarrow RS_\alpha\_2[k]$

12: $\quad\quad \mathrm{Span}_{offspring\_RS_\alpha\_1} \leftarrow \mathrm{merge}(offspring\_RS_\alpha\_1)$

13:   else if slew($Span_{offspring\_RS_\alpha\_1}, R(k)$), then break

14: end for

15: for l from k to $|I_\alpha|$

16:   offspring_RS$_\alpha$_1$[l]$←RS$_\alpha$_2$[l]$

17: end for

18: Span$_{offspring\_RS_\alpha\_1}$←merge(offspring_RS$_\alpha$_1)

End

4）变异操作

设变异的染色体段为 RS$_\alpha$，在整数区间（1, $|I_\alpha|$）随机生成一个变异点 N_m，其中 $N_m \leq |I_\alpha|$；依照一定的概率将染色体段 RS$_\alpha$ 中变异点以后的基因值取反得到 offspring_RS$_\alpha$。判断 offspring_RS$_\alpha$ 能否满足约束：如果能够满足，则保留变异结果进行下一步操作；如果不能满足，则不保留结果。

变异操作算法具体描述如下：

输入：变异操作的染色体段 RS$_\alpha$

输出：变异结果 offspring_RS$_\alpha$

Begin

1: N_m = rand(1, $|I_\alpha|$)

2: offspring_RS$_\alpha$ ← RS$_\alpha$

3: for i from N_m to $|I_\alpha|$

4:   if $R(i) \in U$ then

5:     if offspring_RS$_\alpha[i]$ = 0 then offspring_RS$_\alpha[i]$ ← 1

6:     else offspring_RS$_\alpha[i]$ ← 0

7:   else

8:     if offspring_RS$_\alpha[i]$ = 0 then

9:       if slew(Span$_{offspring\_RS_\alpha}$, $R(i)$) then

10:                    offspring_RS$_\alpha$[i]←1

11:           else offspring_RS$_\alpha$[i]←0

12: end for

End

5) 约束调整操作

在上述交叉和变异操作结束后,需要进行约束调整,保证算法在可行解空间进行搜索。约束调整算法具体描述如下。

add_importance(RS$_\alpha$):表示将 RS$_\alpha$ 所代表成像任务方案的成像任务重要性等级的倒数相加。

randf(down,up):表示生成(down,up)之间的 3 位有效数字的实数随机数。

find_del(pt,RS$_\alpha$):表示得到 RS$_\alpha$ 中随机数 pt 所对应的成像任务。

输入:需要进行约束调整的染色体段 RS$_\alpha$

输出:满足约束的染色体段 RS$_\alpha$

Begin

1: repeat

2:     sum_imp = add_importance(RS$_\alpha$)

3:     pt = randf(0, sum_imp)

4:     i←find_del(pt, RS$_\alpha$)

5:     RS$_\alpha$[i]←0

6: until RS$_\alpha$[i] satisfy all constrains of α

End

综合上述,基于遗传算法的卫星任务规划算法的步骤描述如下:

输入:成像任务集合 P,卫星集合 S,成像调度时间段 T 及其他相关参数。种群 P_1 及精英解种群 P_2,交配种群 P_m 的规模 V_1 和 V_2,进化代数 N,交叉概率 G_c,变异概率 G_m

输出：成像调度序列 P^*

Begin

1：$n \leftarrow 0$，$P_1^0 \leftarrow \text{initial}(P,S)$，并且 P_2^0，P^*，$P_m^0 \leftarrow \varnothing$

2：对 P_1^n、P_2^n 中的个体进行适应值分配

3：根据 P_1^n、P_2^n 适应值更新精英解种群 P_2^{n+1}

4：if 精英解种群 P_2^{n+1} 的大小超过 V_2，调用截断函数减少其个体数

5：else 精英解种群 P_2^{n+1} 的大小不大于 V_2，选取适应值最高的受支配解加入精英解种群

6：if $n>N$ 或满足其他终止条件 $P^* \leftarrow P_2^{n+1}$

7：else 从 P_2^{n+1} 中选出进行进化操作的个体更新交配种群

8：　　$P_m^n = \text{matingSelect}(P_2^{n+1})$

9：基于侧视约束满足的遗传算子操作，染色体段交叉操作：
　　$P_m^n = \text{cross}(P_m^n)$，染色体段变异操作：$P_m^n = \text{mutate}(P_m^n)$

10：if 遗传算子操作的结果不满足其他成像调度约束

11：　　对结果进行约束调整，$P_1^{n+1} \leftarrow \text{cs}(P_m^n)$

12：else

13：　　$P_1^{n+1} \leftarrow P_m^n$

14：种群个体综合目标函数值计算

15：　　$n \leftarrow n+1$

16：go to Step 2

End

限于篇幅，下面对基于标记更新的规划算法、基于分解优化和蚁群算法的规划算法、基于禁忌搜索的规划算法等规划算法进行简单介绍。

3. 基于标记更新的任务规划算法

基于标记更新的联合任务规划算法是一种分阶段的求解方法，它通过阶段

优化的模式将冲突成像任务预先分配,然后进行成像任务规划,最后进行数据传输任务规划。

虽然这种解决方式使各个成像遥感卫星的任务规划的过程相对独立,能够在一定程度减小问题求解的复杂度,但同时也使任务规划求解过程丧失了全局优化的可能。因而,基于阶段优化的成像遥感卫星综合任务规划的关键是要采用合理的方法,求解过程中尽量减小对任务规划结果优化程度的影响。为了达到这个目的,需要设计合理的成像任务预分配和数据传输任务规划算法。

其中的标记更新算法建立在任务规划图模型的基础上,其算法思想是在路径求解过程中对图中的每个顶点保留一个标记数组,将从源点到每个顶点的最优路径信息保留在该顶点的标记数组里,顺序选取图中的顶点作为候选顶点,对候选顶点上保留的每一个标记信息,依次更新与该顶点存在边连接关系的顶点的标记路径,并与对应顶点的标记数组进行比较,删除被支配路径,只保留互不支配的若干路径。当某个顶点成为候选顶点后,其标记数组信息不再更新,搜索不断进行,直至结束点为止。算法结束后,根据结束点的标记集合信息就可以获得从起始点到结束点的优化成像目标序列。

标记更新是路径搜索中的经典思想,在各种抽象为路径查找的实际问题中得到了广泛的应用。同样,在卫星任务规划问题中通过分析卫星运行特性,考虑任务规划数学模型,将任务规划方案对应为一条路径,建立卫星任务规划有向图模型,从而把原问题抽象为一个多目标最短路径问题。在此基础上,设计基于标记更新的多星多地面站联合任务规划算法进行任务规划求解计算。

1) 任务规划有向图

具有横向侧视能力的成像遥感卫星按照固定的卫星轨道在空间飞行,在一次任务规划时间段内,某一成像任务的成像侧视角、成像访问时间是根据相应计算模型严格确定的,因而,成像任务相互之间具有时间序的关系。又由于成像遥感卫星姿态调整的能力有限,其在成像任务之间的成像动作转换需要满足成像约束条件,所以不同的成像任务之间存在类似连通关系的侧视约束关系。一种直观的想法是将参与任务规划的成像任务看成具有时间序的顶点,而它们之间的侧视连通关系就可以看成是连接各个顶点的边。

对于某颗成像遥感卫星 α 在其任务规划时间范围内,将每个具有一定经纬度坐标的地面成像任务看作图 G_α 的顶点,并且将成像任务对应的属性,如重要性等级、成像侧视角度、成像起始时间、成像终止时间、云量等级、太阳高度角,加入每个顶点的属性元组中{importance, angle, begin_time, end_time, cloud, sun_ altitude},将不同地面站和相应成像遥感卫星之间的数据传输任务也作为图中的顶点,所不同的是,需要对顶点的相关属性以及与其他成像任务顶点的关系做一些特殊说明。同时,为了便于分析问题,我们还在图中增加两个虚拟顶点 S 及 T,分别对应某一次该成像遥感卫星任务规划的起始顶点和终止顶点;所有这些顶点构成顶点集合 V_α,并依据成像任务的访问时间对顶点进行排序(数据传输顶点按照数据传输的开始时间计算)。

定义了图 G_α 中的顶点集合 V_α 后,考虑图的边集 E_α。假设起始顶点 S 和终止顶点 T 及其他所有顶点都具有连接关系(但是顶点 S 和 T 之间没有连接关系,即没有边相连),并根据成像任务侧视角度和成像遥感卫星 α 侧视速度约束判断顶点之间是否有边相连,如果对顶点 A 成像后能够继续对顶点 B 成像,则在 A 与 B 之间有一条边,即任意 $A \in V_\alpha$,有 $(S,A) \in E_\alpha$,$(A,T) \in E_\alpha$,规定 $(S,T) \notin E_\alpha$ 且 $A, B \in V_\alpha$,如果 A 与 B 之间满足该成像遥感卫星的成像侧视约束,则 $(A,B) \in E_\alpha$。

这样,如果从起始顶点对每一个顶点判断其与后续其他顶点的连接关系,可以认为就得到边集 E_α(实际中,由于受到成像约束条件的影响,每个顶点和其他顶点间的连接关系可能会因为成像路径的不同而变化),由于顶点所代表的成像任务具有时间序关系,所以图 G_α 中的边都是有向边,就可以构造一个时间序有向图 $G_\alpha = (V_\alpha, E_\alpha)$。这样,从起始顶点 S 开始,到终止顶点 T 的所有路径即为成像遥感卫星 α 的所有可能成像任务方案。

2) 标记更新算法

在有向图模型中将任务规划问题转换成 G_α 中的多目标优化路径搜索问题。从复杂性的角度,图 G_α 的多目标优化路径的数量可能随着顶点数的增加而指数增加。在应急条件任务规划问题中,目标函数仍然是成像任务方案重要性程度和卫星资源消耗,在成像任务数量较小时,目标空间相对较小,这使得在一般情况下,可以得到问题的所有多目标优化解。

目前,多数的求解给定两点间的多目标优化路径算法只考虑静态拓扑结构的情况,不能很好地适应这里由于成像时间段合并造成的拓扑结构动态变化的情况。于是,在成像路径延迟支配关系的基础上,采用基于标记更新思想的成像路径算法,求取从顶点 S 到 T 的优化路径。

下面对算法过程进行描述,定义如下。

$M(I)$:从 S 到 I 的路径标记集合 $(I \in V(G) \setminus S)$。

p_{I0}:初始条件下的直接连接顶点 S 和顶点 I 构成的路径。

$\text{pred}_p(I)$：路径 p 中顶点 I 的前趋顶点，顶点 S 没有前趋顶点。

$\text{succ}(p)$：图 G_α 中，路径 p 的最后一个顶点的所有后继顶点集合（根据图 G_α 的动态拓扑特性，对于不同的路径，即使它们最后一个顶点相同，这个顶点的后继顶点集合也可能不同），如果路径 p 的最后一个顶点是顶点 T，则 $\text{succ}(p) = \varnothing$。

于是，有 $p = (S, \cdots, \text{pred}_p(I), I)$ 是从 S 到 I 的一条路径，即 $p = P_{SI}$。

$l_p = (f(p), \text{pred}_p(I), \text{point}_{p'})$：从 S 到 I 的路径 p 的标记。

$\text{point}_{p'}$：指向 $M(\text{pred}_p(I))$ 中的某条路径 $p' = (S, \cdots, \text{pred}_p(I))$ 的指针。

$\text{merge}(p, J)$，其中 $J \in \text{succ}(p)$：路径构造函数，表示将 J 加入路径 p 后经过成像时段合并生成的新路径，同时确定新路径的成像结束时间。

$f(p)$：与路径 p 对应的目标矢量。

基于标记更新的任务规划算法：

输入：有向图 G_α 和成像遥感卫星 α 侧视约束信息

输出：从顶点 S 至顶点 T 的优化路径

Begin

1：$M(S) \leftarrow \{\vec{0}, S, \text{NULL}\}$

2：$M(T) \leftarrow \{\vec{\infty}, T, \text{NULL}\}$

3：$M(I) \leftarrow \{f(p_{I0}), S, \text{NULL}\}$，for $I \in V(G_\alpha) \backslash \{S, T\}$

4：$p'' \leftarrow \text{NULL}$

5：for $I = \{1, 2, \cdots, T\}$

6：　　for all $l_{p'} \in M(I)$

7：　　　　for all $J \in \text{succ}(p')$

8：　　　　　　$p'' \leftarrow \text{merge}(p', J)$

9：　　　　　　for all $l_p \in M(J)$

10：　　　　　　　if $J \neq T$ then

11：　　　　　　　　if $p'' < \triangleleft p$ then

12：　　　　　　　　　$M(J) \leftarrow M(J) \backslash \{l_p\}$

13:       $M(J) \leftarrow M(J) \cup \{(f(p''), I, \text{point}_{p'})\}$

14:     else if $p \prec \triangleleft p''$ then

15:      break

16:     else

17:      $M(J) \leftarrow M(J) \cup \{(f(p''), I, \text{point}_{p'})\}$

18:   else

19:     if $p'' \prec p$ then

20:      $M(J) \leftarrow M(J) \setminus \{l_p\}$

21:      $M(J) \leftarrow M(J) \cup \{(f(p''), I, \text{point}_{p'})\}$

22:     else if $p \prec \triangleleft p''$ then

23:      break

24:     else

25:      $M(J) \leftarrow M(J) \cup \{(f(p''), I, \text{point}_{p'})\}$

26:   end for

27: end for

28: end for

29: end for

End

其中,针对任意一个顶点 k 的标记路径集合,定义以下更新策略。

(1) 新路径不满足圈侧视次数约束时不加入标记路径集合。

(2) 新路径不满足圈开机时间约束时不加入标记路径集合。

(3) 新路径的存储容量占用量超过存储容量约束时不加入标记路径集合。

(4) 新路径受标记路径数组的某条路径支配时不加入标记路径集合。

(5) 对虚拟顶点,更新路径满足各种约束,并且不受该顶点标记路径集合中的路径支配,但其重要性评价值、卫星存储器使用量与标记路径集合中某条路径的相同时,该路径不加入标记路径集合。

（6）新路径满足各种约束,并且不受标记路径集合中的路径支配时,加入标记路径集合中,并且删除标记路径集合中被当前路径支配的标记路径。

算法流程图如图 4-28 所示。

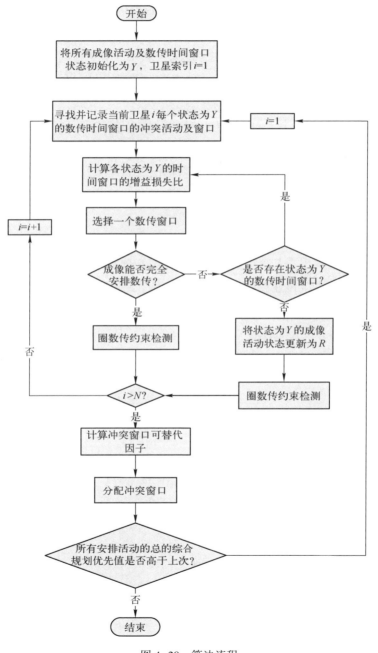

图 4-28　算法流程

4. 基于分解优化和蚁群算法的任务规划算法

1) 分解优化思想

分解优化过程源于大系统的分解—协调方法,可以应用于各种复杂系统的优化,如多学科优化设计(Multidisciplinary Design Optimization,MDO)、车间生产计划与调度的集成优化等。这些复杂问题可以分解为多个分级的子问题,每个子问题相对独立,但相互之间还存在一定耦合联系。对于这些复杂问题直接求解,往往因为规模大、耦合因素复杂,"独立"与"联系"两方面均要同时考虑而难以直接求解,或求解效率较低。

将问题分解后,各个子问题分别针对子问题本身的细节及约束进行优化求解,不涉及整个问题全局性的协调问题。当每个子问题独立优化后,将优化结果反馈,再从整个问题的角度对全局协调优化,并将结果反馈给各个子问题,以协调各个子问题的优化活动。通过优化过程的反复迭代,从而实现全局最优的目的。

图4-29为一个3层递阶系统的结构图。其中 I 表示输入(也可以看作上级对下级系统的输出), F 表示反馈,下标 T、M、B 分别表示顶级、中间级和底级子系统。上层子系统传递控制信息给下层系统,下层系统进行优化之后将状态信息反馈给上层系统。通过多层系统间的协调优化,实现总体优化的目的。

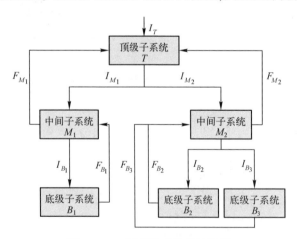

图4-29 3层递阶系统的结构图

可以看出,该方法的整个优化过程是"分解—协调优化—分解—协调优化"直至收敛的反复迭代过程,整个问题以顶级子系统的优化得到收敛为准。分解优化方法将一个复杂问题分解为若干个相对独立的子问题,并采用协调优化解决各个子问题间的耦合问题,从而实现对复杂问题的求解。

考虑任务合成的成像遥感卫星调度问题中包含任务的指派、调度和任务间的合成多个优化环节,也可看作一个复杂的系统。任务的指派、调度与任务合成之间还存在一定耦合关系,可以考虑采用分解优化的思路进行求解。采用分解优化策略的首要问题是如何对复杂问题进行分解,在此基础上,考虑如何对各子问题进行优化,以及如何对各子问题进行协调优化,从而得到问题的优化解。

2) 蚁群算法基本思想

意大利学者 M. Dorigo 于 1991 年在其博士论文中提出了一种基于蚂蚁种群的优化算法——蚁群算法(Ant Colony Optimization, ACO)。它是一种模拟昆虫王国中蚂蚁群体智能行为的仿生优化算法,具有较强的鲁棒性、优良的分布式计算机制、易于与其他方法相结合等优点,并在一系列组合优化问题中取得了良好的效果。

研究表明,蚂蚁在觅食途中会留下一种外激素,蚂蚁利用外激素与其他蚂蚁交流、合作,找到较短路径。经过某地的蚂蚁越多,外激素的强度越大,蚂蚁择路偏向选择外激素强度大的方向,这种跟随外激素强度前进的行为会随着经过蚂蚁的增多而加强,因为通过较短路径往返于食物和巢穴之间的蚂蚁能以更短的时间经过这条路径上的点,所以这些点上的外激素就会因蚂蚁经过的次数增多而增强。这样就会有更多的蚂蚁选择此路径,这条路径上的外激素就会越来越强,选择此路径的蚂蚁也越来越多。直到最后,几乎所有的蚂蚁都选择这条最短的路径,这是一种正反馈现象。蚁群算法充分利用其正反馈、随机搜索能力强的优点,优化解决任务分配问题。

通过分析考虑任务合成的成像遥感卫星调度问题的主要过程,可以将原问题分解为具有递阶关系的两个子问题。

(1) **任务分配子问题**。有任务 $T=\{t_1, t_2, \cdots, t_{N_T}\}$,任务 t_i 具有多个可选卫星资源及时间窗口,需要为每个任务分配资源及时间窗口。由于每个时间窗口是与卫星关联的,选定了时间窗口,即选择了观测的卫星资源。点目标的任务具有唯一性约束,因此,每个任务只选择一个时间窗口,即在 t_i 的元任务集合 O_i 中选择一个即可。区域目标需要多次观测,但也是在其每个观测机会(时间窗口)生成的元任务组 O_{ijk} 中选择一个即可。本问题将任务分配到各个卫星的特定时间窗口,同时,也就确定了各个任务间的时序关系,因此,任务分配子问题是对任务进行指派与调度,得到了任务的分配方案。

（2）任务合成子问题。已知分配到卫星 s_j 的任务集合及每个任务的时间窗口，需要在满足卫星资源的约束条件下，确定卫星在每个轨道圈次内的任务合成方案，使卫星完成任务的优先级之和最大。任务合成子问题在某任务分配方案的基础上，通过对任务间优化合成，得到了任务合成方案，由此可以得到考虑任务合成的卫星成像计划。

由于任务合成的输入依赖于任务分配，因此，可以认为任务合成是任务分配的下级子问题。如图 4-30 所示，二者具有逻辑上的递阶关系，任务合成子问题的求解依赖于任务分配的结果，经过任务合成后，又会对卫星资源消耗产生变化，影响卫星能够完成的任务数量，因此，任务合成结果对任务分配又具有反馈作用。

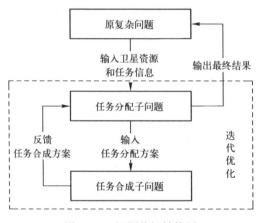

图 4-30　问题分解结构图

明确问题的分解结构后，需要设计相应算法对问题进行优化。这里采用自适应蚁群算法求解任务分配子问题，采用动态规划算法求解任务合成子问题，算法结构如图 4-31 所示。

首先，由自适应蚁群算法为任务选择卫星资源及时间窗口，生成任务分配方案，任务被分布到不同卫星的多个轨道圈次内。然后，针对每颗卫星的每个轨道圈次内的任务，采用最优合成算法求解任务合成子问题，得到卫星在该分配方案下的最优任务合成方案。同时进行结果修复，将未能够合成的任务尝试加入其他卫星的合成观测窗口。最后，得到该次任务分配方案下的合成观测方案，并将结果反馈，引导蚁群算法继续搜索。

在约束处理方面，任务分配阶段只考虑时间窗口约束与任务唯一性约束，得到的并非可行解。任务合成阶段，处理卫星的其他约束，并生成可行的观测

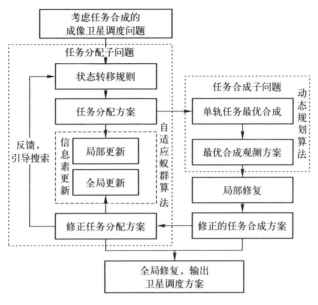

图 4-31　基于分解优化的算法结构

方案。

由于任务合成是在任务分配方案的基础上进行的,并将任务合成后的结果反馈给蚁群算法,所以,可以将任务合成部分看作蚁群算法的结果评价模块。由于优化的主要流程是围绕任务分配部分展开的,因此,其实质上也可以看作是一种整体优化的方式。

5. 基于列生成算法的任务规划算法

列生成法(Column Generation),也称为 Dantzig-Wolfe 分解法,是一种被广泛应用的求解大规模线性和整数规划问题的有效方法。列生成法的应用最早可以追溯到丹捷格(G. B. Dantzig)、沃尔夫(P. Wolfe)和吉尔默(P. C. Gilmore)、吉莫瑞(R. E. Gomory)等的研究工作。

列生成法的基本原理是:在求解过程中将一个大规模问题分解为一个主问题和一个子问题,在主问题求解时避免考虑中所有的决策变量,而只考虑有限的决策变量,所需决策变量由子问题产生。例如,对一个包含很多变量的线性规划问题,可以考虑只对主问题决策变量集 X 的一个子集 X' 生成的问题进行求解,该问题也常常称为受限主问题(Restricted Master Problem)。一旦得到受限主问题的解,需要确定是否在变量集合 $X \setminus X'$ 中还存在其他变量,可以使得受限主问题的解得到进一步改进。线性规划对偶理论说明,对一个极小(极大)优化问题而言,只有检验数小于(大于)0的变量才能作为候选变量添加到受限主问题中。同理,这个思想也可以作为产生新变量的验证条件。列生成法的基本思想正是通过对子问题求解,得到可以满足检验数小于0(对于极大问题,检验数大于0)的新变量的系数列矢量 $\boldsymbol{\alpha} = (\alpha_1, \cdots, \alpha_Z)^T$,即

$$c_\alpha - \sum_{i=1}^{Z} \pi_i \alpha_i < 0 \qquad (4-74)$$

式中: c_α 为列 $\boldsymbol{\alpha}$ 在目标函数中的成本系数; π_i 为受限主问题中第 i 个约束的影子价格。如果子问题中不存在这样的列,受限主问题的解即是主问题的最优解。理论上来讲,需要生成所有的列才能得到主问题的最优解。在实际情况中,这种极端情况很少发生。

在以上论述中,假设主问题是一个线性规划问题。但是在实际应用中,许多问题并不是线性规划问题,而有可能是整数(混合整数)规划问题,线性规划的对偶理论不再适用。这时,可以采用两种方法对问题求解。

求解主问题的一个线性松弛(Linear Relaxation)解,然后采用分支定界算法得到一个整数解,对于大多数整数问题来说,松弛解同整数解之间会存在一定差距。

在分支定界算法求解过程中,采用列生成法得到每个节点的下界(上界)值。采用这种方法可以得到主问题的最优解。该方法也称为分支代价算法(Branch and Price)。

列生成法已经被成功地应用于许多问题,如下料问题(Cutting Stock Problem)、分配问题(Generalized Assignment Problem)、具有时间约束的车辆路线问题(Vehicle Routing Problem With Time Windows)、机组人员调度问题(Crew Scheduling Problem)等。

需要特殊说明的是,列生成法中的子问题不一定是线性规划问题,而可以是任何一种最优化问题,它可以包括非线性、动态或整数规划问题以及 CSP 问题等。例如,在下料问题求解中,子问题是一个背包问题(整数规划问题);在机组人员调度问题求解中,子问题则是一个 CSP 问题。

6. 基于禁忌搜索算法的任务规划算法

禁忌搜索算法是一种比较通用的智能搜索算法,其在卫星调度问题以及车辆路线问题研究领域有着广泛的应用。禁忌搜索(Tabu Search,TS)的基本思想是:以最速下降的局部搜索算法为基础,但使用一个短期记忆即禁忌列表(Tabu List)记录最近到过的解,并禁止当前解返回它们。也就是说,当前解的可接受

邻域被限制为禁忌列表以外的解,因此局部搜索过程可能被迫接受次于当前解的解,从而得以移出其所处某个局部极小解的吸引域。禁忌列表是动态更新的,每一步移动后都将加入最新访问过的解并同时删除最老的禁忌解。在具体实施时,由完整的解构成的禁忌列表在管理和实施方面效率不高,因此,禁忌列表中保存的常常是关于解的某些信息,如移动或者两个解之间的差异。这种替换虽然能够提高处理效率,但是又会导致信息的丢失。例如,禁止一个移动可能会导致多个解被禁止访问,从而使得某些高质量的解没有机会被访问到。解决这个问题的办法是定义一个特赦准则(Aspiration Criteria),使得一个解即使在被禁忌的条件下,只要满足所定义的条件,就可以被解禁。最常用的特赦准则是:如果某个当前处于禁忌状态的解要优于当前解,那么,可以接受向该禁忌解的移动。禁忌列表的长度或者说禁忌对象被禁忌的迭代次数对搜索过程有着很大的影响。长度较小,则禁忌搜索过程将集中在较小范围内进行搜索,有利于发现局部极小解;长度较大,则搜索过程将被迫走向较大的搜索区域,有利于对整个解空间的探索。禁忌搜索算法的基本迭代过程如下:

算法:禁忌搜索(TS)

$s \leftarrow$ 生成初始解

初始化禁忌列表

$k \leftarrow 0$

while 未达终止条件 do

  $AllowedSet(s,k) \leftarrow \{z \in N(s)\}$ 非禁忌或至少满足一个特赦准则$\}$

  $s \leftarrow BestImprove(s, AllowedSet(s,k))$

  更新禁忌列表和特赦准则

  $k \leftarrow k+1$

end while

7. 基于 SWO 算法的联合任务规划算法

Squeaky-Wheel Optimization(SWO)算法是一种具有较大邻域空间的启发式局部搜索算法,可以在较短时间内获得与遗传算法相近的结果。算法通过构造器生成初始任务的贪婪初始解。分析生成的调度结果，找出结果的缺点，并评价出各任务相应的责罚值。通过责罚值对任务重排序，以引导构造器优先安排责罚值大的任务，重新生成调度结果。上述"构造—分析—优先级调整"循环进行，直到找到最优解。这种方法适用于对结果优化性和实时性要求较高的情况。

针对美国空军卫星控制网（AFSCN）通信网络调度问题，Barbulescu 等研究了遗传算法、SWO 等算法在 AFSCN 网络的 Benchmark 数据集上的性能差异，指出遗传算法和 SWO 算法相对于每次搜索一次邻域的局部搜索算法更易于跳出"平坦"区域，同时，实验验证 SWO 算法优于局部搜索算法，并且能够在较短时间内取得和遗传算法相近的结果。但是我国一般的卫星任务管控系统与 AFSCN 有较大区别，需要考虑一些特殊约束。

基于 SWO 算法的联合任务规划算法基本思路如下。首先对任务进行预处理，消解任务之间的二元约束。然后利用贪婪算法求得问题的初始解，同时将任务和可见时间窗口集合各分为两类：已安排任务集合（AssignedTask）和未安排任务集合（UnAssignedTask）；已安排可见时间窗口集合（AssignedTW）和未安排时间窗口集合（UnAssignedTW）。初始状态下，已安排任务和可见时间窗口集合是 $\bigcup_{k \in SAT} Task\_DO^k$ 和 $\bigcup_{k \in SAT} TW\_DO^k$，未安排任务和可见时间窗口集合是 $\bigcup_{k \in SAT} Task\_Undo^k$ 和 $\bigcup_{k \in SAT} TW\_Undo^k$。算法通过迭代，不断试图安排责罚值大的未安排可见时间窗口，并对已安排任务和可见时间窗口进行约束修正，过滤冲突的低优先级任务和可见时间窗口（分别进入 UnAssignedTask 和 UnAssignedTW）。算法满足条件退出时，$\bigcup_{k \in SAT} Task\_DO^k$ 和 $\bigcup_{k \in SAT} TW\_DO^k$ 对应着算法最终安排的任务与可见时间窗口集合。算法流程如下：

输入：任务集合 $\bigcup_{k \in SAT} Task^k$，时间窗集合 $\bigcup_{k \in SAT} TW^k$

输出：任务集合 $\bigcup_{k \in SAT} Task\_DO^k$，时间窗集合 $\bigcup_{k \in SAT} TW\_DO^k$

Begin

1：(AssignedTask, UnAssignedTask, AssignedTW, UnAssignedTW) =
   Greedy $\left(\bigcup_{k \in SAT} Task^k, \bigcup_{k \in SAT} TW^k \right)$

2：Blame = Analyzer(UnAssignedTW)

3：Prioritizer(UnAssignedTW)

4：(AssignedTask, UnAssignedTask, AssignedTW, UnAssignedTW) =
　　Constructor(AssignedTask, UnAssignedTask, AssignedTW, UnAssignedTW)

5：if (满足算法终止条件)

6：　$\bigcup_{k \in SAT}$ Task_DO^k = AssignedTask, $\bigcup_{k \in SAT}$ TW_DO^k = AssignedTW

7：else

8：　　go to Step 2

9：end if

End

上述算法中,1是调用算法获得贪婪初始解;2~4分别调用分析器(Analyzer)、优先级排序器(Prioritizer)和构造器(Constructor)进行优化操作;语句5~10是判断算法是否满足退出条件,如果满足输出最终优化解,否则,继续进行2~4的迭代过程。

8. 基于车辆装载模型的联合任务规划算法

如果以每颗卫星作为车辆,以待访问的成像任务作为货物,并且假定每个货物有严格的装载时间窗(当一个成像任务被多次访问时,则有多个装载时间窗),以卫星从访问一个成像任务到另一成像任务的转换时间为两个货物之间的行车时间,以传输数据作为车辆卸货动作,则卫星联合任务规划问题可以看作特殊的多时间窗车辆装卸问题(Pickup and Delivery Problem with Multiple Time Windows,PDPMTW)。多卫星联合规划问题与一般装卸问题的区别是:卫星联合任务规划需要考虑多种约束条件。

(1)多时间窗约束。一般车辆装卸问题的货物只有一个装卸时间窗,而这里车辆装卸货针对不同车辆可能有多个可选时间窗。

(2)能量约束。一般车辆装卸问题没有能量约束,而多星联合规划问题具有额外的圈动作时间约束。

(3)卸货关联约束。一般车辆装卸问题不同货物的卸货点之间不存在关联,而这里一个车辆的多个货物在同一个卸货点卸货时存在最大卸载容量限制。

(4)目标函数。一般车辆装卸问题的求解目标函数是在满足所有货物装卸要求的前提下,使总运行成本最小、车辆最少等,而本研究的目标是在卫星数目固定的前提下,拍摄并下传尽可能多、尽可能重要的成像任务。

从上述分析可以看出,卫星任务规划问题与一般的车辆装卸问题虽然存在差异,但在问题的本质上与车辆调度一致,因而,可以看作一类特殊的车辆装卸问题。车辆装卸问题的一个特例是旅行商问题,由于旅行商问题是 NP-Complete 的,车辆装卸问题因而也具有 NP-Hard 特性;多星联合规划问题是一类特殊的车辆装卸问题,因而,也具有 NP-Hard 特性。NP-Hard 问题目前认为没有可行的多项式时间精确求解算法,一种有效的方法就是采用启发式方法进行问题求解。

车辆装载问题的求解目标是在满足各种约束条件的前提下,使装载货物的总价值最高。由于货物装载需要考虑严格的时间窗限制、车辆载重、货物卸载和能量等约束的影响,调度结果一定程度上取决于每一个车辆的货物装载机会(对应于卫星的拍摄机会,下同)以及卸载机会(对应于卫星的下传机会,下同)的分布。为了描述装载机会和卸载机会对车辆装载的影响,首先需建立车辆装载机会的动态装载概率模型,并对每个车辆的总可装载货物容量进行估计。篇幅所限,不再详述。

基于动态装载概率模型和车辆总装载估计容量,采用基于动态装载概率与估计装载容量的启发式搜索算法对多时间窗车辆装卸问题进行求解。该算法采用以下启发式准则:对应货物重要性价值越高、与其他装载机会的访问冲突越少、相应车辆的剩余装载容量越大、装载机会访问率越低的装载机会,最终被装载的可能性最大。

9. 基于松弛优化的联合任务规划算法

针对点目标的联合任务规划问题是包含大量约束的过度调度问题,具有难解特性。为了在有限时间内得到优化解,多采用近似算法。在可接受的花费(计算时间、存储器容量等)下给出近似优化解,但产生的解与理论最优解的偏离程度一般是事先不可预知的,这就需要其他的技术对待求解的组合最优化问题进行估计,以评价最优解搜索算法的优化能力,并指导近似算法的参数设置。

松弛方法是一种通过减少造成问题难解的约束来降低优化问题的求解难度的近似算法。现有的几种松弛方法如线性松弛、代理松弛、拉格朗日松弛和约束丢弃松弛等各有优缺点。其中,线性松弛方法是在数学规划中应用最广泛的一种松弛方法,其取消原问题中决策变量的整数取值限制,松弛为可在实数范围内取值,松弛后的问题可通过单纯形算法或内点算法等方法求解。代理松弛是一种降低约束数量且不改变目标函数的松弛方法,该松弛方法将部分或全部约束合为一个约束。约束丢弃松弛是一种丢弃部分或全部约束,从而扩大可行解域的松弛方法,这种方法曾被法国人 Vasques 用于求解 SPOT5 卫星的成像调度问题。拉格朗日松弛方法则是将被松弛的约束转移到目标函数中,其定义域不包含被松弛的约束,这就方便于通过减少造成原问题难解的复杂约束降低松弛问题的求解复杂度,因而,可以采用拉格朗日松弛和次梯度优化方法设计联合任务规划算法。

给定 S 颗卫星 n 个成像任务,x_{ki} 是第 k 颗卫星是否对第 i 个任务成像的决策变量,w_{ki} 是第 k 颗卫星对第 i 个任务成像时的评价值。F_k 表示第 k 颗卫星上不满足约束的二元变量集合,Δ_{ki} 表示第 k 颗卫星对第 i 个任务成像需要的存储器容量,T_i 表示第 k 颗卫星对第 i 个任务成像需要的开机时间,M_i 表示第 k 颗卫星的可用存储器容量,K_k 表示第 k 颗卫星的最大开关机次数,L_k 表示第 k 颗卫星的最大开机总时长。不跨越接收时段的多卫星成像调度问题同时考虑存储器容量限制、开关机次数限制、开机总时长限制和成像资源的使用约束 $\sum_{k=1}^{S} x_{ki} \leq 1$,$i = 1, 2, \cdots, n$。可表示为

$$Z_{IP}^{MS} = \max \sum_{k=1}^{s} \sum_{i=1}^{n} w_{ki} x_{ki}$$

其中

$$x_{ki} + x_{kj} \leq 1, \forall \{i,j\} \in F_k; k = 1,2,\cdots,s$$

$$\sum_{i=1}^{n} \Delta_{ki} x_{ki} \leq M_k, \forall k = 1,2,\cdots,s$$

$$\sum_{i=1}^{n} x_{ki} \leq K_k, \forall k = 1,2,\cdots,s$$

$$\sum_{i=1}^{n} T_{ki} x_{ki} \leq L_k, \forall k = 1,2,\cdots,s$$

$$\sum_{k=1}^{s} x_{ki} \leq 1, \forall i = 1,2,\cdots,n \tag{4-75}$$

给定拉格朗日乘子 $\lambda, \mu \geq 0$ 时,松弛后四类约束时的松弛问题为

$$Z_{LR}^{MS}(\lambda,\mu) = \max\left\{ \sum_{k=1}^{s}\sum_{i=1}^{n} w_{ki}x_{ki} \right.$$
$$+ \sum_{k=1}^{s}\left[\lambda_{k1}\left(M_k - \sum_{i=1}^{n}\Delta_{ki}x_{ki}\right) + \lambda_{k2}\left(K_k - \sum_{i=1}^{n}x_i\right) + \lambda_{k3}\left(L_k - \sum_{i=1}^{n}T_{ki}x_i\right)\right]$$
$$\left. + \sum_{i=1}^{n}\mu_i\left(1 - \sum_{k=1}^{s}x_{ki}\right) \right\} \quad (4\text{-}76)$$

其中

$$x_{ki} + x_{kj} \leq 1, \forall \{i,j\} \in F_k; k = 1, 2, \cdots, s$$
$$\boldsymbol{\lambda} = (\lambda_{11}, \lambda_{12}, \lambda_{13}, \cdots, \lambda_{s1}, \lambda_{s2}, \lambda_{s3})^T, \boldsymbol{\mu} = (\mu_1, \mu_2, \cdots, \mu_n)^T \quad (4\text{-}77)$$

令

$$\begin{cases} w'_{ki} = w_{ki} - \lambda_{k1}\Delta_{ki} - \lambda_{k2} - \lambda_{k3}T_{ki} - \mu_i \\ c = \sum_{k=1}^{s}(\lambda_{k1}M_k + K_k + \lambda_{k3}L_k) + \sum_{i=1}^{n}\mu_i \\ \boldsymbol{\lambda}_k = (\lambda_{k1}, \lambda_{k2}, \lambda_{k3})^T \end{cases} \quad (4\text{-}78)$$

则式(4-76)可简写为

$$Z_{LR}^{MS}(\boldsymbol{\lambda},\boldsymbol{\mu}) = c + \max\sum_{k=1}^{s}\sum_{i=1}^{n}w'_{ki}x_{ki} \quad (4\text{-}79)$$

其中

$$x_{ki} + x_{kj} \leq 1, \forall \{i,j\} \in F_k; k = 1, 2, \cdots, s$$

式(4-79)可分为 S 个独立的优化问题,即

$$Z_{LR}^{MS}(\boldsymbol{\lambda}_k,\boldsymbol{\mu},k) = \max\sum_{i=1}^{n}w'_{ki}x_{ki}$$

其中

$$x_{ki} + x_{kj} \leq 1, \forall \{i,j\} \in F_k$$

则

$$Z_{LR}^{MS}(\boldsymbol{\lambda},\boldsymbol{\mu}) = c + \sum_{k=1}^{s}Z_{LR}^{MS}(\boldsymbol{\lambda}_k,\boldsymbol{\mu},k) \quad (4\text{-}80)$$

式(4-80)是第 k 颗卫星上的单卫星成像调度问题。

由式(4-76)获取紧致上界,就是求解以下的对偶优化问题,即

$$\min Z_{LR}^{MS}(\boldsymbol{\lambda},\boldsymbol{\mu}) \quad (4\text{-}81)$$

其中

$$\begin{cases} \lambda \geqslant 0 \\ \mu \geqslant 0 \end{cases}$$

10. 免疫遗传联合任务规划算法

免疫是生物体的特异生理反应,由具有免疫功能的器官、组织、细胞、免疫效应分子及基因等组成。免疫算法是模仿生物免疫学和基因进化机理,通过人工方式构造的一类优化搜索算法,是对生物免疫过程的一种数学仿真,是免疫计算的一种最重要形式。免疫遗传算法(Genetic Algorithm based on Immunity,IGA)以遗传算法为基础,通过增加体现免疫特点的操作算子来提高算法的性能,是生命科学中免疫原理与传统遗传算法的结合。它能自适应地识别和排除侵入机体的抗原性异物,并具有学习、记忆和自适应调节能力,维护机体内环境的稳定,从而可以改进简单遗传算法在许多情况下容易产生早熟以及局部寻优能力较差等问题。典型的免疫遗传算法流程如图4-32所示,算法的核心在于接种疫苗和免疫选择两个免疫算子的构造。

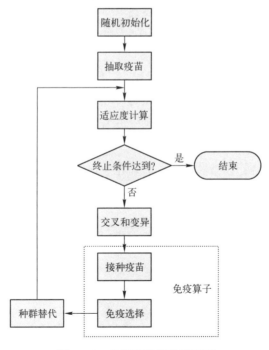

图4-32 免疫遗传算法流程图

1) 接种疫苗

对于个体x,对它接种疫苗是按照先验知识修改其某些基因位上的基因,使所得个体以较大的概率具有更高的适应度。

2）免疫选择

主要分两步完成，第一步是免疫检测，即对接种了疫苗的个体进行检测，若其适应度仍不如父代，则说明在交叉、变异的过程中出现了严重的退化现象。此时，该个体将被父代中所对应得个体所取代。如果子代适应度优于父代，则进行第二步操作，即在当前种群中以概率选择个体进行新的种群替代。

考虑进化算法在组合优化问题中的成功应用，针对组合观测任务的子任务之间相互关联较大求解困难的问题特点，基于免疫遗传算法的基本结构，改进免疫与遗传操作过程，设计适宜于问题特点的流程和操作算子，采用分层控制的免疫遗传任务规划算法。该算法的主要特点如下。

（1）考虑到问题复杂的子任务关联关系，借鉴旅行商问题的编码方式，采用置换序列空间编码方式，问题搜索在置换空间进行，通过从置换空间向可行解空间的映射，避免复杂的子任务关联关系的约束处理。

（2）考虑任务的多层次结构，采用分层编码机制，对父任务和子任务分别进行编码，分别称为父编码和子编码。

（3）针对父任务相互之间关联度较小、子任务之间关联度高的特点，采用两层控制机制，称为顶层控制和底层控制；顶层控制作用范围为父层编码，采用遗传操作算子进行处理；底层控制只对子层编码操作，主要采用免疫算子进行处理。

（4）遗传操作算子中，采用循环交叉算子和插入变异算子进行操作。

（5）免疫算子中引入基因重组、免疫记忆、免疫概率选择、疫苗自适应更新等机制以改进免疫计算效果。

分层控制免疫遗传任务规划算法（Hierarchical Immune Genetic Algorithm，HIGA）流程如图4-33所示。

4.3.4　面向移动目标的任务规划算法

对于移动目标观测的任务规划需要部分先验信息已知，主要是目标历史位置和所处地域的地物分布、航线信息已知。考虑到移动目标运动需要依赖于一定地物条件，其运动多服从经典航线运动，同时考虑到观测不准确性导致的误差，有学者提出一种基于交互多模型方法的移动目标跟踪算法。该算法假设目标可能服从多种运动模型，并根据观测结果反馈信息更新目标服从每种运动模型的选择概率,从而引导目标位置预测;算法同时引入模型自适应思想,根据周围地物及航线分布自适应地更新目标参考运动模型集,从而提高预测准确度。

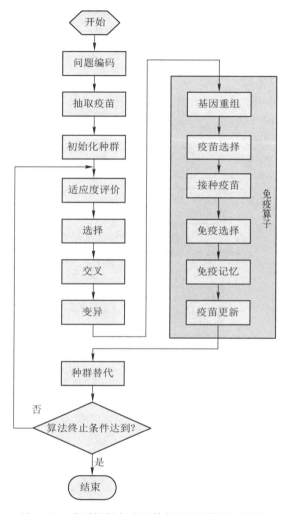

图 4-33　分层控制免疫遗传任务规划算法流程图

1. 算法思想

低轨卫星对移动目标不能进行连续的跟踪,即在某一时刻对目标进行观测后,可能需要一段时间之后才能再次对目标区域进行观测。鉴于移动目标的位置机动性,在目标运动过程中,其运动模式可能发生改变,如航线切换、转向等。为适应移动目标的运动模型变化特点,借鉴机动目标跟踪中的交互多模型思想,将交互多模型算法应用到多类型卫星移动目标位置预测算法中进行求解。

同时，由于陆上或海洋移动目标在位置移动时需要依赖于运动区域内一定的地物分布，如岛屿、暗礁、山川、道路等，而且目标前进时一般依据一定的运动路线，在运动过程中需要根据地物信息等进行航线切换，这些因素都对移动目标的运动模型集及参考模型的选取具有很大的影响。因此，在应用交互多模型算法时，考虑地物等地理信息对移动跟踪的影响，采用自适应参考模型集更新和选择机制进行问题求解。

基于上述思路，有学者提出自适应交互多模型移动目标跟踪算法进行求解，该算法流程如图4-34所示。在该算法中，获取历史及当前结果信息对应了

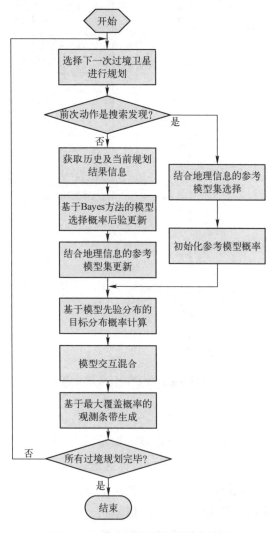

图4-34 移动目标跟踪算法流程图

交互多模型算法的输入混合过程;基于 Bayes 方法的模型选择概率后验更新对应了模型概率估计器处理过程,基于模型先验分布的目标分布概率计算对应了滤波器处理过程,模型交互混合则对应输出混合过程。结合地理信息的参考模型集更新,则是根据移动目标跟踪的具体特点对交互多模型方法的改进,该过程引入了参考模型集的自适应更新和选择机制,从而更能符合移动目标跟踪的实际要求。

2. 算法具体步骤

1) 历史及当前观测结果信息获取

由于目标位置机动特性,跟踪过程中并不是每次观测都能发现目标;因此,在相互作用阶段,与交互多模型方法根据模型前一时刻的滤波值和模型概率计算交互混合后的滤波初始值不同,该算法以前次发现目标时的相关信息,包括位置、航向、速度等,作为目标位置预测初始值。这里假设可以根据前次获得的目标观测结果信息,结合目标运动特性,估算得到目标的位置、航向、速度等信息。对于无法获得速度信息的情况,可以结合经验设定目标的速度。

2) 基于 Bayes 方法的模型选择概率后验更新

卫星对观测区域观测后,需要根据观测结果信息,对参考模型集中的模型进行模型选择概率更新。模型选择概率是指目标运动中服从该运动模型的概率;其度量了目标运动概率密度函数中目标服从模型 i 的分布密度,参考模型集中所有模型的模型选择概率之和为 1。

从直观意义上理解,发现目标的情况下,如果目标对某一个模型的模型选择概率越高,则目标出现位置与该模型概率密度函数中峰值位置越近;相反,如果目标对某一运动模型的模型选择概率越低,则该目标出现在该模型概率密度函数的峰值位置越远。因此,模型在目标出现位置的概率密度值可以作为衡量模型选择概率的一个风向标。另外,未发现目标的情况下,如果本次观测覆盖的区域范围内某一个模型下总的目标出现概率越大,说明目标运动服从该模型的概率越小,如果某一个模型下目标出现总概率越小,则目标运动服从该模型的概率越大。

根据上述思想,结合 Bayes 后验概率计算方法,根据第 $n-1$ 次观测结果,对参考模型集中每个参考模型 i 的模型选择概率进行更新。假设第 $n-1$ 次观测时的模型集 $P_{\text{Model}1}$,卫星发现概率为 $p_{d,n-1}$,虚警概率为 $p_{f,n-1}$,当第 $n-1$ 次观测发现目标时,假设目标出现位置为 (x_{n-1}, y_{n-1}),相应地,可以得到模型集中每个模型 i 在位置 (x_{n-1}, y_{n-1}) 的概率密度 $p_i(x_{n-1}, y_{n-1})$;根据前次观测结果,得到当目

标服从模型 i 的运动规律时,卫星观测条带覆盖目标的覆盖概率记为 $f_i(n-1)$。

发现目标条件下,根据第 $n-1$ 次的观测结果 ξ_{n-1},得到目标与模型 i 运动规律的匹配程度计算函数为

$$\mu'_{in}(i|\xi_{n-1}) = (1-p_{f,n-1})p_i(x_{n-1},y_{n-1}) + p_{f,n-1}(1-f_i(n-1)) \quad (4-82)$$

式(4-82)第一项中 $1-p_{f,n-1}$ 表示发现目标并且目标实际出现在该位置的概率,即非虚警的概率,第一项 $p_i(x_{n-1},y_{n-1})$ 表示模型 i 在位置 (x_{n-1},y_{n-1}) 处的概率密度,第一项表示实际发现目标下的表示目标服从模型 i 的运动特点的程度;第二项 $p_{f,n-1}$ 表示发现目标但目标出现在发现区域外,即虚警概率,$(1-f_i(n-1))$ 表示模型 i 下目标出现在观测区域外的总的概率。

未发现目标条件下,根据第 $n-1$ 次的观测结果 ξ_{n-1},得到目标与模型 i 运动规律的匹配程度计算函数为

$$\mu'_{in}(i|\xi_{n-1}) = p_{d,n-1}(1-f_i(n-1)) + (1-p_{d,n-1})f_i(n-1) \quad (4-83)$$

式(4-83)第一项中 $p_{d,n-1}$ 表示未发现目标且目标实际出现在观测区域外的概率,即卫星发现概率;第一项中 $f_i(n-1)$ 表示模型 i 在观测区域外的概率总和;第二项 $1-p_{d,n-1}$ 表示漏报概率,即目标出现在观测区域内但未被发现的概率,$f_i(n-1)$ 表示模型 i 下目标出现在观测区域内的总概率。

由于目标服从所有参考模型集的总概率为 1,加权平均后,得到每个模型 i 下的模型选择概率为

$$\mu_{in} = \frac{\mu'_{in}(i|\xi_{n-1})}{\sum_{j \in P_{\text{Model}}} \mu'_{jn}(j|\xi_{n-1})} \quad (4-84)$$

当目标运动于经典航线时,由于洋流等作用力的影响或者卫星传感器的观测误差,目标观测位置可能会与实际航线有一定的位置偏离。如果严格按照模型概率密度函数,则可能会导致误判。为此,定义一个误差度量距离 $d_{\text{error},i}$,表示模型 i 下最大允许的偏离航线的距离。设目标位置 (x_{n-1},y_{n-1}) 点偏离模型 i 与标准航线的垂直距离为 $d_{n-1,i}$,设位置 (x_{n-1},y_{n-1}) 到航线 i 垂线点 (x'_{n-1},y'_{n-1}) 处的目标分布概率密度为 $p_i(x'_{n-1},y'_{n-1})$,定义模型 i 在位置 (x_{n-1},y_{n-1}) 处的概率密度为

$$p_i(x_{n-1},y_{n-1}) = \begin{cases} \left(1-\dfrac{d_{n-1,i}}{d_{\max,i}}\right)p_i(x'_{n-1},y'_{n-1}), & d_{n-1,i} < d_{\max,i} \\ 0, & d_{n-1,i} \geq d_{\max,i} \end{cases} \quad (4-85)$$

3)结合地理信息的自适应参考模型集更新选择

标准的交互多模型算法用固定数目的模型集来描述目标的运动,各模型并

行工作,估计结果为各模型估计的加权和,这些注定了其局限性。①对于静态统计问题,当且仅当所使用的模型集合等于模式空间时,MM估计器才是最优的。②在固定结构多模型算法中使用过多的模型也可能使性能降低。③任意 $k+1$ 时刻可能的系统模式集合 S_{k+1} 一般依靠当前系统的混合状态。这种模式集合的状态相关性源于这样一个事实:对于具体的系统模式仅可以跳变到那些相应的转移概率不为零的系统模式。实际上,模式转移概率经常取决于系统的基状态。④对于固定结构多模型算法,它很难甚至不可能利用关于系统模式的多种类型的先验信息。

考虑移动目标的运动依赖于运动区域内一定的地物分布,如岛屿、暗礁、山川、道路等,当地物环境或任务条件变化时,目标的运动模式一般不同。因此,在进行参考模型选择时,需要根据目标可能运动区域的地理信息特点,总结目标运动的运动规律,作为模型选取的准则。该研究在规划时采用规则推理的方式进行参考模型集选择与更新,相应的推理规则形式描述如下。

(1)海洋目标朝向岛屿运动且与岛屿距离小于距离 r 时,目标可能进行转弯动作。

(2)目标区域岛礁分布率超过一个指定值 K 时,海洋目标可能沿经典线路行走。

(3)当陆上目标遇到岔路口或者障碍物时,可能进行路线切换动作。

(4)当目标高速向一个方向运动时,倾向于沿经典线路行走;当目标低速运动时,有可能进行随机运动。

(5)当目标垂直于某条航线的距离小于一个指定半径 d 时,可能运行于该航线;大于某一个值时,可能背离该航线。

进行模型选择或更新后,由于可能出现或去除了目标运动模型,模型的模型选择概率也相应地发生改变。模型选择概率的更新采用以下规则。

(1)第一次选择模型时,假设所有模型的概率均匀相等,或者由专家设定。

(2)当目标由某一运动模型转换到其他运动模型上运动时,则该模型的模型选择概率转加到由其衍生的对应运动模型上。

(3)当某一模型被从模型集中去除时,模型集中其他模型的模型选择概率重新按比例分配模型选择概率。

(4)当模型集中新加入新模型时,如无先验知识,则新模型的概率为模型集中模型概率的均值,其他模型根据所占概率按比例减少。

4) 基于模型先验分布的目标分布概率计算

针对模型集 P_{Model} 中每个模型 i,假设目标服从该模型运动规律,且目标前次被观测到出现的位置为 (x_0, y_0)(可能与目标实际位置有一定的出入,为了匹配模型特点),目标在该位置时对应的时刻为 t_0,该时刻目标的速度矢量为 v_0,其在 x 轴、y 轴的分量分别为 v_{0x}、v_{0y}。设预测时刻 t_n 目标的位置为 (x_n, y_n)。假设目标服从模型 i 的运动特点,根据参考模型集设计及模型概率的计算结果,得到二维平面笛卡儿坐标系上目标分布的概率密度函数为

$$P_i\{(x_n, y_n) \mid (x_0, y_0)\} \tag{4-86}$$

根据前述计算的模型选择概率(即模型 i 的分布密度 μ_{in}),得到目标与模型 i 的联合分布密度函数为

$$P(i, (x_n, y_n)) = \mu_{in} P_i\{(x_n, y_n) \mid (x_0, y_0)\} \tag{4-87}$$

5) 模型交互混合

各模型的混合通过目标分布概率的叠加计算得到,即目标与模型集中所有模型的联合分布密度函数的叠加,交互混合计算公式为

$$P(x_n, y_n) = \sum_{i \in P_{\text{Model}}} P(i, (x_n, y_n)) \tag{4-88}$$

4.4 敏捷成像卫星任务规划

4.4.1 敏捷成像卫星的定义及发展

从运动学的角度来讲,成像卫星具有 3 个方向的平动自由度和 3 个方向的转动自由度,如图 4-35 所示。受卫星轨道的约束,卫星成像活动的开展只能依赖其转动自由度方向上的运动,通常称为侧摆、俯仰和偏航。传统的成像卫星只具备侧摆方向的成像能力,是目前成像卫星的主要在轨形式。我国的资源、环境系列卫星,法国的 SPOT 系列卫星,美国的 EO 系列卫星均属于此类卫星。非敏捷卫星一般采用线阵推扫成像方式,推扫过程完全依赖卫星沿轨道向前的运动,成像条带平行于星下点轨迹。由于不具备平行于轨道的机动能力,一旦观测目标的位置确定,则具有确定轨道的对地观测卫星观测起止时间就是固定的,即观测目标之间的观测次序、观测是否满足转换时间约束都能实现计算获得。

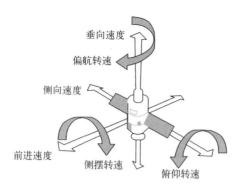

图 4-35　卫星六自由度模型

由于传统卫星只能对轨道下方的条带区域开展成像活动,故范围较大的区域目标必须采用多次过境的方式,带来了较长的目标访问周期和固存资源不必要的浪费。敏捷卫星的概念就是针对传统成像卫星单次过境成像形式单一、对区域目标成像能力有限、资源利用率低、受轨道约束影响较大等问题提出来的。敏捷成像卫星是在沿轨道飞行过程中,卫星平台或星上载荷通过侧摆(Roll,也称为滚动)、俯仰(Pitch)和偏航(Yaw)3自由度方向的轨道机动开展成像活动的一类成像卫星。相比传统对地观测卫星,敏捷卫星在对地观测过程中具有前视、正视、后视能力,机动性能更强、观测时间窗口更长、任务冲突的解决方式更多,并且视轴的变化与成像过程可以同时进行。

敏捷卫星可以在单次过境中通过多次姿态调整实现对区域目标的连续成像,或者通过调整其俯仰与偏航角度,在同一轨道位置提供对多个目标的成像机会,因此,表现出更强大的任务执行效率和多星协同的兼容性。

敏捷成像卫星能够利用高速的姿态机动能力,快速改变卫星对地观测姿态,实现对地目标快速灵活的观测,这种高速的姿态机动能力可称为姿态敏捷控制。姿态敏捷控制可极大地提高卫星的使用灵活性和观测效率,快速、高效地获取所需的非星下点目标遥感数据,是当今世界遥感卫星的一个发展方向。卫星的敏捷姿态机动能力,使得卫星能够在同一轨道内实现多个目标的遥感探测,提高了卫星在其生命周期内获取的遥感数据数量,大大提升了卫星的使用效率。同时,敏捷姿态控制技术可实现卫星在俯仰轴、滚动轴的快速指向,以完成幅宽拼接,并且卫星在姿态控制稳定度上具备了相当的能力后,可采用姿态机动过程中的扫描成像的方式,大大提高图像覆盖能力。因此,姿态敏捷控制在一定程度上解决了高分辨率成像与大范围覆盖之间的矛盾。同时,安装单台相机的遥感卫星,利用敏捷姿态控制技术可实现俯仰轴的快速姿态机动,短时间内实现对同一地物的不同角度观测,以满足立体观测需求,极大地解决了安装多台相机导致遥感卫星负载过大的问题。可以说,未来高分辨率对地观测卫星必须具备敏捷的姿态机动能力。

世界上第一颗敏捷式卫星是美国在 1999 年 9 月成功发射的 IKONOS 卫星,其具备了三轴姿态机动能力,可以实现向前、向后、向两侧成像,推出后获得了大范围的应用,并取得了良好的口碑。随后,美国数字全球公司于 2001 年 10 月发射了 QuickBird-2 卫星,2 颗遥感卫星质量均小于 1t,属于小型敏捷遥感卫星。欧洲航天局分别于 2011 年和 2012 年发射了 Pleiades-1A 和 Pleiades-1B 2 颗卫星,这 2 颗卫星采用 3 个星敏感器和 4 个光纤陀螺进行姿态测量,同时利用 4 只控制力矩陀螺实现三轴姿态稳定控制。在滚动和俯仰两个姿态方向上,其平均调整速度可达 $10°/10s$,最大机动速度可达 $60°/25s$。美国分别于 2007 年与 2009 年发射了 WorldView 系列的 WorldView-1 卫星和 WorldView-2 卫星,2 颗卫星质量分别达到了 2500kg 和 2800kg,卫星地面像元分辨率达到了 0.5m。该系列卫星采用了星敏感器+控制力矩陀螺的模式,实现了三轴姿态稳定控制,机动能力达到了 $±40°$。在 9s 之内,卫星就可调整姿态指向观测范围内的任意目标。俄罗斯于 2005 年发射的英国制造小卫星 TopSat 以及我国的吉林一号卫星组星、高景一号 01/02 卫星也属于敏捷对地观测卫星。由于能够极大地提高观测能力和观测时效性,敏捷卫星被广泛运用于抗震救灾、反恐维稳以及军事任务中,具有广阔的应用前景,是新型卫星发展的重要方向。

4.4.2 敏捷卫星成像特点及成像模式

敏捷成像卫星的飞轮、控制力矩陀螺等姿态控制系统使卫星能够围绕侧摆、俯仰和偏航 3 个轴机动,扫描星下点附近目标。敏捷卫星可以携带可见光、红外和其他类型的传感器,并根据不同的成像要求选择不同的传感器类型来完成成像任务。其中大多数使用时间延迟积分电荷耦合器件(Time Delay and Integration Charge Coupled Devices,TDICCD)相机,通过推扫成像获得观测目标一定范围之间的图像信息。

与非敏捷卫星相比,敏捷卫星成像具有以下特点。

(1) 现有的非敏捷卫星大多在成像过程中仅具有侧摆成像能力,而敏捷卫星可在一定范围内同时机动俯仰、偏航和侧摆三轴,并且机动速度更快、角度更大、能力更强。

(2) 由于新一代 TDICCD 相机的广泛应用,敏捷卫星可用更多的成像模式,如区域目标拼幅成像、多角度立体成像、反向推扫成像等。非敏捷卫星成像模式有限,单颗卫星仅具有一种成像模式。

(3) 由于灵活的姿态机动能力以及相机观测能力的提升,使得与非敏捷卫星相比拥有更广泛的观测时间窗口,从而可以极大地提高卫星的观测效率,有效地化解观测冲突,但从规划的角度上更加复杂。

(4) 利用卫星灵活的机动能力,敏捷卫星仅单星就可以做到传统卫星多星才能完成的立体成像任务。同时,也可以对地面区域目标多次多条带成像,极大地增加了任务的时效性和完成率。

由于敏捷卫星具有上述成像特点,因此,可以为其制定灵活多变的成像模式,具体可以总结为以下4种区别于非敏捷成像卫星的典型敏捷成像模式。

(1) 同轨多个点目标定制成像。在同一轨道内,借助快速姿态指向能力,敏捷卫星对在卫星星下点轨迹两侧散布的多个成像点目标进行快速成像,即同轨多个点目标定制成像。卫星在完成第一个条带的扫描后,在继续向前飞行的同时进行侧摆方向的姿态机动,使卫星指向调整到下一个目标,如此重复实现对多个目标的快速成像。因此,敏捷卫星对一个目标的访问不再是一个时间点,而是一个时间区间,用户可在该区间内根据需要选择成像时刻,具有较高的成像自由度。例如,对于两个分布在星下点轨迹两侧且沿飞行方向距离较近的两个目标,传统的非敏捷型卫星一轨内只能选择其中一个进行成像,无法兼顾,而敏捷型卫星则可以通过侧摆和俯仰方向的综合机动在一轨内对两个目标均进行成像。同时,由于敏捷型卫星具有较高的姿态机动速度,能够在一轨内侧摆多次,从而获取更多数量的目标。在进行同轨多目标成像时,既可实传也可记录成像,或实传、记录模式组合使用。但根据选择的目标和成像模式的不同,姿态机动时间、动作准备时间以及可成像时长也各不相同,将会影响到获取目标的数量和时效性,地面在实施同轨多目标成像任务调度时,需综合考虑目标等级、时效性要求、卫星成像能力等因素选取合适的目标点、成像时刻和成像模式。

(2) 同轨同一目标多视角立体成像。这一工作模式指的是,从各个观测角度对同一目标区域进行观测,得出两幅以上的图像以获得立体像对,并掌握这一区域的三维成像信息。为达到同轨$\geqslant 2$次,从各个角度对同一地物进行观测的目的,同轨同一目标多视角立体成像模式的实现主要依靠卫星姿态的俯仰机动。同轨多角度立体成像用于具有一定高度的目标的立面信息,以及目标的多角度观测信息和立体影像。该模式主要用于点目标和区域目标的详细成像。同轨立体成像模式下立体成像的次数、拍摄角度和条带长度由用户需要的观测基高比、卫星姿态机动能力决定。地面在实施同轨立体成像任务控制时,需分析满足立体测图的可行性,规划设计立体成像模式的基高比、观测角。目前,部分敏捷卫星搭载的是单线阵 CCD 相机,主要是靠快速机动敏捷技术实现同轨立体成像,获取立体像对时的基高比一般情况变化大,在同轨内无法获取多组满足条件的立体像对,因此,主要的立体成像模式有两种,即前后 2 视立体成像和前中后 3 视立体成像。

(3) 同轨大区域目标多条带拼接成像。为增大幅宽,发挥快速姿态机动能力,使同一轨道上卫星多次同向推扫拼接成像,是这一工作模式的主要特点。卫星在完成一个成像条带的扫描后,在继续前行时,马上启动反向俯仰机动和相应角度的侧摆机动,以一个地面成像幅宽左右的距离,平移卫星指向,保证前后两次扫描起始条带相邻。借助这种方式,能够获取许多拥有各种条带长度、幅宽的多个地面影像,结合观测目标的宽度,便可根据需要进行扫描拼接。为了提高立体像对的宽度,还可以设计更复杂的同轨拼接立体成像模式,该种模式能够极大地增强对区域目标的获取能力和时效性。该模式下决定条带拼接能否完成的因素包括姿态机动时间、条带长度、条带数量、目标相对于星下点轨迹的位置等。其中条带数由区域目标形状、区域目标纬度方向最大宽度、卫星姿态机动能力和图像拼接要求决定;条带宽度由相机视场角、目标距离星下点轨迹方位、成像时卫星姿态等决定;条带长度可根据需要进行设置,由成像时间决定,相邻条带长度可以不相同,而是由区域目标的实际形状决定。地面在实施同轨多条带拼接成像任务调度时,需正确设计条带的顺序和每一个条带卫星的成像姿态角,预留姿态机动的时间。

(4) 同轨非沿轨迹方向目标推扫成像。对非沿轨迹方向的地物目标(如海岸线),敏捷卫星在偏航方向首先旋转一定角度以对准目标,然后卫星继续飞行的同时,一边打开传感器实现扫描成像,一边主动调整卫星姿态以实时指向目标,即可获得非沿轨迹方向的卫星图像。同轨非沿轨迹方向目标推扫成像需要在姿态机动时,卫星星体可以在短时间内实现特定角速度,同时,为了对飞行方向运行的作用加以抵消,还要使运动角速度维持稳定,并对地面物体成像。同轨非沿轨迹方向目标推扫成像工作模式是敏捷卫星最复杂的工作模式。

具体成像模式示意图如图 1.2 所示。

4.4.3　敏捷成像卫星任务规划

传统成像卫星对区域目标进行观测时,需要根据卫星的观测能力,将区域目标划分成多个小块,每个分块成为一个条带。由于相机开机之后卫星不再机动,而是利用轨道的相对运动观测目标,划分条带方向必须平行于星下点轨迹,这种观测模式的任务完成效率较低。敏捷卫星能够沿着三轴进行快速姿态机动,这种灵活性使得敏捷卫星对目标具有更长的观测时间窗口,这就使得单星大面积区域观测成为可能。具有更强机动能力的卫星平台使观测路径可沿任意方向。这种可以在运动中沿任意方向姿态机动的观测方式简称为敏捷卫星动中成像。它能够减少进行姿态转换过程中所消耗的时间,提高观测效率。采用动中成像的观测模式,可以利用敏捷卫星的灵活的姿态机动能力对目标连续多次成像,更加有效地利用星上资源完成观测任务。

Lemaître 等针对法国敏捷卫星 Pleiades 的日常任务调度问题,提出约束规划模型。他比较了贪婪、动态规划、约束规划以及局部搜索 4 种算法,其研究结果显示,在考虑线性约束的情况下,动态规划算法速度快效果好,贪婪算法速度较快但是效果不好,约束规划算法性能较差,而局部搜索算法在考虑所有约束的情况下性能最好。

Mancel 等在 Lemaître 的基础上针对法国的 Pleiades 卫星建立了整数规划模型,并采用列生成算法进行求解。进行列生成时,将子问题归纳为状态图求最短路径实现。其结果表明,当数据规模较小时,效果近似于 Lemaître 的局部搜索算法的结果;当数据规模很大时,其效果不理想。

Habet 针对 Lemaître 的局部搜索算法进行了改进。提出的禁忌搜索算法,在邻域构造时,采用了一致饱和邻域的思想。其结果表明,此方法在解决敏捷卫星任务调度时相对有效。但是,不能有效地解决区域目标任务和同轨立体成像任务的调度。Bianchessi 等针对多用户、多轨道、多用户情况进行过相关的探讨。

下面介绍一种适合敏捷卫星任务规划问题的约束满足问题模型,以及任务预处理的相关方法。

1. 敏捷卫星任务规划 CSP 模型

对于敏捷卫星的任务规划问题,每个任务是否被观测、何时被观测、如何被观测,都是变化量,而任务的观测时间、观测顺序都需要满足一定的约束条件,因此,敏捷卫星的任务规划问题也适合用约束满足问题模型描述。

约束满足问题通常由一个变量集合和一个约束集合来定义,每个变量都有一个非空的可能值域,每个约束指定了包含若干变量的一个子集内各变量的赋值范围。

1) 变量集合

首先分别针对密集点目标、区域目标、曲线目标建立变量集合。

密集点目标的每个任务用 Od_i 表示，其包含的变量参数如表 4-3 所列。

表 4-3 点目标变量参数表

参 数 符 号	意 义
i	点目标编号
$Coordinate_i$	坐标
wd_i	任务收益
xd_i	决策变量，1 代表被观测，0 代表不被观测
ts_i	观测开始时间窗口集合
T_i	实际观测时刻
Te_i	实际开始时间
ST_i	包含点目标 i 的条带集合

区域目标的每个任务用 Op_i 表示，其包含的变量参数如表 4-4 所列。

表 4-4 区域目标变量参数表

参 数 符 号	意 义
i	区域目标编号
$Vertices_i$	顶点坐标集合（有序）
wp_i	任务收益
$f(p)$	任务收益比与实际观测面积比的函数
xp_i	决策变量，取值为 [0,1]，表示被观测的比例
ST_i	覆盖区域 i 的条带集合

曲线目标的每个任务用 Oc_i 表示，其包含的变量参数如表 4-5 所列。

表 4-5 曲线目标变量参数表

参 数 符 号	意 义
i	曲线目标编号
$Curve_i$	曲线特征点坐标集合（有序）
wc_i	任务收益
xc_i	决策变量，1 代表被观测，0 代表不被观测
ST_i	覆盖曲线 i 的条带集合

条带作为间接目标任务,每个任务 Os_i 表示,其包含的变量参数如表 4-6 所列。

表 4-6 条带目标变量参数表

参数符号	意　　义
i	条带目标编号
$Strip1_i$	中心线起点坐标
$Strip2_i$	中心线终点坐标
t_{s_i}	观测开始时间窗口集合
t_{l_i}	对应的最短观测时长集合
T_{s_i}	实际开始时间
T_{e_i}	实际结束时间

2) 约束条件

(1) 对于点目标、区域目标、曲线目标,每个目标最多被观测一次,即

$$\forall i, \sum x_i \leq 1$$

(2) 时间窗口约束,实际开始观测时间需要在时间窗口集合中,即

$$\exists t_{s_{ij}} \in t_{s_l}, T_{s_i} = t_{s\_ij}$$

(3) 观测时长约束,实际观测时长要大于等于最短观测时长,即

$$T_{e\_i} - T_{s\_i} \geq t_{l\_ij}$$

(4) 任务间转换时长约束,任务间实际姿态转换时长要大于等于最短转换时长,即

$$T_{s\_i} - T_{e\_i-1} \geq t_{\text{trans}(i-1,i)}$$

3) 优化目标函数及姿态确定方法为

$$w = \max \left(\sum wd_i \times xd_i + \sum wp_i \times f(xp_i) + \sum wc_i \times xc_i \right)$$

由于敏捷卫星具有三轴姿态机动的能力,因此,需要确定三轴姿态确定方法,具体如下。

(1) 首先需要将地面目标点(设为 A)的经纬度坐标转换为地心惯性坐标系下的坐标 $\boldsymbol{R}_A = [x_A, y_A, z_A]^T$。

(2) 通过轨道动力学递推计算得该时刻下卫星 S 在地心惯性坐标系下的坐标 $\boldsymbol{R}_S = [x_S, y_S, z_S]^T$。

(3) 地惯系下该时刻地面目标 A 相对于卫星 S 坐标 $\boldsymbol{R}_{SA} = [x_{SA}, y_{SA}, z_{SA}]^T$

$$R_{SA} = R_A - R_S$$

（4）将 $\boldsymbol{R}_{SA}$ 由地惯系转换到卫星轨道坐标系，即

$$\boldsymbol{R}_{SA\_orbit} = \begin{pmatrix} x_{SA\_orbit} \\ y_{SA\_orbit} \\ z_{SA\_orbit} \end{pmatrix} = T_{ECI\_orbit} \boldsymbol{R}_{SA}$$

（5）计算卫星的侧摆角 ϕ_s 和俯仰角 θ_s。采用 123 转序定义卫星的侧摆角 ϕ_s 和俯仰角 θ_s，则

$$\phi_s = -\arctan\left(\frac{y_{SA_{orbit}}}{z_{SA_{orbit}}}\right)$$

$$\theta_s = \arcsin\left(\frac{x_{SA_{orbit}}}{|R_{SA_{orbit}}|}\right)$$

（6）计算卫星的偏航角。假设推扫方向矢量在地心惯性坐标系下表示为 $\boldsymbol{\rho} = [x_\rho, y_\rho, z_\rho]$，设此时偏航角 $= 0$，计算此时矢量 $\boldsymbol{\rho}$ 在卫星本体坐标系下的坐标为

$$\boldsymbol{\rho}_{body} = \begin{pmatrix} x_{\rho\_body} \\ y_{\rho\_body} \\ z_{\rho\_body} \end{pmatrix} = T_{orbit\_body} T_{ECI\_orbit} \boldsymbol{\rho}$$

若 $x_{\rho\_body} > 0$，则为

$$\Psi_S = \begin{cases} \arctan\left(\dfrac{y_{\rho\_body}}{x_{\rho\_body}}\right), & x_{\rho\_body} > 0 \\ \pi + \arctan\left(\dfrac{y_{\rho\_body}}{x_{\rho\_body}}\right), & x_{\rho\_body} < 0 \end{cases}$$

4）任务间姿态转换时间

在卫星任务规划问题中，任务之间的姿态转换时间是一个重要的约束条件，直接影响任务规划结果。敏捷卫星为三轴稳定卫星，其姿态机动时间与卫星本身物理特性、控制方法和控制执行机构有关，这里对卫星的姿态机动过程作了合理简化如下。

将卫星任务间姿态转换时间简化为三轴角度转换时间，假设卫星在侧摆、俯仰、偏航 3 个方向上的转换时间分别为 $\Delta t_\varnothing$、Δt_θ、Δt_Ψ，则三轴角度转换时间为

$$\Delta t = \max\{\Delta t_\varnothing, \Delta t_\theta, \Delta t_\Psi\}$$

考虑到卫星的实际机动情况,下面以侧摆角为例,说明在某一方向上姿态机动时间计算方法。

设 ω_ϕ 为侧摆方向最大角速度,α_ϕ 为侧摆方向最大角加速度,则侧摆方向的姿态运动存在以下两种情况,如图 4-36 所示。

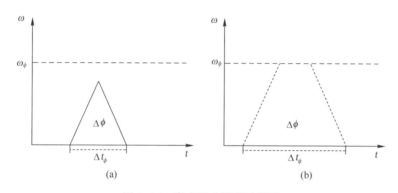

图 4-36　姿态机动情况示意图

(a) 最大角速度未达到 ω_ϕ 时;(b) 最大角速度达到 ω_ϕ 时。

所以侧摆方向姿态机动计算公式为

$$\Delta t_\varnothing = \begin{cases} \sqrt{\dfrac{2\Delta\phi}{\alpha_\phi}}, & \Delta\phi \leqslant \dfrac{\omega_\phi^{\,2}}{2\alpha_\phi} \\ \sqrt{\dfrac{2\Delta\phi}{\alpha_\phi}} + \dfrac{\Delta\phi}{\omega_\phi} - \dfrac{\omega_\phi}{2\alpha_\phi}, & \Delta\phi > \dfrac{\omega_\phi^{\,2}}{2\alpha_\phi} \end{cases}$$

采用相同的方式即可求得俯仰、偏航方向的姿态机动时间,进而求得三轴姿态机动时间。

2. 一种面向敏捷卫星的区域目标动态分解法

对敏捷卫星复杂成像任务进行分解,分解后任务统一描述为卫星一次开机能观测的成像条带。预处理过程为调度模型的建立和求解提供了必要的数据准备,并降低了模型的复杂度,提高了调度的效率。根据目标大小与星载传感器的相对大小关系,可以将目标分为点目标和区域目标。区域目标相对较大,进行敏捷卫星观测前,要以多个成像条带进行分解,不能被星载传感器的单个成像条带覆盖。对区域目标进行敏捷卫星调度时,至关重要的一个步骤就是区域目标分解,在某种意义上分解形成的条带能够决定卫星观测区域目标的效率。

1) 问题定义

以卫星动态幅宽为依据分解区域目标为若干平行条带，以方便卫星一次推扫成像，即所谓针对敏捷卫星的区域目标动态分解。敏捷成像卫星在完成一个成像条带的扫描后，卫星在继续前行时，马上启动反向俯仰机动和相应角度的侧摆机动，以一个地面成像幅宽左右的距离，平移卫星指向，保证前后两次扫描起始条带相邻。借助这种方式，能够获取许多拥有各种条带长度、幅宽的多个地面影像，结合观测目标的宽度根据需要进行扫描拼接。在此过程中，如果要得到单次过境的情况下一次观测区域目标的最大覆盖图像，就要确定敏捷卫星每次成像的观测摆角、开始时间和持续时间。

在面向敏捷卫星的区域目标动态分解问题中，进行以下简化和假设。

（1）卫星单轨调度。成像卫星调度的周期一般为天，由于需要考虑时效性问题及每天卫星都要绕地球进行十几次飞行，可以若干单轨调度替代天调度问题，因此，此处将调度周期选择为单轨。

（2）区域目标动态分解。以卫星动态幅宽为依据分解区域目标，形成若干平行条带，以方便卫星一次推扫成像。

（3）卫星姿态机动时间。在相邻条带间，卫星并非瞬时实现姿态机动，在卫星调度问题中，将卫星姿态机动时间简化为一个上界，确保在实际中卫星姿态机动时间小于这个上界。

（4）满足用户对分辨率、图像类型、光照等基本要求。

下面给出问题的形式化定义。首先是相关符号的定义。

（1）MaxRoll。最大侧摆角，卫星平台具备的侧摆方向的最大机动角度，与具体卫星的性能有关。

（2）MaxPitch。最大俯仰角，卫星平台具备的俯仰方向的最大机动角度，与具体卫星的性能相关。

（3）MaxYaw。最大偏航角，卫星平台具备的偏航方向的最大机动角度，与具体卫星的性能有关。

（4）ET。卫星观测目标的最早时间，这个时间是在考虑卫星最大机动角度的情况下，卫星对观测目标可见的最早开始时间。

（5）LT。卫星观测目标的最晚时间，这个时间是在考虑卫星最大机动角度的情况下，卫星对观测目标可见的最晚开始时间。

（6）Swath。卫星正视幅宽，即卫星侧摆角、俯仰角和偏航角都为0°的情况下，卫星扫过条带的地面幅宽，当卫星观测角发生变化时，卫星的幅宽也会随之变大。

（7）Resolution。卫星的最佳地面分辨率，即卫星侧摆角、俯仰角和偏航角都为0°的情况下，卫星扫描条带的地面分辨率，当卫星观测角发生变化时，卫星的地面分辨率也会随之变低。

其次是相关变量的定义。

（1）Angles：卫星观测摆角集合，各观测摆角$i \in$ Angles。

（2）Yaw_i：偏航角。

（3）$Pitch_i$：俯仰角。

（4）$Roll_i$：侧摆角。

（5）T_i：卫星观测摆角为i时的时间。

（6）$Swath_i$：观测摆角为i时的卫星地面幅宽。

（7）$Resolution_i$：卫星观测摆角为i时的卫星地面分辨率。

（8）Strips：成像条带集合，各成像条带$j \in$ Strips。

（9）$Area_j$：成像条带的有效面积。

（10）Du_j和ST_j：成像条带的持续及开始时间。

（11）$Width_j$和$Length_j$：成像条带的宽度和长度。

（12）$Point1_j$、$Point2_j$：成像条带的两个端点。

（13）$TraTime_{j,j+1}$：相邻条带j和$j+1$之间的最小卫星姿态调整时间。其中，相邻于j的下一个条带，以$j+1$指代。

相关模型的定义：

目标函数包括$\max \sum_{j \in Strips} Area_j$，其中，$\sum_{j \in Strips} Area_j$指的是成像条带集合Strips对区域目标的有效覆盖面积，因此，该目标函数的目的是最大化区域目标的覆盖率；$\min \sum_{j \in Strips}(Du_j + TraTime_{j,j+1})$，其中，$\sum_{j \in Strips}(Du_j + TraTime_{j,j+1})$指的是卫星在完成成像条带集合所需要消耗的总时间，因此，上述两个目标函数组合在一起就是使卫星在最短时间里得到最大观测目标覆盖率，其中最大化观测目标覆盖率是首要满足的目标。

还有以下几个公式是必须满足的约束条件。

s. t.

（1）$\forall j \in ET \leq T_i \leq LTStrips, i \in Angles$。表示成像条带必须满足可见时间窗口的约束。

（2）$Roll_i \leq MaxRoll, Pitch_i \leq MaxPitch, Yaw_i \leq MaxYaw$。表示卫星的观测侧

摆角不能超过其姿态机动能力。

(3) $(ST_j = T_i) \Rightarrow (Width_j \leqslant Swath_i)$。表示成像条带的宽度必须小于卫星的动态幅宽。

(4) $ST_j + Du_j + TraTime_{j,j+1} \leqslant ST_{j+1}$。表示卫星在相邻成像条带之间进行姿态机动时,必须满足卫星姿态机动时间的限制。

2) 区域目标动态分解

区域目标动态分解是指卫星的幅宽随卫星观测摆角动态发生变化的情况下,依据动态幅宽对区域目标进行分解,可得到宽度不同的条带。

在卫星观测摆角动态发生调整时,卫星幅宽也会相应地改变,即为动态幅宽。如表4-7所列,Pleiades-1A卫星的幅宽和其俯仰、侧摆均有关系。

表4-7 Pleiades-1A卫星侧摆和俯仰对幅宽影响

俯仰/(°)	地面幅宽/km				
	侧摆0°	侧摆10°	侧摆20°	侧摆30°	侧摆40°
0	20	20.9	23.3	28.6	39.2
10	20.5	21.1	23.5	24.5	28.2
20	21.6	22.3	28.8	27.3	30.9
30	23.7	24.9	39.3	39.8	41.7
40	27.5	30.1	31.6	36.1	47.4

根据表4-7,Pleiades-1A卫星拥有20km正视幅宽。在侧摆角保持稳定时,俯仰角的增减和卫星幅宽的增减成正比;在俯仰角保持稳定时,侧摆角的增减和卫星幅宽的增减成正比。根据数据变化的幅度,对于卫星幅宽,侧摆角具有更加显著的作用。若俯仰角、侧摆角均为20°以下,卫星幅宽在24.9km以下,在这种情况下,和正视幅宽相比,卫星幅宽的增幅保持在两成以下,其作用可以基本忽略不计;若俯仰角、侧摆角超过20°则不能不计卫星幅宽的增幅。

可以选择卫星观测摆角来替代区域目标分解,卫星成像条带的位置、宽度取决于卫星观测摆角,在调度时间段中对卫星观测摆角进行科学规划,能够得到若干相邻的各自独立的成像条带集合,进而实现对区域目标的分割。在敏捷卫星单次过境观测区域目标时,敏捷卫星的飞行方向和对地面成像的方位角相同,这就使得在方向上区域目标的分割和卫星轨道保持同步,卫星幅宽和区域目标分割单元宽度相同。

在相邻条带间卫星的姿态变化对滚动角的影响较小,所以计算卫星姿态机动时间应侧重于考虑卫星对条带的俯仰角。根据图 4-37 所示,在星下点地面轨迹上,条带 $j+1$ 的开始端点 S_{n+1}、条带 j 的结束端点 E_j 的投影,分别为点 P_{j+1}、P_j,卫星现在的卫星及 t 时刻星下点,分别以 Q、O 指代。如果卫星摆动角速度为 $w((°)/s)$,最小转换时间为 $D_{\min}(s)$,在 t 时刻卫星从 E_j 动到 S_{n+1} 的最小姿态机动时间为

$$\text{TraTime}_{j,j+1} = \frac{\text{Pitch}_{j,j+1}}{w} + D_{\min}$$

而

$$\text{Pitch}_{j,j+1} = |\text{Pitch}_j - \text{Pitch}_{j+1}|$$

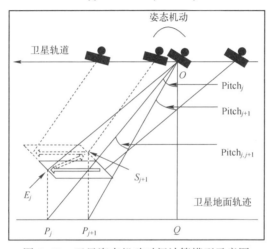

图 4-37 卫星姿态机动时间计算模型示意图

基于在划分区域目标时以宽度固定的平行条带为依据的静态分解法,展开优化并设计动态分解法。这种方法在分割区域目标时,主要依据是动态幅宽的平行条带。将初始分割点选为观测点,即观测区域目标时敏捷卫星单轨的开始时间,将分割单元的宽度定义为卫星幅宽,分割方向定义为卫星轨道方向,从西到东依次分割区域目标,并同时对卫星姿态调整时间、成像条带持续时间、分辨率、卫星幅宽、卫星观测摆角等进行动态计算,是这一方法的基本思想。

动态分解法 AreaCutIntoStrips(T_0) 的过程描述如下:

算法名称:AreaCutIntoStrips

算法输入:时间点 T_0,ET $\leqslant T_0 \leqslant$ LT

算法输出:Angles,Strips,TotalTime

1. 将 Angles, t, Strips, UnCutArea, TotalTime 初始化
2. 从最西边的顶点开始,对未分割区域目标的卫星 t 时刻的观测摆角(Yaw, Roll, Pitch)进行计算
3. 结合卫星观测摆角,对卫星分辨率 Resolution、幅宽 Swath 进行计算
4. 计算成像条带 Strips 的 Point2、Point1、Length,以此幅宽 Swath 从西到东分割未分割区域
5. 对条带 Strips 的持续时间 Du 进行计算
6. 对条带 Strips 的有效面积 Area 进行计算
7. 从 ST+Du 时刻起,利用卫星过渡时间计算模型,计算卫星机动到两个条带不同端点的时间 TraTime
8. 对 Angles, UnCutArea, t, TotalTime, Strips 更新
9. 若 t>LT 或 UnCutArea=$\varnothing$,返回;否则,转步骤 2

在上述过程中可以看出,区域目标动态分解法以输入参数为观测点。通过下列过程,对搜索算法加以设计:以等时间步长从全部观测点里找出拥有最少卫星总耗时、最大区域目标覆盖率的最佳观测点。等步长搜索算法 StepSearch (Δt) 的过程如下:

算法名称:StrepSearch

算法输入:时间间隔 Δt,通常是 1s

算法输出:MaxCov 区域目标最大覆盖率,BestAngles 卫星观测摆角最优集合,BestStrips 成像条带最优集合

1. 将 MaxCov, BestAngles, BestStrips, t 初始化
2. 调用动态分解法 AreaCutIntoStrips(t)
3. 对区域目标的 CovRate 覆盖率进行计算、记录
4. 更新 t,如果 t>LT,返回;否则,转步骤 2
5. 拥有最少卫星总耗时、最大区域目标覆盖率的方案,即为最优调度方案

4.5 卫星任务规划效能评估

国外尤其是欧美国家,其遥感卫星商业化运行已经相当成熟,其遥感技术

发展快、水平高,尤其是商业化模式非常成熟,如美国太空成像公司(Space Imaging)、法国 SPOT 影像公司等利用其成熟的市场模式和先进的技术手段,为本国及其他国家和地区的用户提供普适性或个性化遥感卫星服务。提供服务的本质就是提供服务质量,服务质量的高低需要进行全面评价,评价手段及方法的设计在衡量规划效能方面起到决定性作用。

成像遥感卫星任务规划的模型、算法多种多样,面对众多的规划策略,仅仅进行简单的分类和比较并不能在实际规划过程中指导具体算法的选择。另外,在对观测卫星进行任务规划时,观测系统的总体效能并不完全等同于各观测活动收益的累加之和,必须设定综合评价体系进行衡量。因此,深入研究卫星任务规划问题,对各类规划策略进行科学的评价,已经成为学者们积极探索的一个问题。

卫星任务规划效能评估涵盖任务分析、指标体系构建、评估方法选择等环节。总体而言,国内外对遥感卫星任务规划效能评估主要集中在任务分析、指标体系构建和综合评价方法研究等几个方面。

4.5.1 成像遥感卫星任务规划效能评估指标

评估指标体系是界定任务效能的基本框架。由于对任务理解的不同和遥感卫星自身的多样性,效能评估指标体系也各不相同。常见的有从需求描述模型入手构建评估指标体系,如从图像质量、观测时间及观测区域 3 个方面评价卫星成像观测需求满足度;或者基于空间分辨率、时间分辨率、谱段范围和光谱分辨率 4 类指标构建遥感应用效能指标体系,并建立遥感应用数据指标、遥感卫星工程参数和载荷性能指标之间的对应关系。这类方法的缺点是各指标分别反映系统任务效能的一个方面,缺少从整体上评估。

系统任务效能的层次化效能评估指标体系是一种常见指标体系构建方式,与层次分析法相对应。一般从信息质量和信息获取两个角度构建。国内从信息获取角度研究的较多。日本遥感研究会以系统能力、经济性、可靠性为顶层指标,在系统能力中进一步细分为普查、详查、应急观测 3 种能力,并以观测时效性、观测数据质量两个指标衡量,直至分解为区域覆盖周期、平均重访周期、最大重访周期、光谱覆盖特性、空间分辨率等具体指标。

李颖等构建了由顶层、底层两层指标构成的指标体系。顶层效能指标用以表征对地观测系统全局、总体性效能,底层效能指标用以表征对地观测系统局部、构成性效能。秦国政等针对信息整个应用流程,从时间链和精度链两个维度构建效能评估指标体系。卫星观测的时间链指标包括数据时效性、数据更新时间、持续时间;卫星观测的精度链指标包括目标识别概率、目标定位精度和目标关联能力。这类指标体系以用户应用为关注点,与应用的关联性更为密切,但指标要么按运行环节做切分,要么只是反映了信息的部分维度,最终都要通过专家打分法来确定指标的相对重要性,进而给出综合效能指标。

4.5.2 面向算法性能的任务规划策略分析评价

算法性能评价可以从理论和应用两个方面进行,理论评价主要从算法本身的求解机制出发,对算法的时间复杂度、空间复杂度以及稳定性和收敛性进行分析,需要对算法有很深的了解,一般由算法开发人员负责分析评估。基本的规划算法性能评价模型如图 4-38 所示。

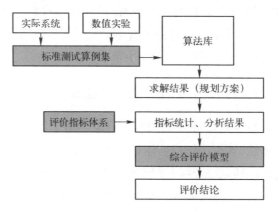

图 4-38 规划算法性能评价模型

科罗拉多大学的 L. Barbulescu 等采用美国空军卫星控制网(AFSCN)的数据,测试了 3 种不同算法,即遗传算法(Genitor)、局部搜索算法(Local Search, LS)以及随机采样算法(Random Sampling, RS),并对比了各算法有无启发信息的情况。他们在遗传算法中定义了相应的交叉、变异算子,允许撤销已经安排的观测任务,从而得到一个较好的规划方案。经 30 组实验,每组实验采用 8000 个需求,得出结果如图 4-39 所示。实验结果表明,当问题规模较大时,启发式遗传算法留下的未安排任务数最小,并且取得的规划效果较好。

法国宇航研究院图卢兹研究中心的 E. Bensana 等基于值约束满足问题模型比较了完全搜索算法(深度优先搜索、动态规划、俄罗斯套娃搜索(Russian Doll Search, RDS)和近似搜索算法(贪婪搜索、禁忌搜索)在不同问题规模情况下的性能。实验证明,完全搜索算法可用于求解小规模问题的最优解,而禁忌搜索可以在合理的时间内得到较大规模问题的一个满意解。

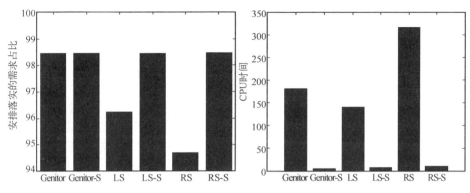

图 4-39 算法性能对比结果

国立阿莱斯高等矿业学校的 M. Vasquez 等基于多背包问题模型比较了完全搜索算法(分支定界算法)和近似搜索算法(伪随机算法、贪婪搜索、禁忌搜索),在实验结论中认为分支定界算法在小规模问题上最优,而禁忌搜索在较大规模问题上的性能优于其他几类算法。

欧洲航天局的 G. Verfaillie 研究团队针对灵巧成像卫星任务规划问题,比较了贪婪算法、动态规划算法、约束规划算法、局部搜索算法 4 种方法,认为动态规划算法在线性约束条件下效果较好,而局部搜索算法在非线性约束条件下效果较好。

埃姆斯研究中心 A. Globus 研究团队针对多颗成像卫星任务规划的 10 个实际问题,比较了随机爬山算法、模拟退火算法、遗传算法、随机采样算法、SWO 算法 5 类方法,认为模拟退火算法在 EOS 规划问题中的应用效果最佳。

结合本章前面的内容,卫星任务规划算法具有以下两个特点。

(1) 由于各国独立开发专属的对地观测卫星规划系统,其规划问题的实际与具体的星载观测设备紧密相关,卫星观测约束条件也有较大区别,因此产生了多种类型的任务规划模型及算法。

(2) 由于对地观测卫星任务规划问题的复杂性,使得近似算法成为对地观测卫星任务规划问题求解的主要方法,如贪婪算法、遗传算法、禁忌搜索算法等;精确算法在观测目标数目众多时资源占用率大,效率低下,计算时间长,一般只适用于小规模问题。

基于这一情况,目前国外学术界对具体任务规划算法的分析、评价工作基本上都遵循下列思路。

（1）结合特定卫星的固有特性抽象出观测约束条件,建立任务规划模型。

（2）在模型中采用不同的规划算法进行求解,然后针对能够反映算法性能的某几个因素建立优化目标函数。

（3）比较算法规划结果,计算优化目标函数值,得出结论。

4.5.3 面向需求满足度的任务规划策略分析评价

关于系统效能,美国工业界武器系统效能咨询委员会给出的定义是:"预期一个系统能满足一组特定任务要求程度的度量"。从这个定义可以看出,针对不同的任务集,系统效能是不同的,也就是系统效能随任务的变化而动态变化。国外比较常用的任务规划策略分析评价方法是从需求描述模型入手构建评估指标体系。兰德公司的 S. Lingel 等在为美国空军编写的一份技术报告中,从图像质量、观测时间和观测区域 3 个方面评价卫星观测需求满足度。其中图像质量评价标准主要采用国家图像解译度分级标准(National Imagery Interpretability Rating Scale, NIIRS)、通用图像质量方程(General Image Quality Equation, GIQE)、任务满意置信度等级(Task Satisfaction Confidence, TSC)等;对观测时间的衡量是给定一个有效时间区间,在有效时间内完成则认为满足观测需求;区域任务则是通过计算成像覆盖面积占目标区域的比例判定是否满足需求。意大利国家科学委员会 ISAC 部门的 B. Bizzarri 等在一系列研究中采用空间分辨率、时间分辨率、谱段范围和光谱分辨率 4 类指标构建需求满足的评价指标体系,并在此基础上建立遥感应用数据指标、遥感卫星工程参数和载荷性能指标之间的对应关系。这一方法的明显缺点是各指标分别反映规划策略应用效果的一个方面,相互间几乎不关联,缺少对观测需求满足效果的整体评估。

麻省理工学院林肯实验室的 M. Hurley 和 P. Jones 基于概率论、信息论和效用论建立概念模型,如图 4-40 所示,从获取信息的完备性、准确性、及时性 3 个方面评估 C^2ISR 系统(Command, Control, Intelligence, Surveillance and Reconnaissance)效能。研究团队运用概率论,特别是概率密度函数,创建了概念模型的基本对象;运用信息论创建了概念模型的基础理论;运用效用论创建了概念模型的基础品质因数。在此基础上,进一步推导出信息效能评估通用方程,从而将系统内相异组件,包含各传感器的不同效用衡量方法聚合为统一的、可计量的测量体系。图 4-41 展示了通用方程对 C^2ISR 系统的评价方法。这一分析评价方法以用户应用为关注点,因此与具体需求的关联性更为紧密,但与实际系统的耦合效果仍待进一步研究。

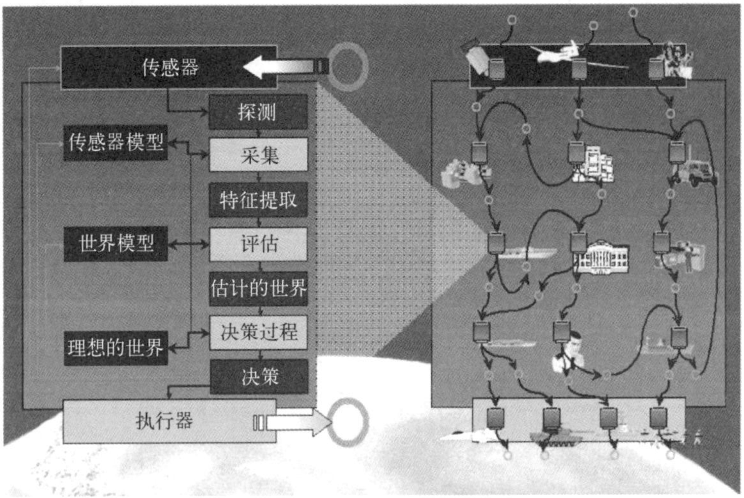

图 4-40　C^2ISR 评估系统概念模型

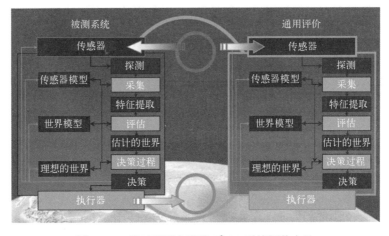

图 4-41　基于通用方程的 C^2ISR 系统评价方法

4.5.4　面向观测卫星系统的系统效能评估评价方法

与观测卫星系统效能综合评价相比,国外研究更多的是针对整个航天装备体系或者是卫星装备体系进行效能评估。该项工作起步较早,侧重在相关政策制定、发展规划中阐述效能评估的重要作用。较为典型的事例是由美国空军大学完成的《空军 2025》研究任务。报告采用从作战能力到系统再到技术的评估方法,提出了一种称为"2025 基本原则"的模型,以定量比较不同系统概念和关键技术对未来空中及空间能力的贡献。基于这一方法,评估出 11 个得分高的系统和 12 项得分高的关键技术。这些研究成果为美国空军制定《全球作战——21 世纪空军展望》的战略性文件提供了关键支撑。

具体到观测卫星系统任务效能评估,国外常用的方法包括层次分析法、Lanchester 方程法、ADC 法、SEA 法等。

层次分析法(Analytic Hierarchy Process,AHP)是由美国匹兹堡大学 T. Saaty 提出的一种适应复杂结构的决策科学分析评估方法,它考虑了主要因素间的依赖性和反馈性,对各因素以 1~9 为标度进行量化,进行两两比较,最后进行综合排序。其本质上是专家评估法,以定性与定量相结合的方式处理各种决策因素,具有系统、灵活、简洁的优点,在复杂系统评估领域得到了广泛的重视与应用。层次分析法的基本原理是根据问题的性质和达到的目标,分解出问题的不同组成因素,并按照因素间的相互关系和隶属关系,将其分层聚类组合,形成一个递阶的、有序的层次结构模型,然后,对模型的每一层次因素的相对重要性,依据人们对客观现实的判断给予定量表示,再利用数学方法确定每一层次全部因素相对重要性次序的权值。最后,通过综合计算各层次因素相对重要性的权值,获得最低层因素对于最高层的重要性权值,或进行优劣性排序,以此作为评价和选择方案的依据。其优点是可对系统性能和任务效能进行定量评估,能对多种系统方案进行对比分析;缺点是难以描述要素之间的相互作用和非线性关系。

层次分析法应用于遥感领域时,一般是先建立层次化评估指标体系,而后构建相对重要性判断矩阵,进而实施层次单排序及一致性检验,最后完成任务效能评估。秦国政等人主要从遥感卫星应用流程入手,从成像需求提出、卫星成像、卫星数据接收、数据融合处理和数据分发等环节,对遥感信息的应用过程进行详细分解,从遥感信息的时间链和精度链两个维度建立卫星应用效能评估指标体系,然后基于层次分析法构建卫星应用效能评估模型,并利用仿真手段对遥感卫星系统应用效能进行验证和评估。

澳大利亚国防部的 C. Rivett 和 C. Pontecorvo 运用层次分析法将监视卫星的系统效能评估问题分解成若干因素,如区域覆盖率、访问持续时间、重访周期、成像分辨率、目标发现概率等;然后以这些因素间的支配关系分组,形成有序的递阶层次结构;在各层中,针对上一层的某个因素,通过两两比较本层所有因素以确定各因素对于其上层而言的相对重要性,并用数值标度定量地表示各因素的相对重要程度,从而实现系统评估依据的量化;最后综合判断诸要素相对重要性的总排序。这一系统效能评估方法可将评价分析人员的思维过程系统化、数学化、模型化,使得评价结果更具说服力。

刘晨涛等提出,遥感卫星系统任务效能由对地覆盖效能、卫星任务规划效能、卫星通信效能、星地资源调度效能等五部分组成,进而分解出18项底层指标,构成效能评估指标体系,并利用层次分析法进行了权重计算和归一化处理,基于ADC模型来计算系统任务效能。

项磊等建立了面向卫星任务的效能评估指标体系,综合采用层次分析法和模糊数学评判理论,建立了由对地覆盖效能、任务规划效能、星地资源调度效能3个方面10个指标构成的指标体系,并基于HLA框架仿真系统进行了仿真和评估,在解决复杂卫星系统评估非线性、高耦合的难题方面进行了有益探索。

贺东雷等针对遥感卫星探测舰船目标这一典型多指标评估问题,分析了卫星探测舰船目标的效能影响因素,建立了面向顶层设计的卫星探测能力评估递阶层次结构,综合运用运动仿真、概率论、连续马尔可夫链和蒙特卡罗法等方法建立了卫星探测评估中单项指标算法模型,基于模糊层次分析法确定卫星探测舰船目标的各评价指标权重,提出了基于模糊层次分析法的卫星探测效能评估算法。

巫兆聪等针对遥感卫星应用需求满足度评价问题,基于模糊综合评估思想,提出了一套遥感卫星应用需求满足度评估技术流程,建立了遥感应用需求四参数模型,设计了需求满足度评估的因素集、评价集和模糊隶属度函数,使用层次分析法实现权重分配,选择加权平均型算子得到定量评估结果。该评估方法对光学、微波遥感卫星系统发展规划、组网方案设计、载荷探测指标确定等有一定参考价值。

刘锋提出了遥感卫星系统任务效能综合评价模式与方法,提出了一种基于信息要素的遥感卫星系统任务效能指标体系构建模式,建立了一种覆盖任务各环节的遥感卫星系统全链路效能评估模型以及基于一重覆盖资源最大化利用的区域覆盖探测任务评估模型。

从实际应用效果看,目前,遥感卫星系统任务效能评估领域仍存一些亟待解决的问题,具体表现在以下几个方面。

(1)评估任务规范化程度还需提升。确定一组界定清楚、界面清晰的任务,是客观准确评估遥感卫星系统任务效能的基本前提。现有遥感应用需求与任务分析的要素不全面、涵盖面不够宽,缺乏标准化、规范化研究,尚未建立概括性好、适应性强的任务模型,与当前用户多样、需求多样实际不相符合,影响评估要素的选择和评估标准的确定。

(2)评估指标体系不够完善。遥感卫星系统涉及时空频谱各个领域,相应指标体系划分原则较为杂乱,有的指标针对任务环节,有的则针对信息质量,还普遍存在以性能参数替代能力指标的现象,导致评估标准各异,难以全面、准确地反映系统任务效能,也难以可靠地反映复杂多变的系统行为效果,相应综合评估结果也往往不具有可比性。

(3)评估指标建模不够全面。当前,评估指标建模往往针对遥感卫星系统的静态行为,主要关注卫星系统的性能参数,较少针对系统整个应用流程进行动态建模,较少考虑系统在实际任务中受到的各种约束。基于行为静态模型,虽然能够给出卫星系统对给定任务的探测能力,但很难描述多任务并行对卫星系统资源的竞争情况,难以准确评价卫星系统在实际运行中的能力水平。

(4)综合评估方法实用性不强。当前,较多采用的层次分析法高度依赖人的专业水平和应用经验,主观性强,并且综合评估只考虑了指标间相对重要性,忽略了指标间的关联性,评估结果缺乏实际物理意义,影响对系统的正确认识与判断。特别是要对不同遥感卫星能力水平进行比较时,缺乏能够直观反映卫星整体能力的评价参数,无法给出综合性评价结果。

第 5 章

卫星载荷控制技术

5.1 卫星载荷控制技术

5.1.1 载荷控制基础

卫星有效载荷,是指卫星搭载的执行卫星任务的仪器、设备或分系统。有效载荷的种类很多,遥感卫星有光学相机、合成孔径雷达、红外扫描仪、电子信号搜索设备、气象设备等有效载荷;通信类卫星有中继转发器、微波转发器、波束天线等有效载荷;导航卫星有高精度时钟、天线等有效载荷。

高分辨率对地观测卫星属遥感卫星,主要有效载荷为光学相机、合成孔径雷达及对应的数传系统。有效载荷控制计划,是一个调度周期内有效载荷将执行动作的安排计划,即有效载荷在预定时间执行预定动作。卫星载荷控制是指根据成像需求,形成有效载荷控制计划,编制生成直接控制卫星载荷动作的计算机指令,注入卫星执行,实现有效载荷对需求目标的成像和成像数据的下传。

卫星有效载荷由相机分系统和数传分系统两部分组成:一部分是用于成像的系统,称为相机系统;另一部分是用于星上数据处理、存储和传输的系统,称为数传系统。

卫星有效载荷按成像系统获取影像的手段主要分为光学载荷和雷达载荷两类,两类载荷的成像原理有很大差异,数传系统功能原理则相同。下面分别介绍光学载荷、SAR 载荷和数传系统。

1. 光学载荷

光学载荷上搭载光学相机,主要功能是获取具有高几何分辨率和高辐射分辨率的地表景物图像。

光学相机系统通常由相机主体、焦面组件、信号处理器、相机控制器和同轴电缆组成,一种典型的光学相机分系统如图 5-1 所示。该方案采用非球面同轴三反偏视场式光学系统方案,为二次成像系统,采用推扫方式成像,镜头光线经过相机镜头内的反射主镜、反射次镜、反射三镜和平面镜组件,经调焦机构调节焦距,光学系统将地面景物成像在焦面探测器 TDI CCD 上,再将光信号转换成电信号输出。信号处理器对电信号进行一系列处理,得到清晰可见光图像。光学相机的主要控制内容包括工作模式、开关机控制、积分级数和增益控制、调焦控制等。

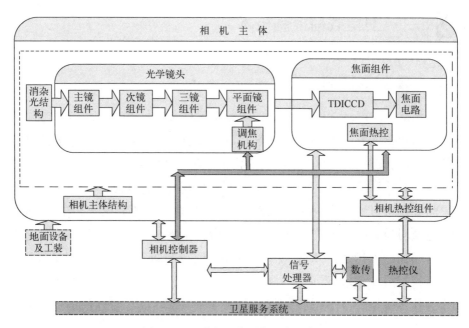

图 5-1 一种相机分系统组成示意图

2. SAR 载荷

SAR 载荷由中央电子设备和有源相控阵天线组成。其中,中央电子设备由基准频率源、调频信号源、雷达接收机、预功率放大器、微波组合和内定标器等射频部分,以及数据形成器、监控定时器、波束控制器、雷达配电器等数字部分组成。

SAR 系统在雷达运动方向上产生一个等效的长孔径天线提高雷达方位向分辨率；利用宽带线性调频信号脉冲压缩技术提高雷达距离向分辨率。SAR 系统安装在卫星上，对地面发射雷达信号并接收从地面目标散射回来的回波信号，经中央电子设备放大变换后变成数字雷达信号，由数传设备传输到卫星地面站。在地面，接收并存储数字雷达信号，然后把数字雷达信号进行成像处理，得到地面目标的高分辨率雷达图像。在此过程中，主要控制的为工作模式、开关机控制、MGC 值控制等。一种典型的卫星 SAR 系统组成如图 5-2 所示。

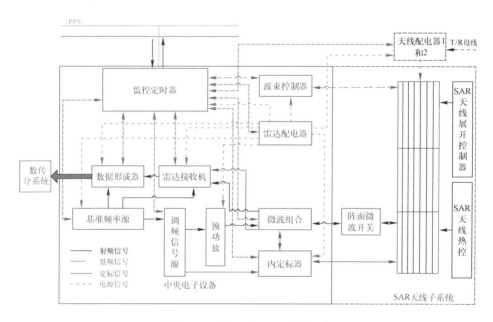

图 5-2　一种卫星 SAR 系统组成

3. 数传系统

数传系统完成观测数据的存储和传输，主要由数据处理部分和数传天线组成。数传系统收到相机系统生成的数据后，对观测数据进行压缩编码、AOS 格式编排、加扰以及图像数据和辅助数据的存储、回放和传输等任务。

数据处理部分一般包括压缩编码器、数据处理器、固态存储器和数传控制单元等。压缩编码器完成图像数据的压缩功能；数据处理器对载荷数据进行统一的 AOS 数据格式编排，并根据数传工作模式控制数据流向；固态存储器完成图像数据存储和传输;数传控制单元完成数传分系统各分机的供配电和遥控遥测。

高级在轨系统(Advanced Orbiting System,AOS)数据格式编排,即按 AOS 协议标准进行数据格式的编排。AOS 协议是空间数据系统咨询委员会(Consultative Committee for Space Data Systems,CCSDS)针对复杂航天器对数据通信的需求,提出的空间数据链路协议,该协议用于满足天天、天地之间的高速数据传输要求。

数传天线包括数传通道及对应的数传天线。高分卫星通常配备两个对地数传通道,各用一个载波频率,下传的信号被调制到载波频点上,利用天线转换为右旋圆极化(Right Hand Circular Polarization,RHCP)无线信号下传。极化复用模式下,下传的四路信号分别被调制到这两个载波频点上,并利用天线将其中两路转换为 RHCP 无线信号、另两路转换为左旋圆极化(Left Hand Circular Polarization,LHCP)无线信号下传。对地数传天线通常由 2 副二维机械扫描点波束天线组成,每副天线包含 1 套对地数传天线组件和 1 台数传天线伺服控制器,主要完成数传天线对地面数据接收站的程序跟踪和射频信号的辐射。

5.1.2 载荷控制内容

相机系统和数传系统中根据任务需求进行设置操作的设备和任务的执行过程,就是卫星有效载荷要控制的内容,主要包括相机系统的工作模式控制、开关机控制、积分级数和增益设置、调焦、固态存储器的工作模式控制、数传选择等。各系统的载荷控制是相关联的,各系统根据不同的任务所需的工作模式进行工作。下面首先介绍有效载荷的工作模式。

高分辨率对地观测卫星有效载荷一般具有记录、实传、回放 3 种基本模式,按载荷工作的特点具有多种衍生工作模式,如实传模式有直传、边记边放、快记慢放等衍生模式;记录模式有侧摆、无侧摆等衍生模式;回放模式有顺序回放、随机回放等衍生模式。

1. 基本模式

1) 记录模式

记录模式工作流程是:载荷将获取的图像数据经压缩编码器和数据处理器实时处理后,存储在固态存储器内。数据记录模式下,由压缩编码器对图像数据分别进行压缩编码,并将压缩码流发送至数据处理器。数据处理器对接收到的压缩码流进行数据复接后,进行 AOS 格式编排,并写入固态存储器。

2) 实传模式

即载荷成像同时将图像数据传输至地面。实传模式工作流程是:载荷获取图像数据,对成像数据进行压缩编码,并进行 AOS 格式编排,由编码单元进行 CRC 校验处理,数据处理器将不同的信息数据流分别送给数传通道调制器的主份调制器和备份调制器,经加扰、编码、微波直接调制、滤波、功率放大、合路等处理后,由数传天线转换为电磁波辐射至地面站。

3) 回放模式

卫星在接收站接收范围内将存储在固态存储器中的图像数据传输到地面数据接收站。回放模式工作流程是:数据处理器编码单元将固态存储器回放数据进行 CRC 校验处理后发送至对地通道调制器,经加扰、编码、微波直接调制、滤波、功率放大、合路等处理后,由数传天线组件转换为电磁波辐射至地面数据接收站。

2. 常见衍生工作模式介绍

1) 边记边放模式

边记边放模式即记录模式和回放模式的结合,载荷成像并将数据记录在固态存储器中同时将数据回放至地面数据接收站。若数据回放速率低于数据记录速率,则通常称为快写慢放。

2) 有侧摆记录和无侧摆记录

卫星带姿态机动成像即为侧摆记录,侧摆包含滚动、俯仰和滚动俯仰结合等姿态。

3) 高速回放和低速回放

数据传输采用极化复用模式和非极化复用模式,极化复用模式速率为非极化复用模式两倍,分别称为高速回放和低速回放。

5.1.3 载荷控制参数

1. 光学载荷控制参数

目前,光学载荷控制参数主要包括 TDI CCD 积分级数和增益。

电荷耦合器件(CCD)能够将光能量转换为电信号,通过光学镜头将投影到 CCD 焦平面上的景物(不同光谱范围)转换为相应的电荷包,通过转移、放大、AD 量化等处理方式,形成数字图像。

由于卫星和地面的相对速度基本保持不变,因此,分辨率越高,积分时间越短。为了解决由于积分时间短带来的曝光能量不足的问题,一般采用 TDI CCD 作为空间相机探测器。TDI CCD 是一种以特殊方式工作的线阵 CCD,其行数是延迟积分的积分级数 N,列数是一行的像元个数 M,在成像时,首先第一级像元在曝光时间内对目标成像,但是收集到的电荷并不直接输出,然后第二级像元移动到目标位置并进行成像,第一个积分时间内收集到的电荷与第二个积分时间内收集到的电荷进行叠加,此过程持续到第 N 级,电荷逐行累加后从最后一行移到输出寄存器并按照普通线阵 CCD 的输出方式进行输出。

TDI CCD 的特点是能够利用多级时间积分延长对同一目标的积分曝光时间,每个光敏元积分所获得的较弱信号可叠加为一较强信号输出,这样不仅在很大程度上提高光通量,而且还提高了相机的灵敏度和信噪比,TDI CCD 这一特点可以使相机在较小的相对孔径的情况下,保持甚至提高 CCD 的灵敏度和信噪比。N 级 TDI CCD 相机的光能量利用率比相同型号的线阵 CCD 相机可提高 N 倍,信噪比可提高 N 倍。增益表示信号量的放大倍数。积分级数与增益的设置需要结合考虑,针对每颗卫星,通过地面实验室数据及在轨运行后实际数据形成一套适合应用的参数设置方法。

2. SAR 载荷控制参数

1) SAR 载荷成像参数介绍

合成孔径雷达是一个十分复杂的系统,系统参数众多且互相关联、互相制约,系统参数的合理选择是提升 SAR 成像效果的关键。对于给定的成像任务,需要计算所需的各种成像参数,以保证获取高质量的 SAR 图像。通常情况下,SAR 系统成像参数包括卫星平台参数、天线系统参数、成像模式参数、成像工作控制参数。

其中,平台参数主要是卫星轨道特性。对于某一颗卫星而言,该平台参数是确定的。天线系统参数包括工作频段(P、L、S、C、X、Ku、Ka 等)、极化方式(HH/HV/VH/VV)、信号带宽、天线尺寸、信号带宽、波位参数、发射功率等。通常情况下,天线系统参数在 SAR 载荷设计时均已经确定。国内外现役和在研的 SAR 卫星主要有 X 频段和 C 频段等,其中 X 频段能够更加精确地描绘目标的细微形状,C 频段适合大幅宽普查,更多地应用于民用雷达成像领域。L 和 S 频段的频率较低、波长较长,对于目标表面具有较强的穿透能力。对于多极化 SAR 系统而言,可以选择不同的极化方式(HH/HV/VH/VV),不同极化方式下地物微波散射特性存在一定差别,因此,需要根据应用目的选择合适的极化方式。波位选择通常也是从给定的波位表中选择合适的波位(入射角)成像,对于不同的目标而言,不同入射角的观测效果也不同,对于大部分地物目标而言,后向散射能量都是随着入射角增大而减小;常用的入射角范围为 $20°\sim50°$,可以满足海洋或者陆地等不同目标观测需求。部分应用需要在较小或较大的入射角下进行,如对于土壤湿度观测,在小入射角时观测效果较好;对于地质制图、地质灾害等应用,在大入射角下观测效果较好。

成像模式参数对应不同的工作模式,包括条带(StripMap)、扫描(Scan)、聚束(SpotLight)模式等,目前,主要衍生出的模式包括滑动聚束(Slide-Spot)、多波束多相位中心(DPC)、渐序扫描(TOPSAR)、马赛克(Mosaic)模式和波模式(Wave-Mode)等。不同成像模式对应的图像分辨率和幅宽不同,需要根据成像任务和图像需求确定具体采用哪种成像模式。其中,条带模式是 SAR 最基本的工作模式,天线波束中心指向保持不变,随着平台的运动,波束在地面扫过一个条状区域,该区域即为观测带,可以获取连续的长条带图像。为了克服条带模式幅宽较小的局限,扫描模式可以改变天线在距离向的指向,波束跳转到另一个指向后继续照射,每个波束指向对应的照射条带成为"子带",在距离向上相当于多个条带模式,增加了成像幅宽,在防灾减灾等应用领域,可以高效率获得大面积的图像。聚束模式要求在工作时间内波束一直照射目标区域,能够获取较高的分辨率,幅宽较小。

成像工作控制参数包括脉冲宽度、采样率、脉冲重复频率、信号采样点数、增益控制、BAQ 量化压缩方式等。其中,脉冲重复频率 PRF 是成像时最为关键的参数之一,不合适的脉冲重复频率甚至会导致成像失败,它与许多参数有着密切的关系,影响脉冲重复频率的参数有雷达速度、天线长度、测绘带宽、入射角度、脉冲宽度及飞行高度、峰值功率与数据率等参数,此外,还会影响雷达距离模糊度和方位模糊度。在星载 SAR 应用中,由于卫星轨道较高,在任一时刻,不仅有多个被观测区域的回波在空中传播,而且还有多个星下点回波信号在空中传播,而星下点回波功率远大于其他方向的回波,因此,回波窗的位置必须避开发射信号和星下点信号这些非人为信号的干扰。为了使星载 SAR 整个观测带的回波避免发射脉冲的遮挡,必须在几个发射脉冲之后的接收时段内收到回波。为此,应合理地选择脉冲重复频率,使得星下点回波约束在发射脉冲与有用回波信号录取窗口之间,并且观测区有用回波信号录取窗口应位于发射脉冲重复周期中间。增益控制也是最为关键的成像参数之一,是合理利用 SAR 系统的接收机动态范围的重要手段,下面会做详细介绍。BAQ 量化压缩方式和采样率会对数据率产生影响。

2) SAR 卫星常用增益控制方法

SAR 系统工作的基本原理是发射机发射电磁波并接收地面的回波信号,回波信号功率与成像场景内地物目标后向散射系数(Backscattering Coefficent,即地物目标在雷达电磁波入射方向上单位截面积的雷达反射率,表示入射方向上的散射强度或者目标单位面积的平均雷达散射截面)成正比。通常情况下,地物目标后向散射系数的动态范围非常大。例如,水面的回波信号非常弱,金属材料的角反射器会产生非常强的回波信号,两种回波信号之间最大相差可达 80dB 以上。然而,SAR 系统接收机的动态范围是有限的,观测场景回波信号的动态范围一般会远高于接收机的动态范围。为了最合理地接收场景内的回波信号,需要使 A/D 转换前的回波信号幅度基本保持不变,也就需要利用增益控制来调节量化输入功率。

对于 SAR 系统,增益就是信号的放大倍数,调整增益就是调整接收机的放大能力。SAR 系统接收机的组成一旦确定,其最大增益是固定的。只有接收机出现问题,接收机对信号放大的能力减弱,最大增益才会减小。因此,调整增益是在这个最大增益范围内进行调整。

SAR 系统接收机增益控制是提高 SAR 接收机动态范围的主要手段,能够使回波信号的动态范围匹配接收机最佳接收动态范围,较好地防止因信号动态范围过大引起的接收机饱和或截止。例如,对于接收的微弱信号(比如目标回波),需要把它放大到合适的大小,避免回波信号过弱出现图像信噪比低的情况,使人能看得清楚,并且能够保证信号处理系统可以进行信号处理,这时,可以把增益调大;而对于接收到的强信号,比如各种干扰,需要把它衰减到合适的值,避免回波信号过强出现饱和现象,其目的也是让人看得清楚,并且保证接收机不过载,这时需要把增益调小。

若因增益设置不合理造成接收机饱和或截止,成像后再利用其他方法后续处理均不能有效改善图像质量。因此,SAR 系统接收机的增益直接关系到 SAR 卫星接收图像质量的好坏。

增益调整可以分人工增益控制和自动增益控制。人工增益控制(Manual Gain Control,MGC)主要由操作者根据自己的判断,手动增大或者减小增益,使信号处于一个合适的值。自动增益控制(Automatic Gain Control,AGC)是根据输入信号的大小自动调整中频放大器的增益,回波强时增益减弱,回波弱时增益增强,很显然,它的原理很简单,就是一个闭环的负反馈控制系统。但由于 AGC 方式接收机增益调整时间过长，对于星载 SAR 来说，会造成许多不利的影响。所以，实践中多采用 MGC 方式，事先设定一个增益参数的初值，保证能在合理的时间范围内，将 SAR 系统接收机增益调整到一个合适的状态。

根据雷达方程，要设定正确的 MGC 参数，需要获取全球范围内典型地貌单元在特定成像条件下的后向散射系数。通常，这些信息可以参照相同波段的星载散射计数据、机载 SAR 数据或星载 SAR 数据获得。世界各国在发射航天雷达系统前都会预先开展实验，收集地面目标特性参数，建立全球地面目标参数参照体系和标准，以保障航天雷达系统发射后能获得最佳图像质量。例如，1993 年加拿大空间局发起了由 12 个国家参加的"全球雷达遥感 GlobeSAR"大型国际合作计划，总经费 400 万美元，利用加拿大遥感中心的 CV-580 遥感飞机收集全球范围内高山、平原、沙漠、海面等典型地貌单元的后向散射特征，为加拿大雷达卫星 RADARSAT 的发射运行做系统全面的准备工作。

与国外相比，国内 SAR 卫星发展起步较晚。针对星载 SAR 卫星 MGC 参数设置问题，国内已有中国科学院遥感与数字地球研究所等团队，根据项目建设经验，形成了一套雷达卫星 MGC 建设方案，为获取高质量的图像数据提供了重要保障。此外，根据卫星数据源和使用过程中的数据积累，对全球后向散射系数库和 MGC 计算软件进行定期更新和维护，为 SAR 卫星长期获取高质量的数据提供保障。

为了获得良好的 SAR 图像产品，获取全球范围内的正确 MGC 参数就成了必须解决的一个技术问题。这一问题的解决具有相当的难度，通常要获取某一地区的 MGC 参数，就必须知道这一地区相同成像条件下的地物散射特性，或已具备该地区的 SAR 图像，显然，这对于全球范围的广大区域是不现实的。雷达在不同地区成像设置的 MGC 参数根据卫星飞行的轨道方向的不同，雷达工作模式和波位不同，对应的 MGC 参数也不一定相同，根据推算，在全球范围内，需要获得的 MGC 参数超过 10 亿个。获取如此多的参数技术难度和工作量都十分大。如何解决这个问题，成为 SAR 卫星成像质量好坏的关键性问题。

5.1.4　载荷使用约束

本节描述载荷的使用约束，介绍卫星载荷使用约束的实际意义。首先介绍成像遥感卫星有效载荷九大类使用约束的概念及含义,再对光学和SAR载荷不同的约束情况进行举例描述。

1. 载荷使用约束的分类及内容

根据高分辨率对地观测卫星有效载荷特点、在轨使用需求和基于卫星寿命考虑需遵守的使用原则,通常将卫星载荷使用约束分为以下9类。

(1) 指向角度约束。卫星可以滚动/俯仰机动的角度范围。

(2) 动作准备及关机时间约束。卫星载荷动作所需的准备时间及关机所用时间。其中动作准备时间定义为载荷动作第一条指令执行时刻至成像开始时刻的时间间隔;动作关机时间指成像结束时刻至载荷动作最后一条指令执行时刻的时间间隔。

(3) 动作模板间隔约束。即切换工作模式所需的时间。定义为上一载荷动作最后一条指令执行时刻至下一载荷动作第一条指令执行时刻的间隔。

(4) 固态存储器使用约束。它包括存储容量、文件号个数、录放比、快写慢放前是否需清空固态存储器等。

(5) 工作时间约束。不同工作模式下卫星可工作的最长时间(包括光照区及阴影区)及卫星单次开机最短工作时间等。

(6) 开机/侧摆次数约束。卫星每天或单圈最长开机(侧摆)次数。

(7) 指令管理约束。卫星能存储的最大指令块数以及指令进行打包的约束等。

(8) 清空及上注指令约束。进行指令清空及上注时需考虑的限制条件。

(9) 其他约束。各类型卫星载荷具有自身特点,同一类型载荷约束会有较大差异,本节按光学载荷和SAR载荷两类列出示例介绍各类常见约束,以便于理解。

2. 光学遥感卫星载荷约束示例

1) 姿态机动时间约束

有些光学载荷可以做滚动、俯仰姿态机动,角度范围为分别为$\pm\Delta R_{max}$、$\pm\Delta P_{max}$,即可在沿卫星+Z轴半锥角$\arctan\sqrt{\tan^2\Delta R_{max}+\tan^2\Delta P_{max}}$四棱锥范围内进行"滚动+俯仰"姿态机动,姿态机动示意图如图5-3所示。

不同姿态机动角度,需要满足相应的时间要求。卫星姿态机动角度越大,姿态机动所需的时间越长。在实际中,卫星姿态机动时间可分成不同档进行表示。

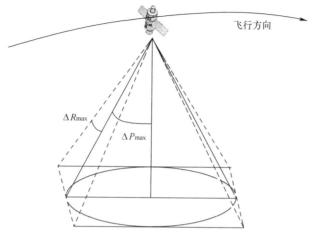

图 5-3 姿态机动范围

2) 载荷动作准备时间和关机时间约束

卫星数传载荷有实传、记录、回放、边记边放等工作模式,卫星载荷使用时存在动作准备时间和动作恢复时间,并且不同模式下的载荷动作准备时间和载荷动作恢复时间不同。回放一般有常规、单天线接力、多天线接力、极化复用等常用工作模式,边记边放一般有常规、单天线接力、极化复用不接力、极化复用单天线接力等常用工作模式,不同模式下的载荷动作准备时间和载荷动作恢复时间也均不同。

记录、边记边放在不回摆模式下,与下一动作时间间隔需加上载荷动作恢复时间(星上设备先关机后再姿态机动)。记录模式、边记边放模式在姿态回摆的情况下,由于姿态机动与星上设备关机不能严格并行,动作完整恢复时间实际上大于"载荷动作恢复时间"与姿态机动分档时间的最大取值。

在其他情况下,载荷动作准备时间可与姿态机动时间并行。

由于连续侧摆多次成像存在最大时间间隔,因此,如果成像结束时间和下一次成像开始时间间隔较大,则安排两次回摆成像。

连续多次姿态机动成像时,则需考虑最长偏置飞行时间,即从第一个成像动作姿态机动到最后一个动作姿态回摆结束的时间间隔。

此外,还需考虑地面天线预置时间、AOS 空帧时间、单天线接力天线切换时间、双天线接力存在两站之间的切换时间等约束。

3) 动作模板间隔约束

即卫星载荷在前一动作模板的动作结束时间与后一动作模板的动作开始时间间隔。

4) 固态存储器使用约束

存储容量主份和备份均有容量限制,主份固态存储器与备份固态存储器不能同时工作,可采用文件号的形式进行管理,可存放文件记录数据的个数存在上限。

有些卫星在上注每批次对地观测计划前,需要进行固态存储器擦除。在执行一批次计划中若固态存储器已记满,再次记录时,有时也需先擦除固态存储器。若使用备份固态存储器(如在一些卫星的边记边放模式下),则使用前无须进行固态存储器擦除。

固态存储器使用方式为地面指定文件号随机记录和随机回放。一次对地回放最多回放文件个数存在上限。

5) 工作时间约束

卫星在单次轨道圈内单次成像开机时长、累计成像开机时长、累计对地回放时长等均存在上限值。

6) 开机/侧摆次数约束

一轨姿态机动次数不能超过上限值。可根据能源平衡情况适当放开限制,但一般仍要求不超过上限值。

7) 指令管理约束

星上载荷控制指令数据存储能力有限,也即每次指令上注时,新上注的指令块数和星上未执行的指令块数之和不得超过上限值。

星上宏指令(按照格式要求编制包含时间、动作、控制参数的控制信息)任务的存储能力有限,即每次指令上注时,星上待解析的宏指令任务个数不能超过上限值。

8) 清空及上注指令约束

(1) 单圈测控最多上注指令块数量有最大限制。

(2) 指令清空。具有星上按任务号删除宏指令和按时间删除模板指令的功能,可以删除星上未到时指令(按任务号删除星上宏指令,包括宏指令待解析和已展开指令;按时间段删除星上模板指令),地面任务管控系统具备相关应急操作能力(根据星上已有指令方式,自动按照实际情况生成按任务号删除指令和按时间段删除指令)。

(3) 指令替换。具有星上宏指令替换的功能,地面任务管控可以人工操作生成相应指令,其约束为星上进行宏指令替换的展开所需时间。

(4) 宏指令需要展开时间(如果采用宏指令方式进行应急调整,需要预留星上宏指令解析时间),模板指令不需要指令展开时间。

(5) 指令重注。如果是宏指令,则重注指令将被卫星视为无效指令,不影响指令正常执行。

(6) 指令重注。如果是模板指令,一个载荷动作、一个数据块的指令数据会和原有的指令块一起存储在星上,均会执行,并且可正常执行,一个载荷动作、两个数据块的指令数据会导致指令执行错误(星上同时最多只能执行指令条数有上限),需要清空星上指令,重新上注。

(7) 其他约束。

3. SAR 遥感卫星载荷约束示例

由于 SAR 成像原理不同,SAR 载荷约束也与光学载荷不同。SAR 卫星机动侧摆较少,通常,通过波位切换实现对不同角度目标的成像,波位切换间隔时间通常要远少于光学星机动侧摆的时间。

1) 侧摆角度约束

在姿态机动、条带等模式下,SAR 卫星存在在轨侧摆(侧视)角度约束。

2) 动作准备及关机时间约束

例如,在数传直传模式下,某颗卫星在无姿态机动时,准备时长需 30s,结束时长需要 20s;有姿态机动时,准备时长需 120s,结束时长需 100s。SAR 载荷一般无须机动,因此,载荷动作准备和关机约束中,通常以无须姿态机动的内容为主。

3) 动作模板间隔约束

在载荷动作模板包含各动作开始准备时间和关机结束时间的情况下,各动作模板间无间隔约束。

4) 一次开机多次成像间隔约束

此部分约束分为成像后待命以及成像后不待命两种情况。

(1)成像后待命状态下,存在的约束包括以下几方面。

不做内定标情况下,前次成像结束距下次成像开始的最短间隔为约束。

在做内定标情况下,前次成像结束距下次成像开始的最短间隔为约束。该间隔值等于不做内定标情况下最短间隔、上次成尾定标所需时间、下次成像首定标所需时间、尾填充数据所需时间、控制偏差所需时间之和。

（2）成像后不待命状态下，连续换参情况下，成像的时间间隔为约束。

（3）双站接力工作下，双站间切换时间必须不小于最短间隔为约束。

（4）多次成像任务编排时，若上次成像结束至下次成像开始时间间隔大于给定阈值一般分成两次任务完成；若小于给定阈值，可以编排在同一个任务中。

（5）左侧视情况下，如两次成像任务的间隔小于给定阈值，可以在左侧视状态将两次成像任务完成。如果左侧视两次成像任务的间隔大于给定阈值，则一般在左侧视第一次成像任务结束后返回右侧视状态，并在下次任务前提前机动。

5）固态存储器使用约束

此部分约束包括以下内容。

（1）固态存储器寿命初期可用容量即为固态存储器设计容量，寿命期内根据 Flash 坏块情况调整可用容量。

（2）固态存储器记满后需发送综合业务包或单个指令包删除掉不需要用的文件才能记录新的数据。

（3）数据录放比（读写比）为

$$快写慢放读写比系数\ \alpha = \frac{SAR\ 成像数据率(Mb/s) \times 1024 \times 1024}{数传帧编码效率 \times 1000 \times 1000 \times 下传通道速率(Mb/s)}$$

固态存储器文件大小（SAR 数据转换成数传帧格式后的数据量）为

$$SAR\ 数据量 = \frac{SAR\ 成像数据率 \times SAR\ 成像时长 \times 1024 \times 1024}{数传帧编码效率}$$

（4）随机记录/回放/删除。根据任务需要选择文件号进行记录/回放/删除操作。

（5）成像数据记录文件号、成像数据回放文件号、删除任务文件号均有可用范围，文件为平台固态存储器数据专用文件号。成像数据回放文件号和删除任务文件号单次任务可用个数有上限值。

6）工作时间约束

此部分约束包括以下内容。

（1）成像时间。SAR 理论成像时长构成如图 5-4 所示。

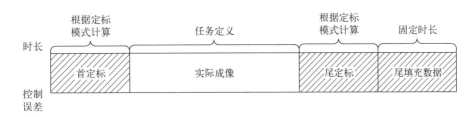

图 5-4 SAR 理论成像时长构成

SAR 实际成像时长由任务定义,具有最大最小时间范围,在某些模式下,单次成像时长由具体波位确定。

(2) 累计成像时长。在任意周期内,SAR 累计成像时长不得超过上限值。

(3) 数传工作时长。单次工作对地数传开机时间(有效数据传输)均有上限。

(4) 左侧视停留时长。卫星左侧视停留时间不得超过上限值,否则,将强制回右侧视。

(5) 开机/侧摆次数约束。一次开机状态下,在扫描、聚束、条带模式下,成像次数均有不同上限值。

(6) 其他约束。

7) 指令管理约束

此部分约束包括以下内容。

(1) 星上缓存的综合业务包和成像参数包数量均存在上限值。

(2) 星上最多可缓存的间接指令条数存在上限。

(3) 独立工作包中 SAR 独立工作包(成像参数包)最多可缓存数量存在上限,对地数传最多可缓存独立工作包数量存在上限。

(4) 其他约束。

8) 清空及上注指令约束

此部分约束包括以下内容。

(1) SAR 工作时能注入指令。

(2) SAR 载荷工作指令包上注时间比雷达开机时间提前量不小于各模式的任务准备时间。

(3) 载荷动作执行时可清空指令。

(4) 其他约束。

5.1.5 载荷控制计划

载荷控制计划即控制载荷各分系统在预定时间进行预定动作的计划。本节主要描述载荷控制计划的构成和要素,介绍载荷控制计划的概念,介绍控制计划内部构成及其所实现的功能,进而分别介绍相机分系统和数传分系统的具体控制要素,主要包括相机指向控制、相机成像模式控制、卫星姿态控制、固态存储器控制、数传天线控制等。

载荷控制计划分相机分系统控制计划和数传分系统控制计划两部分,主要内容有以下几方面。

1. 相机分系统

1) 相机工作模式控制

控制相机的工作模式,光学相机通常有 3 种工作模式:待机、成像、调焦。SAR 相机通常有两种工作模式:待机、成像。当相机不工作时,为待机模式;当相机工作时,为成像模式;当对相机进行调焦时,应转换为调焦模式。调焦模式可以在成像模式或待机模式下进行。

2) 相机开关机控制

相机开关机控制两种状态:相机开机、相机关机。在相机开机时卫星平台需侧摆到位,卫星滚动、俯仰、偏航角速度稳定度均小于上限值,以保持卫星姿态稳定,并且相机焦面温度必须达到要求。在相机关机时,以目标点为参考中心设置关机时间,关机时间与开机时间之间的时长不少于一景图像对应的时间长度。

3) 成像参数控制

光学成像载荷调整积分级数和增益,SAR 成像载荷调整 MGC 值。

4) 调焦控制

控制光学相机调焦量和调焦步长。

5) 指向调整控制

即控制相机指向调整角度。

6) 主/备份控制

根据星上相机主/备份设备运行情况和具体切换要求确定主/备份控制时机。

2. 数传分系统

1）固态存储器开关机控制

即控制固态存储器开机和固态存储器关机。

2）固态存储器存储控制

固态存储器的存储控制内容包括以下几方面。

（1）采用文件的方式对成像数据进行存储和管理。

（2）成像输出的图像数据文件号的分配。

（3）控制顺序回放和随机回放，控制一次回放最多文件数。

（4）控制固态存储器全部擦除或按文件号擦除的擦除方式。

3）主/备份控制

即根据星上固态存储器主/备份设备运行情况和具体切换要求确定主/备份控制时机。

4）对地数据传输工作模式控制

对地数据传输工作模式分为以下3种。

（1）记录。当成像卫星位于地面数据接收范围以外并且需要成像时，采用记录模式。

（2）回放。当成像卫星位于地面站数据接收范围以内并且需要下传星上已有固态存储器数据时，采用回放模式。

（3）实时传输。当成像卫星位于地面站数据接收范围以内并且需要成像时，采用实时传输模式。

5）数据传输开关机控制

控制数据传输开关机的时刻，即在对地数传天线控制开始之前开机，在数据传输完成后关机。

6）数据传输天线控制

根据地面站位置、卫星结构、轨道、姿态，以及待下传的固态存储器数据量，选择对地数传天线、确定数传天线指向、天线预置时刻、数传开始时刻，控制对地数传天线。

7）数传通道开关机控制

控制数传通道开关机，即在相机或固态存储器输出数据之前开机，在相机或固态存储器输出数据结束之后关机，并且根据地面站的接收范围和待传输的数据量计算数传通道开关机时间。

5.1.6 载荷控制指令

载荷控制指令即编制控制载荷动作的指令。根据数据传输路径和使用方式的不同,通常分为直接指令和间接指令。

1. 直接指令

主要用于帆板展开、火工品起爆、数传开机、测控弧段内设备加、断电,主备切换等功能,由地面实时发送遥控指令,星上遥控单元接收后对其解码并直接分配给各相应设备实时执行。

2. 间接指令

卫星中央处理单元接收被星上遥控单元接收并正确提取的间接指令数据块,并将其分配给各远置单元执行。间接指令可以延时执行,因此,通常又分为立即间接指令和延时间接指令两种。立即间接指令注入遥控数据后立即经星上网络送至下位机执行;延时间接指令注入遥控数据经星务中心计算机送入程控缓冲区,按时间排队,再由程控执行程序将到时间的指令送至星上网相应下位机执行。

载荷控制指令按指令构成通常又分为指令序列、程控指令和宏指令3种。

(1) 指令序列。地面生成的,由时间和指令代码组成,每个代码对应一条遥控指令。

(2) 程控指令。固化到星上的,可完成一个或一组遥控指令的功能,通过代码调用。

(3) 宏指令。与传统意义的指令不同,宏指令是控制信息,按照格式要求告诉卫星什么时间、做什么动作、控制参数是什么。

指令序列生成较复杂,长度较长,但灵活、可变、可调。程控指令使用简单,长度较短,但固化、不可变、不可调。宏指令则更为简单,指令数据量更小。

5.2 指令编制技术

5.2.1 指令基础

前节简要介绍卫星指令的概念、作用和分类,本节主要介绍指令相关的一些基础知识。

1. 注入数据类型

注入数据是以数据块为承载体,不同的数据块构成相关的指令单元集合。数据块包含块类型识别字、块名称和可以装载的指令单元。常见数据块类型包括姿轨控计算机数据注入块、相机数据注入块、星务计算机数据注入块、导航接收机数据块、星务指令等。

2. 遥控数据结构

遥控数据结构是指生成间接指令与注入数据的基本信息单元,不同的遥控帧方式的数据块长度不同,数据块结构如图 5-5 所示。

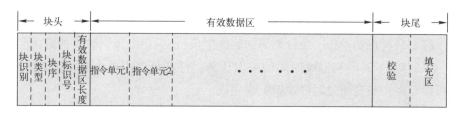

图 5-5　遥控数据块结构

不同的卫星指令构成不同,同一卫星的不同分系统由于设计原因,遥控数据块结构也可能不同,使用不同的名称区分,如星务指令块、指令序列块、宏指令等名称。

星务指令块用于完成对星务计算机软件状态的配置。每个指令单元的前部为时间码,表示这条指令需要执行的星上时间,一般当时间码为全 0 时,表示收到指令后立即开始执行。

指令序列块用于进行卫星状态实时设置(立即执行,一般包含单一指令),或者实现卫星任务(延时执行,一般包括若干前后相互关联的指令序列)。

星务指令块和指令序列块均是由地面系统将卫星将要执行的任务信息直接编制为任务可直接执行的指令。由于星务指令块和指令序列块数据率大,并且星地数据传输速率有限,地面系统将指令上注至星上需耗费时间较多。近年来,随着星上自主处理能力的提升,越来越多的卫星能够将任务信息转化为可执行的指令序列。

卫星宏指令"任务信息"注入块用于注入多个用户定义的任务,每个任务描述称为一个卫星任务指令,该指令包括卫星的工作模式、开始工作时间以及成像和传输的相关信息。宏指令经由地面系统上注至卫星后,卫星在星上自主生成与之对应的任务指令序列。

5.2.2 指令编制

指令编制即将载荷控制计划转换成星上载荷可执行的指令。本节描述指令编制的概念,介绍由载荷控制计划转换为卫星指令的实现过程,介绍载荷控制指令模板管理技术是如何将载荷控制计划和指令序列相关联的,并介绍载荷控制指令反演可增加载荷控制指令编制可靠性的原理。

1. 载荷控制指令编制相关概念

(1) 载荷控制计划。由计划编制软件生成,作为指令编制软件的需求和输入,是一系列带有开始时间和持续时间的载荷控制动作的集合。

(2) 载荷控制动作。由计划编制软件生成,作为指令编制软件的需求和输入,是带有开始时间和持续时间的一次任务。任务可以由单个载荷独立完成,也可以是多个载荷通过时序逻辑配合完成。

(3) 指令。完成一次任务(载荷控制动作),需要单个或多个载荷的各设备,依据时序逻辑,进行一系列的操作。指令就是给载荷设备下发的操作指示。

(4) 参数。和指令类似,参数也是为完成一次任务(载荷控制动作)所做的分解动作。参数是给载荷设备所需变量赋予实际意义的值。

(5) 载荷控制指令。载荷控制指令是由指令编制软件依据卫星制造方约定协议和控制文件,将载荷控制动作分解后的一系列设备的指令和参数,以及每条指令对应的执行时间,通过指令编制技术,编制并打包生成的多个数据帧。卫星收到载荷控制指令后,由星务中心计算机译码解析,下发给载荷各设备和软件,使其按时间要求实施相关操作。

2. 指令编制的输入

指令编制的输入为载荷控制计划。载荷控制计划一般包括相机成像记录需求、相机成像实时传输需求、相机成像边记录边数传需求、数传回放需求、固态存储器擦除需求等内容。

相机成像记录需求涉及相机和固态存储器的控制,包括相机成像开始时间、相机成像时长、卫星侧摆角度、卫星俯仰角度、相机机动角度、相机的各种设置参数、固态存储器文件号、固态存储器写入参数等内容。

相机成像实时传输需求涉及相机和数传载荷的控制,包括相机成像开始时间、相机成像时长、侧摆角度、俯仰角度、相机机动角度、相机的各种设置参数、数传的各种设置参数、数传天线指向调整等内容。

相机成像边记录边回放需求涉及相机、固态存储器和数传的控制,包括相机成像开始时间、相机成像时长、侧摆角度、俯仰角度、相机机动角度、相机的各种设置参数、固态存储器文件号、固态存储器写入参数、数传的各种设置参数、天线指向调整等内容。

数传回放需求涉及固态存储器和数传的控制,包括固态存储器文件号、固态存储器读出参数、数传的各种设置参数、天线指向调整等内容。

固态存储器擦除需求包括固态存储器文件号和固态存储器擦除参数等内容。

3. 指令模板管理技术

指令模板管理技术是将载荷控制计划分解为指令序列和参数列表的一种手段和方法,它为载荷控制计划解析和载荷控制指令编制之间搭建了一座桥梁。指令模板是通过整理载荷具体操作指令和载荷所需参数,结合载荷具备的任务能力,梳理形成的载荷任务和指令、参数之间的对应关系。

下面以某卫星为例说明指令模板管理的实施步骤。

(1)从卫星载荷使用说明文件中提取所有的载荷操作指令,载荷操作指令一般包括指令代号、指令码字、指令名称、指令功能说明、指令作用的设备、指令执行持续时间、指令执行前提条件、指令是否带参数、指令参数列表等内容。指令代号是指令的唯一标识,一个指令代号对应唯一的一条指令。

(2)从卫星载荷使用说明文件中提取所有的载荷参数,载荷参数包括一般参数代号、参数名称、参数意义说明、参数对应的设备、参数取值范围等内容。参数代号是载荷参数的唯一标识,一个参数代号对应唯一的一个载荷参数。

(3)遍历所有的载荷操作指令,每个载荷操作指令通过指令所带参数对应到一组参数,在参数列表中,通过参数代号查找与此载荷操作指令对应的参数加载到此载荷操作指令中,并依据各个参数的取值范围和参数在此指令中的实际意义给参数赋默认值,生成带参数的指令列表。

(4)从卫星载荷使用说明文件中提取所有的载荷任务,提炼出载荷任务模板,载荷任务模板一般包括模板标识、模板名称、载荷类型、载荷名称、模板包含的指令、模板中指令的相对执行时间、模板包含的参数等内容。模板标识对应唯一的一个任务模板。

(5) 遍历所有的任务模板,对于每个任务模板,再遍历其包含的所有指令,通过指令代号在指令列表中查找相应指令加载到任务模板中,结合此指令对应的相对执行时间,梳理任务模板中的指令序列。遍历所有的任务模板,对于每个任务模板,再遍历其包含的所有参数,通过参数代号在参数列表中查找对应的参数加载到任务模板中,并依据各个参数的取值范围和参数在此任务模板中的实际意义给参数赋默认值。

通过上述 5 个步骤,即可生成卫星载荷对应的指令模板,指令模板就是任务模板和指令序列以及参数列表的对应关系,任务模板和指令序列、参数列表可以是一对一的对应关系,也可以是一对多的对应关系。

在实际工程应用中,卫星载荷使用文件变化较多,指令模板技术的设计和使用不仅起到了搭建载荷控制计划加载到载荷控制指令编制的桥梁的作用,同时降低了业务和指令编制过程的耦合性。在卫星载荷使用文件频繁变化时,不用再修改指令编制的其他模块,通过指令模板技术修改维护即可适应。

4. 载荷控制计划加载

载荷控制计划是由计划编制软件生成的,作为指令编制软件的需求和输入,载荷控制计划内包含多个载荷控制动作。载荷控制计划的接口形式一般为数据库表,载荷控制计划加载即是从数据库中读取载荷控制计划和载荷控制动作的过程。

载荷控制计划加载包括下列步骤。

(1) 读取所有未完成指令编制操作的载荷控制计划,一般包括计划编号、卫星代号、计划开始时间、计划结束时间、计划上注圈号、计划入库时间等内容。计划编号是载荷控制计划的唯一标识,一个计划编号对应一个载荷控制计划。

(2) 选择要进行指令编制的载荷控制计划,提取计划编号,构造以计划编号为查询条件的查询语句,查询并加载此载荷控制计划包含的所有载荷控制动作。载荷控制动作一般包括计划编号、动作编号、卫星代号、动作开始时间、动作持续时间、动作名称、动作上注圈号、动作执行圈号以及载荷控制计划涉及的所有参数的值等内容。

(3) 遍历所有已加载的载荷控制动作,每个载荷控制动作通过动作名称映射到对应的指令模板和参数模板,载荷控制动作和指令模板、参数模板可以是一对一的对应关系,也可以是一对多或是多对一的对应关系。载荷控制动作映射到指令模板和参数模板后,就可以通过上文介绍的模板管理技术,进一步映射到指令序列和参数列表。将映射到的指令序列和参数列表加载到此载荷控制动作中。

(4)在载荷控制动作分解为指令序列和参数列表后,将从载荷控制计划中读取的参数值填充到载荷控制动作包含的指令序列和参数列表中。再次遍历所有已加载的载荷控制动作,将每个载荷控制动作对应的动作开始时间、动作持续时间、动作对应的参数值等填入至指令序列和参数列表中。

经过上述 4 个步骤,便可完成载荷控制计划加载,并通过模板管理技术将载荷控制计划分解为指令序列和参数列表。指令序列和参数列表是后续载荷控制指令编制部分的需求和输入。

5. 载荷控制计划检验

载荷控制计划检验包括完整性检验、参数合法性检验、动作间间隔要求检验、单圈能源要求检验、区分地影区和光照区的能源要求检验等。载荷控制计划检验作为载荷控制的最后一个环节,扮演卫星载荷安全控制监督的重要角色。载荷控制计划检验是否准确,直接影响载荷控制指令是否能正常执行。

载荷控制计划检验主要完成下列几个任务。

(1)完整性检验。完整性检验是针对每个载荷控制动作进行检验。检验过程是遍历加载的所有载荷控制动作,根据上文载荷控制计划加载模块中载荷控制动作的分解,提取所有的指令序列和参数列表,比对载荷控制动作和参数列表,检验所给载荷控制动作中包含的参数是否能完全覆盖参数列表,载荷控制动作中没有给出的参数值是否可以直接使用指令模板管理中给出的默认值,如果载荷控制动作中未能覆盖所有的参数列表且参数值不能采用默认值时,给出所给载荷控制计划不完整的警告。

(2)参数合法性检验。参数合法性检验也是针对每个载荷控制动作进行检验。检验过程是遍历加载的所有载荷控制动作,根据上文载荷控制计划加载模块中载荷控制动作的分解,提取所有的指令序列和参数列表,将载荷控制动作中参数的值赋值给参数列表,通过参数列表中的参数值域检验参数是否符合约束。如果载荷控制动作所给参数值不在参数值域范围内,则给出所给载荷控制计划不符合参数合法性检验的警告。

(3)动作间时间间隔要求检验。动作间时间间隔要求检验是对任意两个载荷控制动作之间的时间间隔的约束的检验,检验过程是从卫星载荷使用说明文件中提取任意任务模板间时间间隔的要求,然后遍历载荷控制动作,计算任意两个载荷控制动作之间的时间间隔,比对是否符合任务模板时间间隔要求,不符合时,给出载荷控制计划不符合动作间时间间隔要求的警告。

(4) 单圈能源要求检验。单圈能源要求检验是对一个轨道圈内载荷最多可以工作多长时间的检验。检验过程是遍历载荷控制动作,对于每个载荷控制动作,再遍历其包含的指令序列和参数列表,统计每个载荷控制动作从载荷开机到载荷关机一共多长时间。遍历所有的载荷控制动作,在每个载荷控制动作开始的滑动轨道圈(指从每个载荷控制动作的载荷开机时间开始,持续一个轨道圈的时长结束,在这段时间内计算所有载荷控制动作中载荷开机的总时间)内,计算载荷开机总时间。若大于允许开机的最大时间,则给出载荷控制计划不符合单圈能源要求检验的警告。

(5) 区分地影区和光照区的能源要求检验。区分地影区和光照区的能源要求检验需要调用轨道计算中的地影区计算,向轨道计算软件发送地影区计算请求,并读取轨道计算软件返回的轨道计算文件,提取出所有的地影区和光照区的时间段,遍历所有的地影区和光照区,计算每个地影区和光照区中载荷开机的总时间,然后通过给定的检验公式验证地影区和光照区的能源要求是否符合,不符合时,给出载荷控制计划不符合地影区和光照区的能源要求检验的提示。

6. 载荷控制指令编制

经过载荷控制计划加载和载荷控制计划分解后,载荷控制计划已经分解成多个指令序列和参数列表的组合,载荷控制指令编制即是把这些组合按照卫星载荷使用文件定义的基于 CCSDS 协议的指令格式编制成载荷控制指令的过程。

载荷控制指令编制分以下几步完成。

(1) 遍历所有的指令序列,针对每一条指令查看其是否带参数,如果指令带参数,加载其对应的参数列表。从卫星载荷使用说明文件中提取该指令的参数填充说明,按照说明将参数列表一一填充到指令码字中,生成不带参数的指令码字。遍历完成后,对于所有的载荷控制动作,其指令序列中每条指令的指令码字都应该是不带参数的字符。

(2) 遍历所有的指令序列,整理指令的分类,将同一类型的指令按照该类指令的协议填充数据域,指令数据域的填充协议一般分为带有时间码字的指令协议和不带时间码字的指令协议。对于不带时间码字的指令协议，指令数据域填充直接将指令码字按照协议规定的格式填充为指令数据域；对于带有时间码字的指令协议，指令数据域填充，需要对应指令序列中每条指令对应的执行时间，将指令执行时间减去卫星载荷使用说明文件中规定的基准时间得到的总历时秒数转换为对应的时间码字，指令码字和时间码字按照协议填充为指令的数据域。

（3）按指令类型生成不同指令类型的指令数据域后，针对每种指令类型，其指令数据域一般需要打包生成指令数据包，从卫星载荷使用说明文件中提取该指令类型对应的指令数据包打包协议，按照数据包打包协议打包生成指令数据包。需要特别注意的是，打包指令数据包时一般需要切分指令数据域的内容，如何切分指令数据域在不同的卫星说明中切分规定略有不同：有的卫星要求不同的载荷控制动作不能在同一个数据包中；有的卫星要求载荷控制动作的指令不能跨包；有的卫星则要求按最大长度打包，即只要指令能放到上一个数据包里，不管指令是属于同一个载荷控制动作还是属于不同的载荷控制动作，都应该放到上一个数据包里。不同的打包协议可以生成完全不同的载荷控制指令数据包。

（4）遍历每种类型指令生成的多个指令数据包，对于每个数据包，从卫星载荷使用说明文件中提取该数据包对应的数据帧的协议格式，按载荷控制指令数据帧格式要求填充载荷控制指令数据帧。载荷控制指令数据帧头中主要说明了此数据帧是作用于哪个下位机的，以及数据帧和其他数据帧的关系、数据帧的长度、是否带有辅导头等内容。

（5）上一步已经完成将指令序列生成载荷控制指令的过程，但是对于有些卫星，载荷控制动作还包含参数列表，对于这种格式，还需要遍历所有载荷控制动作的参数列表，从卫星载荷使用说明文件中提取该参数列表的打包格式，再调用第三步生成参数数据包，调用第四步生成参数数据帧。

通过上述 5 个步骤，就完成了将载荷控制计划分解的指令序列和参数列表打包生成载荷控制指令的过程。在实际使用中，每颗卫星载荷控制指令的打包格式往往都具有一定的差异，所以在载荷控制指令的编制打包过程中，一定要再三确认打包协议和卫星载荷使用说明文件的一致性，才能保证载荷控制指令生成的正确性。

5.2.3 指令检验

在卫星载荷控制中,载荷控制指令的正确性影响非常大,载荷控制指令的错误不仅会导致任务的失败,甚至可能会影响到卫星的安全。为了保证载荷控制指令的正确性,增加载荷控制的可靠性,必须对载荷控制指令进行检验。载荷控制指令指令检验分为地面指令检验和星地指令检验两个部分。

1. 地面指令检验

地面指令检验可以采用生成载荷控制指令时采用双机同时生成指令的方式进行比对,比对通过才可将指令上注卫星,降低差错率。

载荷控制指令双机比对是两个台位同时进行载荷控制指令编制,将两个台位生成的载荷控制指令进行比对,是提高载荷控制指令正确性的一种措施。

除了载荷控制指令双机比对,另一个保证载荷控制指令正确率的环节是载荷控制指令反演,将在5.2.4节中详细介绍。

2. 星地指令检验

星地指令检验是指在指令上注时检验卫星接收指令是否正确。卫星直接指令的检验采取两级验证的方式:一级验证是在指令或指令链发出以后,通过遥测检查指令计数,确定指令接收是否正确,若不正确则重发该指令或指令链,若正确则监视相应的遥测参数;二级验证是在监视到相应的遥测参数不正确时,重发该指令或指令链,若正确则继续后续指令的发送。

间接指令的检查也采取两级验证的方式:一级验证是在指令或指令链发出以后通过检查上行数据及校验状态,确定指令数据块接收是否正确,若不正确则重发该指令或指令链,若正确则监视相应的遥测参数;二级验证是在监视到相应的遥测参数不正确时,重发该指令或指令链,若正确则继续后续指令的发送。

5.2.4 指令反演

载荷控制指令反演是载荷控制指令编制的反过程,也称为载荷控制指令反编,即是将载荷控制指令编制完成后的载荷控制指令码字反向编制,生成指令序列、参数列表以及载荷控制动作参数值的过程。将指令反过来显示成可直观查看内容,可检查每个指令块的详细情况,了解载荷工作的具体内容。指令反演可用于一些异常的查找和历史记录的查询。

载荷控制指令反演分以下4个步骤完成。

(1) 从卫星载荷使用说明文件中提取载荷控制指令数据帧协议格式,按照载荷控制指令数据帧协议格式将载荷控制指令翻译为载荷控制指令数据包和数据帧头协议参数,一般包括此数据帧对应的下位机、此数据和其他数据帧的关系、数据帧的长度、是否带有辅导头等内容。

(2) 从卫星载荷使用说明文件中提取载荷控制指令数据包协议格式,按照载荷控制指令数据包协议格式将载荷控制指令数据包翻译为载荷控制指令数据域和数据包头协议参数,一般包括此数据包的包序号、此数据域的执行时间、此数据域的类型、此数据域中指令的类型等内容。

(3) 根据第二步确定的数据域中指令的类型,确定该数据域对应的卫星载荷使用说明中的数据协议格式,按照此数据格式,将载荷控制指令数据域内容反演为指令序列或参数列表,一般包括指令码字、指令时间码字、参数代号、参数列表、参数值域、对应的参数取值等内容。

(4) 遍历反演生成的指令序列,对于每条指令,通过指令码字在指令模板模块维护的指令数据库表中查找该条指令,如果指令带有参数,再按照指令参数格式反演生成参数列表和参数的值,一般包括指令代号、指令说明、指令是否带参、指令对应的参数列表、指令对应的参数取值等内容。

通过以上4个步骤,可以将载荷控制指令反演生成指令序列和参数列表,并给出参数的具体取值。载荷控制指令反演的目的即是将反演生成的指令序列、参数列表、参数取值和载荷控制指令编制的输入进行比对,若比对发现错误,则说明载荷控制指令编制或载荷控制指令反演有误,从而可以保证载荷控制指令的正确性。

5.2.5 指令传输

卫星指令传输是指卫星任务管控系统将生成的卫星指令传输至负责指令上注的卫星测控系统的过程。指令传输的数据一般包括版本号、任务标志、信源、信宿、数据标志、包序号、处理标志、保留(预留)、发送日期、发送时标、数据长度、数据域等信息。因网络传输过程中会出现丢帧、干扰等异常,在载荷控制指令的传输引入检验机制。通常采用的检验机制如下。

(1) 每秒传送1帧,重复3帧,然后传送1帧信息发送结束。

(2) 接收方收到信息发送结束,对本帧数据进行3取2比对,正确后发送3帧回答,每秒1帧,对本帧数据进行回答。

(3) 卫星任务管控系统若收到 3 帧回答中的任何一帧,则继续发送后续数据。

(4) 若卫星任务管控系统在指定时间内未收到回答信息,则立即停止发送本帧数据。重发指定遍数,若还未收到回答信息,则停止发送数据,查找原因。

(5) 卫星任务管控系统发送最后一帧数据,并收到回答后,连发指定帧数的发送结束信息,表示数据发送过程结束。

第6章 卫星状态监视技术

6.1 概述

6.1.1 遥感卫星基本组成

遥感卫星主要由有效载荷和卫星平台两部分组成,其中对于成像遥感卫星来说,有效载荷分系统主要包括光学相机、合成孔径雷达、数传设备等(见图6-1)。

卫星平台主要由以下7个分系统组成。

(1) 推进分系统。对卫星姿态进行高精度测量与高精度控制,同时驱动太阳翼对日定向控制以确保卫星能源供给,具有快速侧摆机动、卫星轨道保持和机动等能力。

(2) 测控分系统。完成卫星的遥测遥控和测距任务、全球卫星导航数据服务等工作。

(3) 电源分系统。电源分系统分为一次电源和二次电源两个子系统,负责在整星寿命期间,在卫星各种模式下为整星提供电功率。

(4) 数管分系统。数管计算机,是卫星的大脑和控制中枢,负责遥控、遥测、程控、时间管理、自主管理、内务管理、总线管理、载荷数据服务、平台数据存储、数据保护、软件在轨维护等工作。

(5) 热控分系统。采用连续工作的模式,合理地采用各种可能的方法,通过控制星体内、外热交换,为星上的仪器设备提供合适的热环境。例如,为具有严格温度要求的相机等关键设备提供合适的界面温度。

(6) 结构与机构分系统。为星上设备提供安装面和安装空间,并实现星上设备的安装和定位。

（7）环境监测分系统。主要用于卫星发射阶段力学环境测量和在轨飞行期间空间大气密度及力学环境的监测，由大气密度探测器和力学采编单元组成。

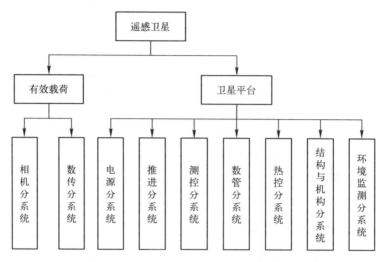

图 6-1　成像遥感卫星基本组成

6.1.2　卫星状态监视的作用

随着在轨卫星数量、设计寿命和型号种类的持续增加，维持卫星的安全稳定运行变得越来越重要。在轨卫星长期运行在空间环境中，受到多种不确定性因素的作用，其性能与功能可能随时间发展而发生变化。即使在卫星设计中充分考虑了各种因素，发射前也进行了大量的模拟实验，但随着时间的推移，卫星在轨故障也会呈现出越来越多的趋势。因此，无论是卫星任务管控部门，还是卫星测控部门，都需要对在轨卫星进行长期、持续的状态监视，对卫星可能出现的故障进行诊断处理，提高卫星在轨运行的安全性和可靠性。

通过对卫星的测控管理，可以获得大量卫星遥测数据，这些数据中蕴含了卫星平台和有效载荷的重要状态参数。卫星状态监视就是通过分析星上下传的遥测数据，对卫星平台和有效载荷的工作状态进行实时监视，对已经发生或即将发生的故障进行诊断或预测。

卫星状态监视主要有两方面作用：一是有效载荷工作状态监视；二是卫星平台和有效载荷故障诊断。

1. 有效载荷工作状态监视

卫星有效载荷按照卫星用户编制的控制指令完成动作序列,如相机开机、固存加电、数传控制单元开机等。有效载荷工作状态监视的作用是判断有效载荷是否按照卫星指令完成了规定动作。

当发现有效载荷工作状态错误时,可能的原因包括卫星有效载荷控制计划编制有误、卫星指令编制有误、卫星指令上注失败、有效载荷故障等。此时,需要根据经验,对有效载荷控制计划、卫星指令和卫星上注结果进行检查。

遥感卫星有效载荷有实时传输、记录、对地回放、快写慢放等工作模式,不同工作模式对应的动作序列不尽相同。例如,记录工作模式时,数传系统不工作,相机系统工作;回放工作模式时,数传系统工作,相机系统不工作。实时传输工作模式时,观测数据不经过固存,直接送至数传系统;快写慢放工作模式时,观测数据先写入固存,然后读出送至数传系统。不同的工作模式,出现故障的表现也各不相同。

2. 卫星平台和有效载荷故障诊断

故障是指系统至少一个特性或参数出现较大的偏差,并超出了可接受范围,导致系统性能低于正常水平,甚至难以完成预期功能。卫星平台和有效载荷故障诊断是指通过一定方法和技术手段,确定卫星平台和有效载荷是否发生了故障以及判断故障类型,进而实现故障决策。

6.1.3 卫星状态监视的特点

随着卫星技术的迅速发展,卫星系统的结构更加复杂,功能要求日益提高,对其可靠性和安全性的要求也越来越高,这些因素促使卫星状态监视具有以下特点。

(1) 卫星型号间差异大,有效载荷工作模式多。高分辨率卫星任务管控系统管理的卫星数量较多,有可见光、红外、微波、高光谱等多种载荷类型,不同类型有效载荷的工作模式不同,导致不同卫星的状态监视重点有所差异。

(2) 数据速率快,数据多样化。在卫星系统中,各个环节都会产生海量数据,如卫星电源系统、姿态控制系统等。为了保证卫星运行过程中的稳定性,安装部署在卫星上的传感器及智能终端越来越多,各个传感器搜集的反映卫星各个组件状态数据变化频率越来越快,产生了比以往粒度更细的卫星遥测数据。为了提高系统的可靠性和安全性,卫星所搜集的数据样式也越来越多,包括时序数据、二进制数据、符号数据、文本及图像等。

（3）监视参数多，故障类型多。卫星作为一个大型复杂系统，用于描述其各个部件的参数多达几千个，如果用这些参数和时间建表，表的列数将达几千列，行数达到上亿行。参数多带来的最大问题是，参数之间可能互相影响，如故障 A 发生时造成参数 a 数值下降，而故障 B 发生时则造成参数 a 数值上升，当故障 A 和故障 B 同时发生时，由于在参数 a 上的影响相互抵消，因此，可能造成故障漏检的结果。组成卫星的部件和组件成千上万，决定了卫星故障类型也会至少达到相同的数量级，这大大增加了卫星状态监视的复杂度。

卫星状态监视主要涉及卫星遥测技术和卫星故障诊断技术。通过卫星遥测技术，可以获取卫星部件的工作参数；通过卫星故障诊断技术，可以从海量的遥测参数中提取异常参数并定位故障类型。

6.2　卫星遥测技术

遥测，从广义上讲，是指不与目标直接接触，将目标参量的近距离测量值传输至远距离的测量值来实现远距离测量的技术。从卫星应用的狭义角度上讲，遥测是指利用卫星传感器，以电磁传播的方式，从地面对卫星进行监视的一种手段。

遥测按照类别可以分为实时遥测、延时遥测和组合遥测 3 种。实时遥测反映卫星当前实时状态，可监视时间范围只能是地面测控站可见时段，优点是传感器参数采样频率高(秒到数秒)，缺点是只能覆盖测控范围的有限时段；延时遥测(存储遥测)反映进入可见弧段前的卫星状态，优点是能覆盖监视所有时段，缺点是传感器采样频率低(分钟到数分钟)；组合遥测是指卫星通过地面测控站时，由地面发令切换，实时遥测和延时遥测以一定比例下传。

6.2.1　卫星遥测系统组成和工作原理

卫星遥测系统可以分解为数据采集单元、数据传输单元及数据处理单元 3 部分，如图 6-2 所示。数据采集单元可细分为传感器、信号调节器、多路复用装置 3 部分。数据传输单元可细分为信道编码器、射频调制器、传输信道、接收机、解码器、分路设备 6 部分。数据处理单元可细分为串行数据记录器、并行数据记录器、数据处理与数据显示 4 部分(图中未展示)。

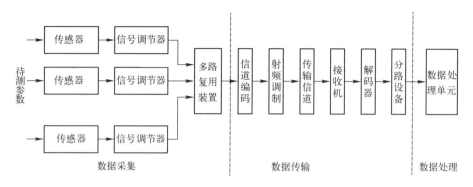

图 6-2　卫星遥测系统原理框图

1. 数据采集

将需要测量的参数(如温度、电压等)转换成适于采集和传输的规范化信号,完成这一过程主要依靠各种传感器和变换器,传感器把被测参数变成电信号,变换器把电信号变换成满足传输要求的信号。

数据采集通过传感器将分散的各种被测参数变换为标准的电量信号,通过信号调节器变换放大到适合于多路复用装置要求的信号,然后复用成可以用于传输的数据流。

1) 传感器

传感器在卫星遥测系统中少则几十个,多则上万个。对使用的传感器有 3 点要求:精度高、体积小、工作可靠。

根据数字遥测系统的要求,传感器精度一般要求达到 1%。为了减少体积,有些传感器往往与信号调节器合为一体。由于被测对象都很复杂,需要测量的参数很多,传感器本身体积需要向小型化发展,因此一般选用固态传感器。

2) 信号调节器

不同传感器输出信号可能不一致,但是多路复用输入信号形式与大小应当一致,因此,两者之间需要加入信号调节器,将不同传感器的输出变成相同范围的电平模拟量。

信号调节器同样要求精度高、体积小、可靠性高。调节器有两个发展趋势:一个是面向传感器;另一个是面向传输系统。一般采用计算机控制信号调节器的放大倍数、滤波器的截止频率、调制电平等。

3) 多路复用装置

多路复用可以分为时分、频分、码分 3 种。

(1) 时分是将各路参数的调幅脉冲序列按时间排列输出并周期性循环。开始时,用一个特殊的脉冲表示,每一周期为一帧。

(2) 频分是将每一个被测参数调制一个副载波,多个副载波频率均不相同。

(3) 码分是用一组正交函数作为副载波实现的多路复用。在接收端,利用正交函数的正交性实现信号的分解。

2. 数据传输

全部遥测信号需要通过特定频率微波传送到远距离的接收地点。完成这一过程主要依靠遥测发射机和遥测接收站,遥测发射机把遥测信号转换成电磁波信号,遥测接收站把远距离传输来的电磁波信号还原成遥测信号。

数据传输可以分为信号调制、传输调制、信道传输、射频接收解调、信号解调、信号分路6部分。

(1) 信号调制。信号调制在多路复用后对其进行调制,使其有利于传输。最常见的为脉冲编码调制(Pulse Code Modulation,PCM)调制。优点是:易于进行信源编码、信道编码和保密编码,集成度较高,易于和数字设备接口,便于计算机进行数据处理。

PCM调制之后还需要加上编码,用以纠正错误,提高传输性能。

(2) 传输调制。数据流在经过无线信道传输时必须进行高频调制,在发射机中完成。射频调制分为频率调制(Frequency Modalation,FM)、相位调制(Phase Modulation,PM)、幅度调制(Amplitude Modulation,AM)3种。一般导弹、火箭多使用FM调制,在起飞阶段抗多径衰落效应好。对于卫星等航天飞行器一般使用PM调制,主要为了增大作用距离。AM调制现在基本已经不使用。

(3) 信道传输。发射和接收天线分别装在被测物体和地面遥测站,发射天线与被测物体一体化设计。对于导弹、运载火箭而言,因需要在大气层中高速飞行,发射天线体积不能太大,以免影响被测物体性能。对于卫星来说,虽起飞阶段天线装在整流罩内,对气动性能考虑较少,但是整流罩内电子设备和天线很多,为防止彼此相互影响,对天线的安装有较大限制。设在地面站的接收天线,一般使用跟踪天线用来接收卫星发送的信号。若使用P频段,由于频率低、波束比较宽、覆盖区比较大,可用手控或者程序跟踪。若使用S频段,由于频率高、波束窄、覆盖区比较小,必须使用自动跟踪。一般地,S频段采用抛物面天线。

跟踪系统必须满足一定的角速度和角加速度要求,具有捕获目标及丢失目标之后重新捕获目标的能力。

（4）射频接收解调。射频接收解调是传输调制的反变换,在射频传输调制时,有的有载频谱线,有的只有连续波功率谱没有载频谱线。与此对应的接收端的跟踪体制也有两种:一种使用载频谱线产生跟踪误差控制信号;另一种使用连续功率谱产生跟踪误差控制信号。

（5）信号解调。PCM 遥测系统在接收端首先从有杂音干扰的码流中提取信号,提取时为了对准码位,必须利用码同步器使提取码同步。码同步器是影响接收质量一个很重要的部件,有数字式、模拟式、数字模拟混合式等几种环路。在提取码同步之后利用它对准信号码位,进行码字检测,恢复出数据码字。

（6）信号分路。信号解调之后形成了一个串行的码流,在使用的时候还需将各个被测参数的码字由码流中分路出来,从码流中分离参数主要利用被提取的帧同步信号。

3. 数据处理

根据使用要求对接收到的被测参数进行各种处理。数据处理的要求可能每次都不相同,有集中处理和分散处理两种方式:分散处理就是在各个地面站分别处理;集中处理就是将地面站的数据流传至处理中心,由处理中心集中处理。

6.2.2　卫星遥测数据的特点

卫星从发射升空开始,每一秒都会产生大量的数据,具有数据量大、参数类型多、维度高、正常数据多、故障数据少等特点。以卫星姿态控制系统为例,包括惯性传感器、光学传感器等多种传感器,这些传感器提供大量信息。同类的多个传感器能够提供冗余信息,经过处理后可以有效地抑制噪声,降低信息的不确定性,同时使得单颗卫星的遥测数据有可能突破 TB 级。假设卫星姿态控制系统一共有 10 个传感器,分别以不同的频率搜集数据。假设每次搜集的数据用长整型 long(4B) 存储,则该传感器一天将收集的数据为 $24\times60\times60\times10\times4$,约为 3MB/天,而这样的传感器在卫星系统中有成千上万个。

除了数据海量、类型多样,卫星遥测数据还有其他特点。

（1）参数类型多。每颗卫星都有几千个遥测参数。

（2）维度高。遥测数据维度是指一段时间内的遥测数据长度,与时长和传感器搜集频率成正比。卫星在较短时间内遥测数据长度可以累积很长,也就是达到很高的维度。

(3) 大量的正常数据。高可靠性以及通过冗余组件获得的高鲁棒性使得卫星在大多数情况下运行是正常的,因此,大部分情况下的遥测数据是正常状态下的数据。

(4) 少量的故障数据。相对于正常数据,卫星可用于研究学习的故障数据非常少。

6.2.3 卫星遥测参数变化规律

卫星遥测参数是进行故障诊断的基础,包括电压、电流、温度、压力、计数、星上设备状态等,既有模拟量又有数字量。遥测参数的变化有的受空间环境影响较大,有的与卫星工作状态直接相关,呈现出各种变化规律。

1. 遥测参数平稳变化或维持在一恒定值附近

在卫星设备状态未发生改变时,遥测参数的变化率不会改变,参数平稳变化。此类参数主要包括特定卫星状态下的电压、温度参数等。参数变化曲线如图 6-3 所示。

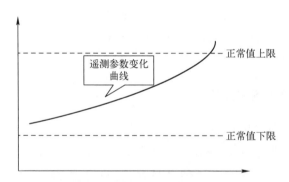

图 6-3 遥测参数平稳变化或维持在一恒定值附近

2. 无状态及测控事件发生而参数变化率有阶跃性跳变

在没有状态、事件发生时,遥测参数的变化率突然发生变化,参数变化曲线如图 6-4 所示。出现此种情况时,很可能是异常情况,应重点关注。

3. 与卫星状态及测控事件相关联的遥测参数

在卫星状态改变或测控事件发生后,该类遥测参数是否异常的判断准则发生改变,应按新的诊断知识进行判断。例如,加热器打开,温度会开始上升,然后稳定在一定的范围内,参数新的变化范围与原来会有一定的差别,但属于正常情况,只是状态发生前后判断准则不同。参数变化曲线如图 6-5 所示。

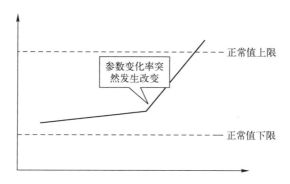

图 6-4　遥测参数变化率有阶跃性跳变

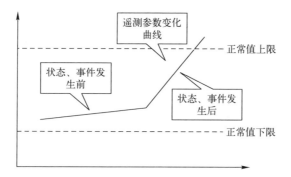

图 6-5　卫星状态、测控事件导致的遥测参数变化率阶跃性跳变

另一种情况是状态发生改变或事件发生后，参数曲线突然跳变。例如，在卫星由光照区进入地影区时，太阳翼输出电流会产生突变，平台和载荷的设备开机时其工作电压、工作电流也会发生较大幅度的变化。此情况与图 6-5 中所示基本相似，但参数会在此点上进行突变，属正常情况，只是状态发生前后判断准则不同。参数变化曲线如图 6-6 所示。

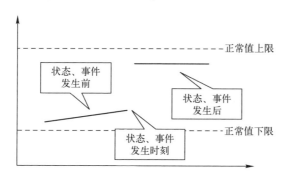

图 6-6　卫星状态、测控事件导致的遥测参数突然跳变

4. 参数周期性变化

卫星遥测数据以年、月或天为周期变化,每个周期的数据可能会略有差别。参数变化曲线如图 6-7 所示。

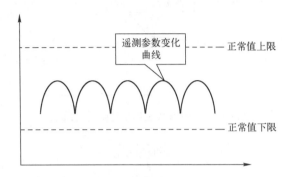

图 6-7　遥测参数周期性变化

6.3　主要典型卫星故障

卫星在轨故障发生概率较小,但一旦发生,造成的损失往往很大。目前,国内对收集到的 1994 年至 2014 年国外公开发布的 246 颗卫星在轨运行期间发生的故障统计分析发现,除有效载荷外,卫星平台的姿态控制、电源、推进 3 个系统发生的故障所占比例最高,并且一旦发生故障,通常会造成卫星的整星失效。

6.3.1　卫星故障的定义和分类

对于一颗由数十万个甚至上百万个机、光、电元器件组成并集多种高科技于一体的卫星而言,很难保证在运行过程中不出任何问题。

故障是指系统至少一个特征或参数出现较大的偏差,并超出了可接受的范围,导致系统的性能低于其正常水平,甚至难以完成预期功能。卫星是一个庞大且复杂的系统,其故障发生的原因也显得错综复杂。具体来讲,可以分为以下几类。

(1) 执行机构故障。体现为执行器元件的损坏、老化或者物理特性发生改变等因素引起故障。

(2) 控制单元故障。体现在软件设计缺陷所造成的功能失效。

(3) 传感器故障。传感器部件在非正常工作状态下产生偏离真实数值的错误读数。

（4）系统故障。一种更常见也更容易发生的故障类型。其发生的诱因非常复杂，可能是一个，也可能是多个因素的组合所引起的，如物理特性异常、软件设计缺陷、元件失效以及部件老化等。

卫星的故障表现通常有突变型、渐变型、间歇型3种，如图6-8所示。

（1）突变型。如传感器执行机构等部件的信号突然跳变。

（2）渐变型。从无故障模式逐步到故障模式，如部件老化、机械摩擦增大等现象。

（3）间歇型。可能由于系统开关部件的接触不良或线路老化引起的阻抗变化、绕组瞬间短路、绝缘不好等因素造成的。

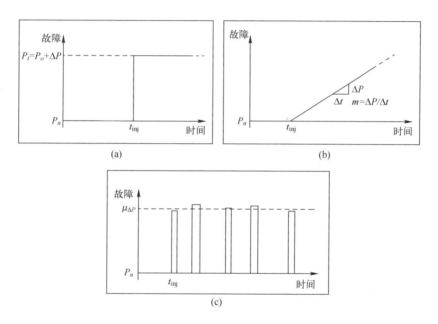

图6-8 卫星故障类型

(a) 突变型；(b) 渐变型；(c) 间歇型。

6.3.2 姿态控制系统故障

卫星姿态控制系统是一个包含敏感器、执行器、星载计算机及其他元件的闭环控制系统，不论哪一个元件发生故障，都有可能导致整个闭环工作失效（图6-9）。

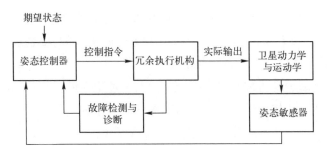

图 6-9 姿态控制系统原理图

姿态控制系统中比较容易发生故障的执行器包括推力器、动量轮、磁力矩器等,比较容易发生故障的敏感器包括速率积分陀螺、红外地球敏感器、数字式太阳敏感器、星敏感器。对于星载计算机及其他组成元件,一般发生故障概率较低。但如果发生故障,其处理情况将会更加复杂。

1. 执行器故障

执行器故障是指全部或部分控制作用的丧失。完全失去控制作用的情况称为执行器的"卡死",如断裂、短路、线路烧毁或执行器中存在异物等导致的结果。部分失去控制作用的情况是只产生正常执行机构的一部分驱动作用,如由液压或气动泄露、电阻增加、电源电压下降等导致的结果。动量轮是一种典型的非线性执行器,实现对星体姿态角偏差和角速率偏差的精准控制。卫星在轨运行中,飞轮长期处于运转状态,因而很容易发生故障。根据实际工程经验可知,动量轮主要可能发生 4 种故障:空转、停转、摩擦力矩增大、转速持续下降(表 6-1)。

表 6-1 飞轮典型故障

故障模式	故障表征
空转	飞轮不能响应正常的控制力矩指令,造成飞轮减速或转速不能改变
停转	输出力矩首先产生一个巨大的反向扰动,然后快速变为零
卡死	飞轮转速饱和,不能响应正常指令
摩擦力矩增大	飞轮输出力矩变小
转速持续下降	输出力矩叠加一个定向偏差

2. 敏感器故障

敏感器故障是指敏感器输出读数不正确。敏感器故障分为完全故障和部分故障。敏感器完全故障产生的测量信息与物理参数的真实值不相关,如由线路损毁、与表面失去接触等导致的结果。敏感器部分故障产生的测量信息与物理参数真实值相关,测量信息可以通过某种方式恢复,如由增益下降、读数偏置造成的偏置测量、噪声增加等。由于敏感器质量和尺寸较小,可以采用敏感器硬件冗余并行多数表决机制实现敏感器的容错控制,这种方法通常意味着成本显著增加(表6-2和表6-3)。

表6-2 星敏感器典型故障

故障模式	故障表征
姿态信息锁死	时序信号发生器故障
无信号输出	前置电路故障或预处理电路式中、CPU损坏
输出错误信号	预处理电路PROM、RAM接口损坏
星图识别故障	CCD出现疵点或力学形变

表6-3 卫星陀螺组典型故障

故障模式	故障表征
停转	陀螺输出为零,失效
饱和	陀螺输出为最大测量值范围
噪声增大	测量精度降低
漂移增大	测量输出带有偏差

3. 部件故障

部件故障是指被控对象本身的部件故障,所有不能归类为执行机构或敏感器故障的都是部件故障。这些故障代表系统物理参数的变化,如质量、空气动力系数、阻尼常数等,它们往往造成被控系统的动力学系数的变化。由于部件故障的多样性,涵盖了非常广泛的情况,使得它成为最困难的处理情况。

6.3.3 电源系统故障

卫星电源系统是卫星平台的子系统之一,将从外部获取的太阳能转化为可以利用的电能,并提供给卫星有效载荷和其他分系统,其可靠性和要求性要求很高。电源系统占整星质量比例为20%~30%,是卫星故障频发的系统之一。当前卫星使用的太阳阵卫星电源系统主要包括系统功率控制单元、太阳能电池阵、太阳翼驱动机构、蓄电池、S^3R功率调节器、配电电缆、配电器以及相关控制系统部分。其中系统功率控制单元由蓄电池调节器、功率调节器组成(图6-10)。

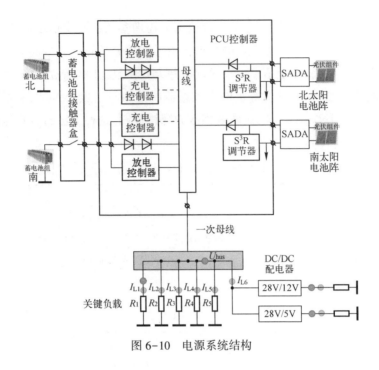

图 6-10 电源系统结构

国外的电源系统故障案例显示,在轨发生故障最多的部件是太阳阵,如图 6-11 所示。电源系统出现的故障中太阳阵的展开故障约占 20%,均为机构故障;太阳电池片和电路故障导致太阳阵输出功率下降约占 16%;静电放电导致的故障约占 15%,空间粒子辐射导致的故障占 16%,这两项故障均与太阳活动情况有关,如在 2001 年至 2004 年太阳活动高峰年周期,大约发生了 19 起太阳电池电路输出功率降低的故障。

1. 太阳翼故障

卫星太阳翼的整阵失效故障很少见,最常见的故障是功率输出能力的降低,包括单片太阳电池或电池电路故障、对日定向故障以及电池片性能退化。导致太阳电池电路失效的原因很多,包括微流星体伤害、高压电弧以及电源控制器功率元器件故障。合理的太阳翼设计中,电池片带有旁路二极管和电池串隔离二极管,单片电池或单串电池的失效对任务的安全性和顺利完成影响很小。另一个需要关注的太阳翼主要故障是它的性能衰降。太阳翼的性能衰降,通常由长时间空间粒子辐照、电池静电放电、太空灰尘沉积物(在电池表面),以及盖片玻璃胶受辐照变暗等情况引起。

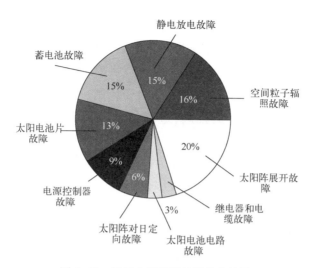

图 6-11 卫星电源系统故障分布统计

其他太阳翼故障包括太阳翼展开故障、太阳电池阵静电放电、太阳电池片布线和电池单体互连片开路故障(包括电池串开路、隔离二极管开路)等。

2. 蓄电池组故障

蓄电池组的故障经常由一个单体电池故障引起,它的性能衰退由性能差的单体电池造成。每种化学电池都呈现出不同的安全性能特征。例如,锂离子电池对过充相当敏感,氢镍、镉镍和镍锰电池可以承受一定的过充。所有电池的化学性能都对工作温度敏感,一般情况下,氢镍、镉镍电池的工作温度限制在 $-10 \sim 25$℃,锂离子电池的工作温度限制在 $-10 \sim 40$℃。蓄电池组故障包括蓄电池单体短路失效故障、蓄电池单体开路失效故障、蓄电池性能衰退、电池充放电电路故障导致电池失效。

3. 电源控制器故障

电源控制器主要由分流器、充电调节器、放电调节器构成。这类设备的故障主要集中在元器件和功率器件的失效,通常为突发性的,故障发生前很少有征兆,一般只能采用冗余的方式减少此类故障危害。

电源控制器故障包括蓄电池组充电调节器故障、蓄电池组放电调节器故障、太阳电池阵分流调节器故障。

6.3.4 推进系统故障

推进系统是卫星平台子系统之一,为卫星姿态控制和轨道调整提供动力,一般是单组元液体挤压式推进系统。单组元是指系统仅有一种推进剂作为燃料,而不像多组元推进系统由多种推进剂混合提供燃料。液体挤压式推进系统是指恒压装置以恒定的压力为整个系统提供推进剂,而不是采用涡轮泵压来给推进器提供推进剂,具有结构简单、易于控制、稳定性高的优点。推进系统主要由储箱、液体管路、加排阀、过滤器、自锁阀、压力传感器和推力器组成。

储箱主要存储推进剂,为各个推力器提供推进剂;液体管路用于疏导推进剂的流向;加排阀为整个推进系统提供恒定的压力,使推进系统在一个恒定压力的范围内工作;过滤器安装在液体管路中,用来过滤掉推进剂中的杂物,防止影响推力器的输出力矩;自锁阀用来控制管路的开通与关闭,保证推进剂单向流通。压力传感器测量管路中推进剂的压力,生成遥测参量;推力器推进系统的核心部件,通过催化推进剂形成高压气体通过喷管喷出,形成推进力(图6-12)。

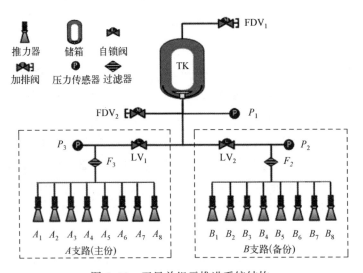

图6-12 卫星单组元推进系统结构

管道系统是整个推进系统的重要组成部分,也是最容易出现故障的部分,主要故障包括管道泄漏和管道阻塞。电磁阀是机械运动部件,电磁阀的阀芯能否达到指定位置,直接影响系统能否正常工作。推力器由电磁阀、集液腔、喷注器和喷管组成,主要故障包括喷注器阻塞或泄漏、喷管喉部腐蚀等。

6.4 卫星故障诊断技术

6.4.1 卫星故障诊断的要求

卫星在执行任务时,由于其运行环境及自身的特殊性,使得卫星故障诊断需要满足下面一些特殊的要求。

1. 诊断自主性

一方面,由于测控条件的限制,卫星的可见时间很短,造成在相当长一段时间无法对卫星状态进行控制;另一方面,当通信条件受到限制,星上的遥测数据无法全部传输到地面时,要求卫星应该具有自主诊断能力,能够在没有地面控制的情况下,自动判别系统当前的健康状态,生成处理策略,对卫星进行自主调整。

2. 诊断实时性

卫星长期运行在复杂的太空环境中,时刻受到多种不确定性因素,如地球外辐射带粒子、太阳耀斑以及宇宙射线等共同作用,微小故障若不能及时排除,可能导致更大的故障,造成严重的经济损失,因此,卫星故障诊断对实时性的要求较高。

3. 诊断准确性

卫星造价高,由故障造成的各方面损失巨大,这就使得卫星在故障诊断方面要具有极高的准确率,不能漏报任务故障,甚至是微小的故障征兆,在此同时,还要尽可能降低误报率。

目前,国际上卫星故障诊断应用较为成熟的系统包括健康使用管理系统(Health and Usage Management System,HUMS)、航天器健康管理系统(Vehicle Health Management,VHM)等。NASA 提出了航天器综合健康管理(Integrated Vehicle Health Management,IVHM)的概念,其中涵盖了需要反复使用的航天器中的推进器、执行器以及电子元件等的健康状态。管理人员可通过实时健康状态评估航天器在轨健康状态,完成针对航天器各个关键子系统的健康状态检测和评估,并进行故障诊断和处理。

另外,国际标准化组织根据 IVHM 的需求,制定了视情维修的开发体系(Open System Architecture for CBM,OSA-CBM),其中分为数据采集、处理、状态监测、健康评估、故障预测、推理决策和人机接口 7 个功能模块。开发人员可以便捷地基于 OSA-CBM 的标准构建对应的航天器的健康管理系统。

6.4.2 卫星故障诊断技术分类

针对卫星故障诊断技术分类,不少研究者给出了相似的分类方法。第四届国际故障诊断竞赛将故障诊断方法分为基于专家系统的方法、基于模型的方法、数据驱动的方法以及随机方法。德国故障诊断权威 P. M. Frank 教授将故障诊断方法划分为基于解析模型的方法、基于信号处理的方法和基于知识的方法。国内邢尹洪博士结合卫星故障诊断的特点,将基于知识的方法归纳到基于数据驱动的方法中,对卫星故障诊断技术分类为基于解析模型的方法、基于数据驱动的方法以及基于信号处理的方法(图 6-13)。

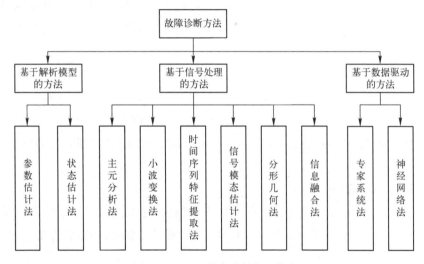

图 6-13 卫星故障诊断方法分类

6.4.3 基于解析模型的卫星故障诊断方法

基于解析模型的故障诊断是现代故障诊断技术发展的基础,也是发展最成熟、应用最广泛的一种方法。其核心是以分析系统数学模型为基础,通过参数估计、状态估计等多种方法产生残差,然后通过阈值或其他限定准则对该残差进行分析和下一步的故障处理。图 6-14 所示为基于解析模型的方法的基本原理。该方法进展迅速且易于理解和研究,所以应用较为广泛,主要分为参数估计法和状态估计法两类。

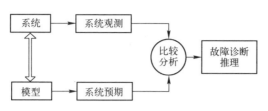

图 6-14　基于解析模型的故障诊断方法原理

1. 参数估计诊断法

当卫星故障的参数可由参数变化的遥测数据表示时，就可以利用参数的估计值与实际值之间的偏差判断出系统的具体故障方式和故障情况。基于参数估计的故障诊断方法原理如图 6-15 所示。

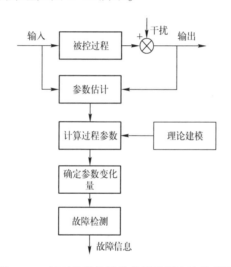

图 6-15　基于参数估计的故障诊断方法流程图

在众多的参数估计算法中，强跟踪器滤波法和最小二乘法因为具有强鲁棒性而被广泛应用。

2. 状态估计诊断法

状态估计诊断法是通过对被控系统的重新建模，利用模型的估计状态与原系统中可反映自身的状态量相对比，构成残差量。从残差量中得出反映系统各个状态的运行情况和故障信息，从中诊断出故障，并做进一步的故障隔离和故障容错。该方法需要具备系统的过程数学模型以及局部可观测部分。该方法是在能够获得系统精确模型的基础上最为有效的一种方法。

一般观测器和滤波器方法都是运用状态估计的诊断原理进行的。若系统是确定且可观测的,则一般采用观测器的方法,如自适应非线性观测器;若系统需要加入噪声等干扰因素,则一般会使用滤波器的方法,如卡尔曼滤波器等。下面给出了基于卡尔曼滤波的故障诊断法(图6-16)。

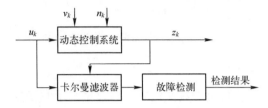

图6-16 基于卡尔曼滤波的故障诊断方法原理

1) 状态模型建立

建立以下非线性系统:

状态方程:
$$x_{k+1}=f(k,x_k,u_k)+v_k \tag{6-1}$$

量测方程:
$$z_{k+1}=h(k+1,x_{k+1},u_{k+1})+n_{k+1} \tag{6-2}$$

式中:$f(\cdot)$、$h(\cdot)$代表的是非线性函数;x_k表示系统k时刻的状态变量;z_k表示系统k时刻的输出变量;u_k表示系统k时刻的输入;v_k表示过程噪声;n_k表示测量噪声,均符合高斯分布。

2) 残差分析

残差是真实值与估计值之差,衡量系统估计与真实系统之间的差距,通过差距的幅度变化,可以看出系统是否有故障产生。

卡尔曼滤波器的状态估计量以及输出估计量分别为

$$\hat{x}_{k+1,k}=f(k,\hat{x}_{k,k},u_k) \tag{6-3}$$

$$\hat{z}_{k+1,k}=h(k+1,\hat{x}_{k+1,k}) \tag{6-4}$$

式(6-3)和式(6-4)分别表示状态估计和量测方程;$\hat{x}_{k+1,k}$、$\hat{z}_{k+1,k}$分别表示滤波器状态估计量和输出估计量;方程$f(\cdot)$和$h(\cdot)$呈现非线性。

得到以下残差方程:

$$e_k=z_{k+1}-\hat{z}_{k+1}+n_{k+1}=h(k+1,x_{k+1})-h(k+1,\hat{x}_{k+1})+n_{k+1} \tag{6-5}$$

当系统正常运行的情况下,输出估计误差为

$$\lim_{k\to\infty}e_k=0 \tag{6-6}$$

如果故障发生,系统的实际输入输出值就会改变,进而影响到残差值。因此,当系统残差不为零时,即代表系统工作出现故障。

从以上方法可以看出,虽然基于数学模型的方法能够较为精确、高效地完成系统故障诊断,但是对于系统结构较为复杂的卫星以及无法预测的太空环境而言,精确数学模型的建立是非常困难的,即使建立出数学模型也很难保证不受不确定因素的干扰。所以,基于数学模型的卫星故障诊断方法需要与其他方法相结合,才能更有效地推进卫星故障诊断技术的发展。

6.4.4 基于信号处理的卫星故障诊断方法

基于信号处理的方法是故障诊断领域应用较早的方法之一,是其他方法进行故障诊断的基础。当难以建立诊断对象的数学模型,但系统的一些状态或者输出参数可以测量时,基于信号的方法是十分有用的。该方法原理是根据系统的输入输出等直接可测量的信号,找出这些信号和故障源之间存在的关系,应用相关函数提取幅度、相位等特征值,用这些特征值进行故障诊断。

基于信号处理的方法主要有主元分析法、基于小波变换的诊断方法、利用 δ 算子的方法、利用 Kullback 信息准则检测故障、基于信息融合的方法、基于时间序列特征提取的诊断方法、基于信号模态估计的故障诊断方法和分形几何方法。

1. 主元分析法

主元分析法是一种有效的数据压缩和信息提取方法,该方法可以实现在线实时诊断,一般适合于大型的、缓变的稳态工业过程的监控。主元分析法用于故障诊断的基本思想是:对过程的历史数据采用主元分析法建立正常情况下的主元模型,一旦实测信号与主元新模型发生冲突,就可判断有故障发生,通过数据分析可分离出故障。它对数据中含有大量相关冗余信息时故障的检测与分离非常有效,并且还可作为信号的处理方法用于故障特征量的提取。传统的PCA法是一种线性变换方法,主要适合于 2 维数据矩阵。随着过程的复杂化和动态变量维数的增加,其系数选取的难度也加大,而结合小波分析、神经网络等方法可弥补其不足。

2. 基于小波变换的诊断方法

小波变换是一种时频分析方法,非常适合非平稳信号的奇异性分析。故障诊断时,对信号进行小波变换,在变换后的信号中去除由输入变化引起的奇异点,剩下的奇异点即为系统发生的故障点。基于小波变换的方法可区分信号的突变和噪声,故障检测灵敏准确,克服噪声能力强,在线故障检测实时性好,但在大尺度下会产生时间延迟,并且不同小波基的选取对诊断结果影响较大。近年来,研究人员将小波理论与模糊理论、神经网络结合,提出了模糊小波和小波网络等技术并用于非线性系统故障诊断中。

3. 基于 Kullback 信息准则的故障检测方法

Kullback 信息准则能够度量系统的变化,在不存在未建模动态时将其与阈值比较,可有效地检测故障。当系统存在未建模动态时,可首先用基于 Goodwin 的随机嵌入方法把未建模动态特性当作软界进行估计,如利用遗传算法和梯度方法辨识参数与软界,然后在准则中引入一个新指标评价未建模动态特性,通过合理设置阈值可实现故障诊断。

4. 基于信息融合的方法

信息融合是多源信息综合处理的一项新技术,它能将来自某一目标的多源信息加以智能化合成,产生比单一信源更精确、更完全的估计和判决,有望解决对复杂系统进行故障诊断时存在的信号信噪比低、诊断可信度低等问题。

5. 基于时间序列特征提取的诊断方法

主要思想是选取与故障直接相关的状态变量,建立时间序列过程模型,以模型参数作为特征矢量判别故障类型。它可分为故障特征的自学习和时间序列的模式识别两个过程。故障特征的自学习是从典型过程序列(包括正常工况和异常工况序列)的特征矢量中总结和归纳出故障的特征矢量,即寻求典型过程序列的特征矢量到故障类型的空间映射。在实际序列的故障模式识别过程中先对待识别序列进行动态数据建模和特征提取,然后将序列特征输入已训练好的模式识别系统,根据系统输出确定系统的故障状态。

6. 基于信号模态估计的故障诊断方法

基本思想是直接根据系统物理参数的变化诊断故障。首先根据系统的闭环特征方程找到对用每一个物理参数变化的根轨迹集合,再取任何一个闭环信号,利用最小二乘算法估计被诊断系统的模态参数,采用模式识别技术,如多模型极小距离分类法,将估计模态与某一个物理参数对用的根轨迹匹配起来,从而分离出故障。同时,根轨迹在复平面上的位置与物理参数的实际值有关,故从根轨迹上还可以估计出物理参数的变化量。

7. 分形几何方法

该方法将传统几何方法中的整数维数扩展为分数维数,认为自然界中的几何对象,具有不必是整数的分形维数,从而可以描述一大类不十分光滑或不规则的几何和函数。在故障诊断中,可以利用分形几何从测量的那些不规则的故障特征信号中提取它的结构特征——分维数,进行故障诊断。目前,分形几何在故障诊断领域中应用还只是刚刚开始,对分维特征与故障机理之间关系的研究还不够,但分形几何能够直接从故障信号推理出故障征兆的一种新的特征量——分维数,从而显示出其强大的发展前景。

6.4.5 基于数据驱动的卫星故障诊断方法

基于数据驱动的故障诊断方法与基于信号处理的方法类似,也不需要建立系统的定量或定性的数学模型,但它克服了基于信号处理方法的不足,具有某些"智能"的特点。其主要思想是:在知识和数据的层次上,以知识和数据处理技术为基础,特别是可以充分利用的经验诊断知识,实现辩证逻辑与数理逻辑的集成、符号处理和数据处理的统一、推理过程与算法过程的实现,通过挖掘出系统的运行规律或规则实现故障诊断。基于数据驱动的方法是故障诊断领域引人注目的发展方向之一,尤其是在类似于卫星这种复杂模型、非线性且影响因素众多的系统领域中。

由于知识的覆盖有限,卫星系统的不确定因素较多,加之经验技术的缺乏,使得该方法具有一定的局限性。一般基于数据驱动的方法有专家系统诊断法、神经网络诊断法等。

1. 专家系统诊断法

专家系统诊断方法首先要有专家知识,然后以此为基础,完全模仿专家人脑的推理过程,得出故障诊断的结论。早期的专家系统是通过在卫星系统工程方面拥有丰富经验的专家总结出的规则描述系统故障和故障征兆。

卫星的故障诊断专家系统可以由知识获取模块、故障诊断知识库、遥测参数库、专家诊断推理模块和故障解释模块5部分组成。图6-17所示为专家诊断系统原理图,各部分功能如下。

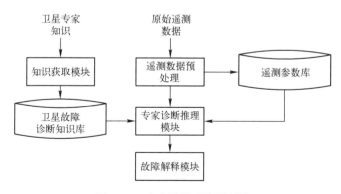

图 6-17 专家诊断系统原理图

（1）知识获取模块。根据卫星专家的经验对卫星故障知识整理。

（2）故障诊断知识库。卫星专家经验知识整理出的规则库。

（3）遥测参数库。从卫星获取的遥测参数数据库。

（4）专家诊断推理模块。是一种利用从获取卫星下传的遥测数据和事先建立的故障诊断知识库的规则，查找参数与故障知识的规则关系的故障诊断推理算法。

（5）解释模块。对卫星故障原因的解释，包括故障原因和参考的解决措施等。

专家系统诊断方法其专家的经验知识表达形式简单、方便，推理过程容易理解且诊断速度很快，有不少成功应用的案例，是目前最成熟的智能诊断方法。但是对于复杂系统的故障诊断，还存在一定的局限性，主要有以下几个方面的不足。

（1）知识获取困难。目前，经验知识的获取主要还是靠人工的方式，由知识工程师和领域专家进行交流，将领域专家的经验知识归纳整理成诊断规则，这种知识获取方式效率很低，而且有些经验知识只能意会，不能言传，领域专家自己也很难描述清楚，根本无法总结成规则。因此，知识获取已成为基于规则的诊断系统亟待解决的瓶颈问题。

（2）推理脆弱性。基于规则的诊断系统主要以经验知识为基础，但获取的系统知识库往往是不完整的，专家的经验知识不能全部录入知识库或者还存在未知的知识。专家知识库是整个专家诊断系统的关键，知识库的性能决定了推理的可靠性和结论的可获取性，因此，专家知识库的性能不够将导致诊断系统推理的脆弱，可能无法得到诊断结论。

2. 神经网络诊断法

人工神经网络具有处理复杂模式及进行联想、推测和记忆功能，非常适合应用于故障诊断系统。它具有强大的非线性映射能力以及自适应、自学习、容错性和并行处理等特点。神经网络系统是由大量简单的处理单元(神经元)广泛连接而形成的复杂网络系统。

基于神经网络的故障诊断具有以下优点。

（1）神经网络的知识是通过专家解决问题的实例和样本训练获取的，不需要人工整理。

（2）复杂问题的简单化知识表示方法，可根据网络的结构和权值表示自动产生知识，并且对同一问题的若干知识可以在一个网络中进行表示。但是，基于神经网络的故障诊断也存在不足:推理过程不能解释、需要大量数据训练、复合故障诊断效果差等。

神经网络适合对卫星少数的相关遥测数据进行分析,这些遥测数据之间有隐含的关系,通过正常的历史遥测数据的训练,当神经网络建好之后,可以对新的遥测数据进行分析和诊断,发现异常,但是这种方法不具有透明性,很难发现具体是什么原因引起的故障。

6.5 卫星健康状态预测技术

成像遥感卫星成本昂贵,即使很小的故障也会造成巨大的损失,故障检测与诊断技术能够对已经发生的故障进行及时补救,但当故障程度超出可控范围时,仍会导致严重的后果。这就要求能够在卫星故障发生的早期,通过异常征兆信息推断出卫星可能发生的故障,提前确定修复弥补和预防措施,减少或者避免卫星出现重大损失。

目前,卫星的遥测数据量由原来的每次十几千字节到现在一次几百兆字节,数据频率由每天若干次到现在的每秒若干次。一颗稳定运行的寿命 5 年的卫星在其有效工作时间内产生的遥测数据已达十几吉字节之多,卫星故障的征兆就隐藏在海量的遥测数据中等待挖掘;另外,卫星有效载荷越来越复杂,卫星的故障发现可能从受影响的其他有效载荷中表现出来的概率比从发生故障的有效载荷更高。

故障预测与健康管理技术(Prognostics and Health Management,PHM)是一种根据系统当前状态信息,借助各种智能算法与推理策略实现未来状态的预测、确定故障发生的时间以及计算剩余有效寿命,从而提高系统可靠性的方法。随着近年来对在轨航天器安全性与可靠性要求的提高以及航天器智能化程度不断提高,故障发生后的检测与维修已经不能满足在轨航天器健康管理的任务要求,事前的"预知维修"PHM 技术已经成为航天领域系统自主维护和健康管理的关键支撑技术。故障预测是比故障检测更高级的维修保障形式,对提高系统可靠性具有重要意义。

PHM 主要包括预测和健康管理两个部分,其中的预测是指根据系统历史运行状态分析得到状态的变化规律,在此基础上,预测状态的未来发展趋势,判断可能出现的故障情况。早在 20 世纪 80 年代,NASA 率先开展了针对航天器应用的 PHM 系统研究,苏联(现称俄罗斯)和其他一些欧洲国家紧随其后,也相继开展了相关研究,并总结了一套较为完整的 PHM 体系架构。国内在相关领域起步较晚,但近些年在理论研究层面取得了一定的进展,并在工程领域得到了初步应用。

故障预测是 PHM 的核心技术,故障预测方法一般可以分为定性分析法和定量分析法两大类,具体的划分如图 6-18 所示。

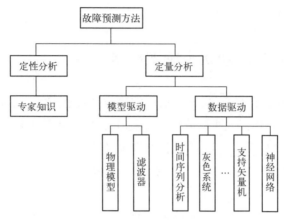

图 6-18　故障预测方法分类

定性分析法主要是指依据专家经验对表征出来的故障征兆进行推理预测,该方法过于依赖专家的主观经验判断,有较大的应用局限,一般作为辅助分析预测手段。

故障预测的定量分析,可分为基于模型的预测和基于数据驱动的预测。模型驱动方法要求已知预测对象模型,通过建立的精准模型深入挖掘系统变化的本质。近年来,P. Mcmahon 等对近十年的卫星动量轮运行数据进行分析,并将润滑剂作为主要影响因素,建立卫星动量轮退化模型,实现卫星剩余寿命预测。刘强以卫星动量轮为研究对象,分析动量轮的失效机理并建立了失效物理模型,解决动量轮的可靠性评估问题;田静的研究以动态故障树为核心建立失效机理模型,研究不同工作模式和不同配置下的寿命预测问题,并在卫星动量轮子系统上得到验证。然而,模型驱动的预测方法的预测精度完全依赖于所建立模型的精确度,当模型难以获取时,无法实现预测目标。

针对系统模型难以获取,或者模型过于复杂导致应用困难的问题,有学者提出数据驱动的预测方法。目前,应用最为广泛的数据驱动预测方法包括灰色系统预测方法、神经网络预测方法、支持矢量机预测方法和时间序列分析法。

灰色系统预测方法最早由我国学者邓聚龙教授提出,经过 30 多年的发展已成功应用于多个领域。灰色系统通过对数据缺失、部分信息不确定的系统建立微分方程模型，从已知信息出发，随着数据的累积，探索数据内在规律、寻求未知信息，实现预测的目的。郭小红等人分析卫星遥测参数的特性，提出利用相似性原理改进了灰色预测模型 GM(1,1)，通过样本重构提高了模型的预测精度。Wang、J. Lu 等人对 GM(1,1) 预测模型进行改进，通过插值原理和相空间重构分别得到动态 GM(1,1) 模型与残差修正 GM(1,1) 模型，有效提高了模型对混沌时间序列的预测准确度。C. Dai 等人以半球形谐振陀螺仪为研究对象，通过将灰色模型与支持矢量机相结合得到残差修正的自回归灰色模型 ARGM(1,1)，尤其适用于长期预测。虽然灰色系统预测模型在工程应用上取得了一定进展，但是该方法主要针对单变量的预测问题，而卫星遥测数据参量众多，不能直接运用灰色模型进行预测分析。

神经网络预测方法主要通过两种方式实现预测功能：一种是利用神经网络的训练迭代步骤对参数进行拟合预测；另一种则是通过输入输出之间的动态关系构建动态神经网络进行预测。房红征等人研究提出一种粒子群优化的神经网络预测方法，根据模型输入输出之间的关联关系实现对卫星遥测参数的故障预测。马凯航等人在对卫星遥测数据进行特征分解的基础上，利用 BP 神经网络对卫星遥测数据的性能趋势进行预测。基于神经网络的预测方法适用于多参数的非线性复杂系统，并且可以进行多步预测，但是也存在模型容易陷入局部最小值、节点数目选取困难和解释性较差的缺点。

支持矢量机是机器学习方法的一种，遵循结构风险最小化原则，通过支持矢量寻求数据空间中的最优超平面，从而实现数据的分类和预测。范俊等利用相空间重构和经验模态分解改进支持矢量机模型，通过改进后的预测模型提取动量轮轴温数据的退化规律，在此基础上进行寿命预测与可靠性评估分析。钟足华利用粒子群优化算法解决支持矢量机模型中参数难以设置的问题，实现了卫星姿态的短期预测。支持矢量机尤其适用于小样本问题，能通过较少的训练数据得到预测模型，但是模型中的核函数和惩罚参数的选取没有理论指导。

时间序列分析法通过建立历史数据的统计模型，研究数据变化的特征规律，从而实现对未来数据的预测。自回归移动平均模型（Auto-Regressive Moving Average Model，ARMA）是时间序列分析方法最基本的工具，也是应用最为成熟的模型之一。李培华等研究了基于自回归模型（Auto-Regressive，AR）的航天器故障状态预测方法，验证了将时间序列模型应用于航天器故障预测领域的可行性。肖飞等人对自回归模型对故障数据的动态跟踪能力进行研究，实现了对轴承故障状态的提前预警。戴维夫等通过小波分析提取数据中的高频信息和低频信息,在此基础上,运用 ARMA 模型和支持矢量机分别对高频分量和低频分量进行预测,最终通过对预测结果进行重构实现了卫星的趋势预测。D. Liu 等人以多步时间序列预测为研究目标,通过曲线拟合提取非线性加速退化因子,从而提出一种非线性退化 AR 模型,并成功应用于锂电池剩余使用寿命预测问题。此外,吴明辉等人研究利用 ARMA 模型拟合动调陀螺仪的振动信号,将模型参数作为神经网络的输入,对陀螺仪状态进行识别,从而实现故障预测。

第 7 章 动态管理控制技术

由于测控资源的限制,传统的遥感卫星任务管控采用周期性、批处理的方式,根据卫星后续较长一段时间(一般为 1 天或几天)的轨道位置,对卫星可以观测到的区域进行统一规划,形成卫星较长时间段的观测和数传任务计划。当卫星过境时,将任务指令上注卫星,由卫星根据任务指令顺序执行。

随着卫星用户数量的不断增加和用户需求的爆发式增长,常规需求的更新周期越来越短,需要卫星进行应急观测的突发需求(如地震灾区成像需求)也越来越多,临时调整卫星任务计划的情况也越来越频繁,需要涉及星上已有指令、相应地面站接收计划的变更和改动,因多颗卫星、多个地面站的任务往往交织在一起,调整一个地面站的计划,又会影响到其他卫星的任务安排,造成连锁反应,往往需要付出很大的代价才能完成这些需求。因此,针对未来越来越多的强时效性的观测需求,迫切需要提高现有卫星任务管控系统的技术能力,不仅要满足用户需求的时效性,还要实现较高的资源利用率。

本章首先介绍滚动式动态任务管控技术,该技术主要利用滚动的方式,利用周期和事件混合触发模式,可以兼顾卫星常规任务规划周期的缩短和应急任务的快速插入这两方面的要求;其次介绍应急任务快速响应技术,该技术主要着眼于提出比较紧急、距离执行时间近、相应时段的各类资源已被占用任务的快速反应。

7.1 滚动式动态任务管控技术

7.1.1 概述

滚动式动态任务管控的核心思想是对全部观测需求进行全局规划,达到全局最优,根据测控时机进行分段上注,尽量减少因星上调整带来的连锁反应。具体内容如下:仍根据卫星后续较长一段时间(一般是1天或几天)的轨道位置,对卫星可以观测到的区域进行统一规划,但不将全部规划结果形成指令上注卫星,而是将下一次测控时机之前的规划结果形成指令上注卫星。当插入应急观测需求时,只需要对应急观测需求所在时段进行全局规划,而不用考虑上一测控时机前已上注的卫星指令,从而降低系统连锁反应。

在测控资源充足的情况下,滚动式动态任务管控通过缩短任务规划时间周期,实现任务的及时安排与上注,以便快速纳入应急任务,确保应急指令快速生成上注执行,可有效缩短应急任务地面调整时间,避免星上任务频繁调整的复杂性与高风险。滚动式动态任务管控使用分层任务规划技术,把卫星的任务规划过程分为顶层的多星统筹预规划和底层的单星任务规划两个阶段,如图7-1所示。

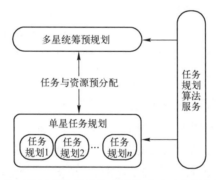

图7-1 基于分层任务规划技术的滚动式动态任务管控架构

多星统筹预规划阶段,根据突发需求优先保障原则和星地资源使用的先验知识,将卫星待执行的任务和地面接收资源统筹分配到多颗卫星,完成多颗卫星间的任务安排,并解决地面接收资源的使用冲突。

单星规划阶段是在多星统筹预规划后,统筹剩余的地面接收资源,进行卫星任务的自主补充,从而提高卫星和接收资源的使用效益;随后,根据不同卫星工作模式、使用约束、载荷特点等个性化要求进行单星任务规划,解决单颗卫星的相机等载荷在特定时间窗口的任务冲突。

基于分层任务规划技术的滚动式动态任务管控从顶层上进行卫星观测任务与地面接收资源的分配,从任务和资源角度解除了卫星间的耦合关系;在底层各卫星的任务和资源相互独立,可以采用分布式架构实现分布式任务规划,从而有效地满足对突发需求的重点保障与地面接收资源的统筹高效使用,并支持单星分布式运行,同时,最大限度地减少人员操作强度与任务规划问题复杂度。

7.1.2 滚动式动态任务管控特点

滚动式动态任务管控的目标是满足对突发需求的快速响应,它与传统的卫星任务管控系统的区别主要体现在以下几个方面。

(1) 用户需求的到达时间不同。现有的任务管控每天定时、集中处理一批用户需求,在约定好的时间进行本轮次的任务管控;滚动式动态任务管控可处理随机到达的用户需求,任务规划由任务执行时间与测控时机自动触发。

(2) 对一轮任务管控后到达的用户需求处理流程不同。传统的卫星任务管控分为常规流程与应急流程,新到达的需求将触发应急流程,作为应急需求处理;滚动式动态任务管控不区分常规流程与应急流程,新到达的需求与既有需求的处理方式相同。

(3) 时效性不同。除应急需求外,传统的卫星任务管控系统对时效性要求相对宽松;滚动式动态任务管控可实现较高的时效性。

(4) 任务规划周期不同。传统的卫星任务管控系统以天为单位进行任务规划;滚动式动态任务管控任务规划周期不固定,以用户的需求到达为准,还可兼顾测控系统的上行能力。

(5) 星地资源的规划方式不同。传统的卫星任务管控系统单次任务规划中的观测任务对应着指定的地面接收资源。滚动式动态任务管控中涉及的星地资源可以分别单独进行规划,因此,单次任务规划中的观测任务可能没有地面接收资源、有部分地面接收资源或者有充足的地面接收资源。

(6) 卫星固态存储器使用机制不同。传统的卫星任务管控系统不考虑卫星上的固态存储器状态,即在地面站的可见弧段内将卫星观测的数据回放完毕;在下次任务规划开始时,将内存清空,星上固态存储器使用方式较为粗放;滚动式动态任务管控同时考虑用户需求、地面接收资源和星上固态存储器使用状态等因素,记录卫星固态存储器使用情况,实现固态存储器的动态管理与动态规划。

7.1.3 滚动式动态任务管控触发模式

滚动式动态任务管控一般采用周期触发模式、事件触发模式以及混合触发模式3种模式。

(1) 周期触发模式。针对一般的用户需求,每隔一段时间进行一次规划,该时间既可以是均匀恒定的,也可以是动态变化的。周期触发模式能够保证规划频率的稳定性,操作实现较为简单,但该模式无法为高时效的用户需求提供及时的服务响应,并且应对系统状态变化的能力有限。

(2) 事件触发模式。即在出现使卫星任务管控系统状态发生改变的事件或受到人工干预时,开始执行卫星任务管控,如有新任务到达、测控时机改变、卫星状态发生变化、决策部门提出规划需求等紧急情况发生时。使用事件触发模式的卫星任务管控系统具有较高的灵活性与敏感性,能够及时处置突发需求。

(3) 混合触发模式。事件触发与周期触发相结合的触发模式,它能够兼顾两种触发模式的优点,具备及时处置突发需求的能力。

对于卫星任务管控,不宜完全采用任务触发方式。因为当突发需求较多时,系统将不停地触发并执行规划,导致卫星任务管控的时间复杂度大幅增加,同时也对服务器的计算性能要求过高。另外,考虑实际卫星任务管控系统运行现状,在人机交互非全自动运行情况下,会导致人员工作压力加大。因此,卫星任务管控宜采用周期性触发和事件触发相结合的混合触发方式,如图7-2所示。

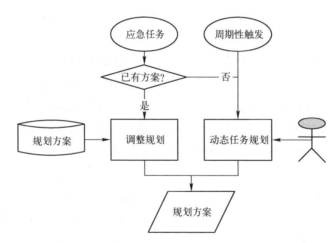

图7-2 滚动式动态任务管控触发模式示意图

7.1.4 滚动式动态任务管控运行模式

滚动式动态任务管控运行模式主要体现在以下几个方面。

(1) 基于分层的任务规划技术。即将滚动式动态任务管控按多星统筹预规划和单星任务规划两个阶段执行。前者主要完成卫星观测任务的统筹规划与地面接收资源的联合调度,把卫星观测任务和接收资源预先分配到具体的卫星,实现多星任务与资源的集中统筹。后者基于具体卫星的详细使用约束等,根据卫星观测任务和预分配的接收资源进行任务的冲突消解和优化安排,支持分布式异步处理,保证任务的优化安排与资源的优化使用,同时,降低整个卫星任务管控系统的计算复杂度。

（2）采用周期性触发和应急任务事件触发相结合的混合触发方式进行多星统筹预规划。由于地面测控网对各卫星的测控时间不同,使得不能同时上注各星任务。滚动式动态任务管控模式下,将原来以天为周期的任务规划模式转变为以业务测控为周期的任务规划模式,根据测控圈次,一天可进行多次滚动规划,每次规划以天为周期保证资源分配的优化性,计划指令的制定按照每颗卫星的测控时机,以测控周期为准分阶段上注,多次规划之间对星地资源的使用保持连续性。

（3）对于首次滚动式任务规划之后受理的用户需求:若时间允许,按照任务触发进行单星任务规划、计划编制等快速动态调整;若时间不允许,则任务拒绝,对于特别紧急任务,转入应急任务触发快速响应自动处理流程。

（4）在滚动式单星任务规划过程中,分析空闲时间窗口,进行自主补充需求,与突发需求任务一起纳入任务规划,对于在滚动窗口内任务未完全安排回放的时间段,不再进行任务补充。

7.1.5　滚动式动态任务规划

滚动式动态任务管控的核心是研究适合卫星任务管控系统业务运行的动态任务规划算法,用以完成滚动式的动态任务规划。动态规划是运筹学的一个分支,是求解决策过程最优的数学方法,其最终目的是确定各决策变量的取值,以使目标函数达到极大或极小。动态规划由美国数学家 R. E. Bellman 等在研究多阶段决策过程的优化问题时提出,他们把多阶段过程转化为一系列单阶段问题,利用各阶段之间的关系,逐个求解,解决了过程优化问题。动态规划的基本思想是将待求解的问题分解为若干子问题(阶段),按顺序求解子阶段,前一子问题的解,为后一子问题的求解提供了有用的信息。动态规划依次解决各子问题,所有子问题解决后即解决了初始问题。

动态规划按照问题的时间或空间特征,把问题分为若干个阶段。用不同的状态表示问题在各个阶段时所处的各种客观情况。每一阶段的决策仅依赖于前一阶段的状态,由决策所采取的动作使状态发生转移,成为下一阶段决策的依据,因此,在不断变化的状态中产生决策序列,这个决策序列产生的过程称为多阶段决策过程,如图 7-3 所示。

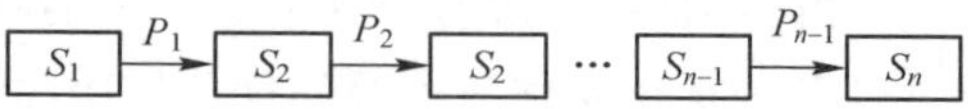

$$S_1 \xrightarrow{P_1} S_2 \xrightarrow{P_2} S_2 \cdots \xrightarrow{P_{n-1}} S_n$$

图 7-3　多阶段决策过程

在多阶段决策过程中,动态规划方法是既把当前阶段和未来阶段分开,又把当前效益和未来效益结合起来考虑的一种最优化方法,每个阶段决策的选取都是从全局考虑的。在求解整个问题的最优策略时,由于初始状态是已知的,而每段决策都是该段状态的函数,故最优策略所经过的各段状态便可逐段变换得到,从而可确定最优路线。可以把多阶段决策问题的求解过程看成一个连续的递推过程。在求解时,各状态前面的状态和决策,相当于其后面的子问题的初始条件,并不影响后面过程的最优策略。所以,动态规划方法的基本思路是将一个多阶段决策问题转化为依次求解多个单阶段的决策问题,从而简化计算过程。

1. 滚动式动态任务规划算法

滚动式动态任务规划将以天为单位的长周期任务规划问题划分为若干个子阶段任务规划,选择多个可用的业务测控时机,根据测控时间周期进行多次任务规划,每个阶段任务规划称为一个子任务规划。

相对于一般用户需求分时段、分批次的到达模式,突发情况下的卫星观测需求以动态方式不断到达卫星任务管控系统。为满足突发需求的高时效性要求,系统需要通过多次规划完成所有任务的规划。针对突发需求具有动态变化性和快速完成的特点,可采用滚动式动态任务规划算法。该方法以滚动推进的形式选择用户需求进行规划,可及时调整任务规划方案以适应和跟踪系统状态的变化,因此,能够有效地应对用户需求动态到达对系统负载的影响。

常规任务规划方式一般按天进行一批次任务规划,在一次任务规划过程中首先清除固态存储器,从头开始记录任务,任务规划周期内将所有安排的观测任务全部安排数据下传,卫星姿态复位,一次任务规划与下一次任务规划之间相对独立。

滚动式动态任务规划与常规任务规划方式的主要区别不仅在于规划周期缩短,而且在于单次任务规划区间内星上存储与平台姿态等没有复位,因此,各次任务规划之间并不是独立的，本次任务规划与前一次、后一次任务规划之间存在星地资源使用的关联关系，即前一次任务规划结束后的星地资源使用状态会影响后一次任务规划的决策。但每一轮任务规划过程中采用的优化搜索算法、优化策略以及各星的约束处理功能等，与常规的任务规划没有太大不同，仍然可以采用原先的方法，也可根据需要进行调整。

滚动式动态任务规划的求解过程为多轮任务规划之间状态的转移，而每一轮任务规划子问题的求解仍然采用原先的各类智能任务规划算法与各卫星的约束来处理实现。状态转移就是根据上一阶段的状态进行决策从而导出本阶段的状态。

相邻两轮任务规划之间要满足载荷动作间隔约束以及姿态切换时间约束。多轮任务规划中固态存储器容量、星上能源、平台姿态的使用是连续的，即单轮任务规划并不一定要保证数据平衡、能源平衡与姿态平衡，但在卫星整体任务规划中要保证数据平衡、能源平衡与姿态平衡。

相邻两轮任务规划之间状态转换采用以下方法。以前一轮任务规划中的固态存储器容量、星上能量、平台姿态等作为下一轮任务规划的初始状态开始新一轮任务规划，获取前一轮任务规划未回放的所有任务，在下一轮任务规划中进行数传任务与接收资源安排。每一轮任务规划过程中都需要在初始的固态存储器容量、星上能源、平台姿态等状态的基础上进行载荷与平台使用约束的检验。第 $n+1$ 轮任务规划完成后的状态作为第 $n+2$ 轮任务规划的初始状态，以此类推，通过多轮滚动式任务规划状态的转移，实现整体连续的任务规划，即滚动式动态任务规划，如图7-4所示。

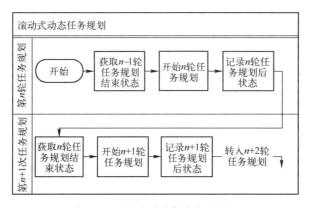

图7-4 滚动式动态任务规划流程

对于一次滚动式动态任务规划,可以采用各类启发式优化搜索算法进行求解,与传统的任务规划算法没有太大区别,只是优化评价函数需要根据动态任务规划特点进行调整,本书不再展开介绍。

2. 滚动时间窗口选取策略

滚动式动态任务规划的基本思想是将任务按照到达顺序划分为具有一定交叠,但随着规划时刻不断向前推进的任务集合,称为滚动窗口。在每次规划时,仅对当前滚动窗口内的任务进行规划。随着规划时间的推进,新任务被加入滚动窗口,完成规划的任务则退出,从而实现滚动窗口的更新。滚动优化策略的优点是能够将复杂的动态规划问题分解为多个简单的静态规划子问题,并以子问题优化解的组合代替原问题的最优解,从而降低原问题求解的难度,并及时纳入应急任务,缩短从任务提交到安排执行之间的等待时间。

滚动式动态任务规划的关键是滚动窗口的确定。滚动窗口用于存储参与当前规划的任务与接收资源。

卫星任务规划受固态存储器与回放资源的限制,观测任务序列数量不可能无限增加,两次回放动作之间的目标数量和观测时长主要受固态存储器与回放资源的限制。因此,以回放时刻划分滚动窗口较为合理。目前,高分辨率卫星由于成像图像数据量很大,需要频繁回放,并且基于固态存储器的随机回放能力与任务对接收站和接收时效性的要求,观测任务可能会跨区间回放。另外,如果回放时间区间与测控时间区间不匹配,则生成的卫星控制指令无法及时上注,按照回放时间区间进行任务规划也将不可行。如果所有地面站都具备测控上行能力同时也具备数据接收能力,则可以按照回放时间区间进行滚动时间窗口的划分。

只有在业务测控时段内将遥控指令上注卫星,任务才能最终被执行。通过缩短测控时间间隔,可提高有效载荷控制指令上注频率。在突发情况下,还可临时申请应急测控资源,从而缩短卫星执行突发任务的时间。因此,采用测控时间区间作为滚动式动态任务规划时间区间,对地面站使用实际来说合理可行。

以测控时间段为任务规划区间虽然可以提高卫星对突发任务的保障能力,但受地面测控资源限制、突发任务随机性提高、观测任务的未知分布等影响,动态任务规划的问题复杂度显著提高。同时,受限于卫星星上固态存储器与回放资源的限制,如果任务规划时完全不考虑后续回放资源,有可能出现前面规划的观测任务无法进行数据下传,或者前面规划的任务太多导致后面无法安排其他任务。为了避免上述情况,每次任务规划时必须考虑回放资源,即将卫星任务规划的任务滚动窗口作为测控时间间隔,而资源滚动窗口可大于测控时间窗口。若接收站都具有测控上行能力,则测控时间窗口与回放窗口一致,在上注下一圈指令的同时,完成上一圈任务的接收。按测控时间将单次任务规划细分为多次连续任务规划,并上注卫星指令,即为基于测控周期的滚动式动态任务规划。

任务规划工作时机的选择确定:从当前时间之后,查找该卫星最早可用的测控时段,在该测控时段之前预留任务管控工作时间与测控注入准备时间,作为总的测控准备时间。从测控时段开始时间往前推准备时长的时间点,即为本次滚动式任务规划的工作开始时刻 T_0,不再受理该时刻之前的任务,从该时间点开始进行任务规划,即为任务规划工作时机。

滚动式任务规划时间窗口的选择确定:最近的测控时段结束时刻,向后预留任务执行前置时间长度(姿态机动时间、指令执行延时、与上次动作间隔时间等),到下一个可用的测控时段结束时刻,即为一次滚动式任务规划的任务滚动时间窗口$[T_1+\Delta t, T_2]$,T_1 为最近一个测控窗口的结束时刻,T_2 为下一个测控窗口的结束时刻,如图 7-5 所示。任务规划需要考虑本次任务区间未回放任务在最近一个回放窗口能否完全回放,因此,任务规划的资源滚动时间窗口为$[T_1, T_3]$,其中 T_3 为与任务滚动时间窗口结束时刻最近的接收窗口开始时刻。需要说明的是,多次滚动任务规划之间任务滚动窗口是连续的,而资源滚动窗口是交叠的,因为上次滚动窗口内未回放的任务需要与本次滚动窗口的任务一起进行数据回放。若地面站在测控的同时可以进行数据接收,则任务滚动时间窗口与资源滚动时间窗口一致。

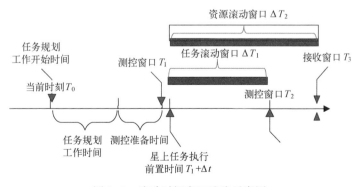

图 7-5 滚动时间窗口选取示意图

3. 前瞻式任务与资源处理策略

若本轮任务规划结束前存在任务缺乏可回放资源的情况,则尝试前瞻获取下一轮最近可用的接收资源,并统筹考虑下一轮同一回放时间段内已下达的任务进行任务安排。若无下达任务时,根据时间长度与任务间隔时间进行任务预估,生成的方案中去掉时间超出本轮规划区间的内容,这样既保证本轮未回放的任务在下一轮中有足够的接收资源安排回放,又不影响下一轮重要任务的回放,尽量使最终解趋近全局最优。为实现任务规划方案的全局优化,本轮任务规划时前瞻式考虑下一轮任务规划中可用的接收资源与同一资源回放时段内的已下达任务情况,单轮任务规划按照资源滚动时间窗口考虑任务与资源的安排,最终任务规划结果按照测控时间窗口生成。

4. 星上资源连续使用原则

每轮滚动式动态任务规划之后,需要记录星上固态存储器使用情况与未回放的观测任务,包括固态存储器已使用容量、固态存储器记录文件号、每个文件号对应的任务信息以及容量,还需要记录星上能量与卫星姿态角度等会对后续任务规划产生影响的星上资源状态。每轮滚动式动态任务规划时,需要提取前一轮任务规划结束记录的星上资源状态,作为本轮规划的初始输入。

7.2 应急快速反应技术

7.2.1 概述

临时性的用户需求日益增多,迫切地需要卫星在最短时间内实现对突发需求的观测,并尽快完成观测数据的下传与接收,准确掌握态势变化,为突发情况下的决策提供依据。

应急快速反应技术需要解决并实现对应急快速反应任务的处理。应急快速反应任务是指任务的提出比较紧急,并且距离执行时间很近,相应时段的卫星资源、接收资源已被占用的任务。应急快速反应任务的安排与执行势必影响已经规划完成的卫星观测和地面接收,涉及外部系统任务的调整,协调难度大,难以在有限的时间内完成。因此,必须设计针对应急快速反应任务的特殊处理流程、分析应急快速反应任务的实施可行性、提供快速并行的各类计算服务支持,实现自动化的应急任务快速推演分析,从而提高系统运行的效率,同时提升应急任务响应的时效性,满足卫星任务管控系统对应急快速反应(简称应急快反,下同)任务快速响应的时效性和安全性要求。

7.2.2 应急快反任务处理流程

面向应急快反的卫星任务管控系统兼顾普通任务和常态化的应急任务,针对应急任务进行应急任务统筹分析,计算各卫星对应急任务的观测可行性,分析满足条件的所有天/地基资源对应急任务执行可行性,确定可完成应急任务的卫星或多星协同方式,生成应急任务。

基于各卫星已安排计划执行状态与资源空闲情况,进行应急任务的执行可行性分析,通过综合分析任务观测可行性、接收可行性、测控可行性以及星上任务调整可行性、数据获取时效性和任务冲突情况,得出应急任务可行性分析报告,并提出卫星任务规划结果调整预案和对已有任务计划的影响情况,为应急任务调整提供辅助决策。

根据用户的决策结果或系统自动决策结果,进行参与应急调整的卫星的动态调整,依据各卫星应急能力、使用约束与原有任务规划方案,基于各类天基资源快速调整策略与业务规则、资源使用约束,采用各类天/地基资源任务快速调整算法,进行基于事件触发的快速任务规划动态调整,形成调整后的卫星任务规划结果,并驱动进行快速应急计划编制与指令编制,一键式生成应急指令,快速调度各资源执行应急任务。

应急快反任务处理流程如图 7-6 所示。

7.2.3 应急快反任务实施可行性分析

由于应急快反任务的出现,使得需要调整已经完成的卫星任务规划结果,势必涉及跟踪接收计划是否发送接收站、指令是否发送测控系统、指令是否上注卫星等多方面情况,不同的情况需要采用不同的调整方法,并且不同的情况给任务调整余留的时间也不相同,影响范围也不同,因此,任务调整的应急程度不同,任务取消与调整方法也不同。此时,需要应急任务实施可行性分析提供应急任务调整辅助分析决策支持。

应急任务实施可行性分析时,需要在尽量短的时间内准确获取卫星观测可能性、卫星数据接收可能性和卫星测控可能性等多方面的信息。卫星数传可能性指对地数传机会,以及征用已安排给其他卫星的数据接收资源影响的任务;测控可能性主要是计算卫星在执行该应急任务观测前是否有测控的机会,是否可以进行指令数据的取消与新指令的注入。

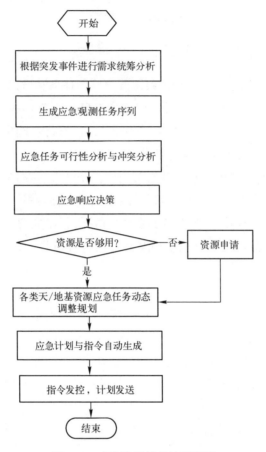

图 7-6 应急快反任务处理流程

应急任务实施可行性分析的主要功能是针对突发事件等用户需求，分析满足条件的所有资源对应急任务执行的可行性，分析应急调整影响情况、时效性等，给出可能执行应急任务的卫星及执行时间，分类排序，提供用户决策；根据用户的决策结果或系统按预设规则自动决策结果，进行各颗参与应急任务卫星的动态调整分析，依据各卫星应急能力与使用约束，生成应急任务规划调整结果，并对应急任务实施可行性的推演评估进行可视化展示。

应急任务实施可行性分析内容包括以下几方面。

（1）卫星访问可行性分析。分析各类遥感卫星对应急任务的观测可行性、传感器与分辨率等与任务需求匹配性、观测时效性、任务调整影响。

（2）测控资源保障可行性分析。分析测控资源可用性、测控保障时效性与测控时机。

（3）接收资源保障可行性分析。分析接收资源可用性、数据接收时效性、任务调整影响。

根据应急任务实施可行性分析结果,综合分析应急任务观测、接收、测控等方面的可行性,分析应急任务和现有计划的冲突,按照时效性优先和现有计划影响最小原则生成应急任务调整方案,可根据需要提供时效性最高、分辨率最高等不同策略下的多种方案,并提供各方案的任务损失信息供操作人员决策。在自动模式下,可根据规则与策略自动优选调整方案,直接生成应急任务规划结果。

应急任务实施可行性分析的方法与步骤如下。

（1）使用轨道计算服务计算各卫星对应急任务的访问信息,分析应急任务访问可行性与时效性。

（2）获取指定卫星已安排的接收计划,获取地面站对卫星的可用空闲接收时段,分析应急任务的数据下传时机;根据已安排的接收计划,检验地面站跟踪接收时段的任务冲突。

（3）分析应急任务与当前已上注卫星指令的时间冲突;根据拟调整卫星的指令特点及载荷使用约束,分析星上指令取消可行性,判断需要增加的应急任务指令与星上指令冲突情况,得出星上任务调整可行性。

（4）计算应急任务的指令执行时间,分析指令上注时机,考虑各卫星指令上注与指令取消的特点,分析现有载荷控制计划中每一个载荷动作执行开始和结束时段,根据应急任务指令上注时间要求,分析可行的应急测控窗口序列以及上注最早与最晚时间限制;根据当前有效载荷控制计划检验测控时段是否允许取消或上注指令。

（5）根据应急任务调整分析,得出应急调整是否可行的结论。若可行,综合分析当前任务的完成状态,包括需求受理之后是否处理、是否规划、是否制定计划、跟踪接收计划是否下达、指令是否发送、指令是否注入等情况。根据应急任务调整的可行性以及已有任务所处的状态,给出详细的应急任务调整操作实施方案,在方案中指出应急任务调整的关键点,包括是否需要清空星上指令;若需清空,于第几圈清空指令,第几圈重新上注指令;需要取消哪一批次的计划、需要取消哪一批次的规划、需要取消的时间范围;接收资源如何调整,涉及对哪几颗星进行调整等。

（6）与一般应急任务不同,对于特别紧急、特别重要的任务,可以不计一切代价力保任务的快速安排。首先计算各卫星对该任务的访问信息并分析访问可行性和时效性,选择能够最早完成该任务的卫星,将该任务插入其任务序列中,将与该任务冲突的任务从卫星任务序列中删除,从而得到新的任务序列。将新的任务序列发送至最早能对该卫星可见的地面站,由该地面站上注新的指令序列。

(7) 根据应急调整方案,生成相应的取消方案,参照该方案进行相应卫星的计划取消、任务取消、星上指令取消等操作。

7.2.4 应急快速调整策略

1. 应急快反任务快速调整优化策略

不同情况下的多种应急任务快速调整策略可以有效指导各类资源快速调整规划、优化过程。应急任务快速调整总策略为应急任务优先保障,基本原则为卫星安全使用,在此基本策略与原则下,可以根据不同情况有所侧重,从而采用不同的具体策略。主要包括以下几方面。

(1) 时效性最高。不计代价,以最快速度完成应急调整。

(2) 时效性优先。给出时效性最高和损失最小两套方案。

(3) 损失最小。给出损失最小的应急调整方案。

(4) 最小变动。给出各类资源任务最小变动的应急调整方案。

(5) 资源调整最少优先。给出动用资源调整最少的应急调整方案。

(6) 任务优先。给出应急任务最大化满足的应急调整方案,主要针对需要多次保障的复合任务;

(7) 兼顾。统筹兼顾,给出多套应急调整方案。

针对不同的调整策略,设计相应的动态调整任务规划的优化评价函数与业务规则,用于指导任务规划调度的进程与评价方案的优化。

2. 面向应急快反的星上任务快速调整策略

卫星应急操作能力的限制、卫星载荷与平台使用约束、轨道特性以及测控资源等方面的约束不同导致卫星自身的应急调整能力不同。在保证卫星安全使用的原则下,为实现星上任务快速动态调整,必须针对不同卫星的使用约束与不同的优化策略,研究设计不同的星上任务调整策略。主要包括以下几方面。

(1) 全部替换策略。针对不具备按条件删除星上任务能力的卫星,选择与应急任务最近的测控时段进行星上指令全部清空,再注入包含应急任务的新指令,其中测控时机的选择策略尤为重要。

（2）部分替换策略。针对可以按条件删除星上任务的卫星，选择能满足任务准备时间的可用测控时段，按条件进行星上部分指令删除，注入新指令。

（3）影响最小策略。应急任务的调整不影响星上已执行的任务，在星上指令删除时，若已有任务的观测数据尚未安排数据回放时，可以在新指令中安排回放。

（4）应急任务优先策略。时效性最高优先策略下，为实现特别应急任务的快速安排与任务调整的简便，可以不计一切代价，在星上指令删除时，若已有任务已安排观测但尚未安排数据回放时，可以不再考虑安排回放，直接插入新任务快速执行。

3. 面向应急快反的测控资源实时动态保障策略

受到测控站分布和部署位置的影响，卫星任务管控的要求决定了测控资源的应急保障策略。主要包括以下几方面。

（1）位置最近优先保障策略。由于地面测控资源受地理位置影响，只有在卫星进入测控站可见的范围内后才能进行测控。因此，需要设计位置最近优先保障策略，如应急突发事件在我国东南方向，考虑到卫星轨道分布，优先选择地理位置在我国东北和华北地区的测控站，以保障卫星进入东南方向前的测控弧段。

（2）应急测控设备预先备份策略。在测控资源充足的情况下，可以考虑应急测控设备预先备份策略。在有应急任务时，启用应急备份测控设备，避免应急测控资源临时动态调配的复杂性，提升测控资源调整实时快速响应能力。

（3）资源优先策略。一般应急任务，根据应急任务测控时机分析结果，按照影响最小策略从可用测控资源中选择应急调整影响最小的测控资源。

（4）测控、接收一体化使用策略。针对同时具备测控上行能力与数据接收下行能力的综合地面站，采用测控、接收一体化使用策略，在可见时间弧段的前半部分完成应急指令注入，在后半部分开始执行。实现将观测数据实时下传到地面站，在同一设备同一时段内完成任务执行，既节省了资源又提高了应急任务执行时效性。

4. 面向应急快反的中继资源实时动态保障策略

中继卫星不受地理位置限制，若干中继卫星组网能够实现对全球大部分区域的覆盖。针对不同方向的观测需求，中继卫星资源可提供全区域全时段的覆盖。

（1）时效性优先策略。对于时效性最高的应急任务，可优先使用中继测控与中继数传,选择时间最早的时间窗口,可以实现随时测控,立即执行,立即获取数据。

(2) 资源优先策略。一般应急任务,根据应急任务测控时机分析结果,按照影响最小策略从可用测控资源中选择应急调整影响最小的测控时段。若中继测控满足要求,则选择中继测控;对于中继数传资源采取类似策略,优先选用调整影响最小的可用数传资源。

7.2.5 其他基础支撑技术

1. 分布式并行计算服务

在整个应急任务快速反应流程中,应急任务统筹分析、应急任务实施可行性分析、任务规划、计划编制等几个关键环节的时效性都依赖于计算服务的性能,需要计算卫星轨道、访问可行性、能源约束、载荷控制参数等,随着卫星与任务数量的增加,现有计算资源可能无法满足应急任务快速响应要求。因此,需要提高计算服务性能,可采用云计算技术与负载集群技术,创建分布式并行计算服务环境,解决任务分布式运行与并行计算调用请求拥堵问题,提高多星计算效率,满足多星多台位并行运行的高时效性与稳定性要求。

2. 全流程自动运行控制技术

采用基于工作流引擎的流程自动控制与监视技术,创建适应不同类型任务的高效业务流程控制模型,根据任务情况与应急需要进行流程自动控制,建立基于工作流引擎的应急任务自动运行控制机制。

根据应急任务情况,依据流程模型,调度各环节工作,实现流程的自动高效运转,消除人工操作时间不可控的问题,提高全流程时效性,同时各节点可实时上报执行情况,实现流程运行情况的实时监视,并在出现故障时及时提醒操作人员解决。

对计划编制与指令编制环节,在应急任务规划情况下,根据任务规划调整情况进行自适应调整,在流程调度控制下,自动进行应急计划编制与指令编制。对于涉及多星的应急快反任务,可以通过分布式部署、流程配置与自动调度,实现多星分布式自动处理。

3. 任务规划快速调整算法

在卫星规划结果的决策形成到结果执行的过程中,可能会遇到各种扰动导致规划结果无法顺利执行,此时,需要根据新的任务需求和调度环境对规划结果进行调整,以获得新的能够顺利执行的卫星任务规划结果。通常,对规划结果的调整可以采用完全重规划或修复重规划方法进行。由于规划结果的动态调整具有强时效性,对算法的响应速度要求很高。因此,要以尽可能快的速度找到一个可行解,以迅速适应应急快反任务需求,同时,要求新老规划结果的差异尽可能小,以减少对用户的相关决策的影响。完全重规划虽然可以获得一个收益好的新规划结果,但具有较大的计算复杂度。因此,只能针对涉及的一颗或少数几颗卫星的原始规划结果进行局部调整,以满足应急快反条件下快速调整卫星规划结果的要求。

在对原始的卫星规划结果进行动态调整时,可以根据不同的任务扰动类型有针对性地设计特定的模型和求解算法。通过对动态调整特点的分析,可将不同扰动类型下的卫星规划结果动态调整问题归结为一类插入任务的动态调度问题。在对任务规划结果动态调整算法进行描述之前,先对应急条件下的卫星任务规划结果动态调整问题进行任务划分。

1)应急调度问题的任务划分

在规划结果动态调整问题中,针对每个动态规划决策点,将所有任务分为3种,即已完成任务、已安排任务及新任务,如图7-7所示。

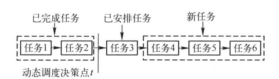

图7-7 动态规划问题中的任务划分

已完成任务在后续时刻将不再考虑,已安排任务表示在当前规划结果中尚未执行的任务。新任务是指新到达的任务或因为满足约束条件而暂时没有安排进当前规划结果的任务,或因约束条件改变导致无法按当前规划结果执行的任务。当约束条件改变而导致某些任务无法按当前规划结果执行时,这些任务就由已安排任务转化为新任务。卫星任务规划问题是一个过度约束问题,即会有部分任务因不满足约束条件而无法被分配资源。因此,可以把此部分未安排任务看作是新任务。由所有已安排任务组成的集合称为已安排任务集,由所有新任务组成的集合称为新任务集。

(1)新任务的插入。当高收益新任务到达时,相当于新任务集中增加了一个或多个元素,需要将新任务集中的新任务插入到原始的任务规划结果中,这是一类最典型的插入任务问题。

(2) 已安排任务的取消。由于用户需求的改变,原来已经安排的任务取消,导致某些未安排任务可以重新插入任务规划结果中。因此,可以把未安排任务看作是新任务集中的任务,并将取消的任务从已安排任务集中删除。此时,需要将新任务集中的任务插入到规划结果中。

(3) 任务属性的改变。由于用户需求的改变或任务属性设置不合理,导致某些任务属性的改变,如已安排任务的收益变低,或未安排任务收益变高。此时,需要将新任务集中的高收益任务插入到规划结果中,同时,将低收益任务从规划结果中调整出来。

(4) 气象条件的变化。当由于云层覆盖等天气条件的变化,导致本来已安排的某些任务无法完成或保证质量地完成,任务的可行时间窗口将会发生变化。因此,可以把这些任务从已安排任务集调整到新任务集中。由于这些任务中可能有收益较高的任务,并且每个任务可能有多个可行时间窗口,因此,需要尽量将这些任务重新插入到规划结果中,必要时,可将低收益任务从规划结果中调整出来。

(5) 卫星资源状态的变化。当卫星资源失效导致该卫星在某时间段内不可用时,安排在此卫星资源该时间段内的任务也将无法有效执行。此时,可以把这些任务从已安排任务集调整到新任务集中。由于这些任务中可能有收益较高的任务,并且每个任务可能有多个可行时间窗口,因此,需要尽量将这些任务重新插入到规划结果中,必要时,可将低收益任务从规划结果中调整出来。需要注意的是,此时,不仅任务的相关属性发生变化,卫星资源的相关属性也会发生变化。

在将任务插入规划结果中时,不仅希望保持规划结果收益的尽可能最优,而且希望新老规划结果的差异尽可能小。这是因为一旦对规划结果进行大规模的调整,可能会对用户的决策产生一系列的影响。因此,在保证规划结果收益尽可能优的基础上,需要将动态规划对原任务规划结果的收益影响降到最低、调整的范围最小。

2) 面向应急任务的应急调度模型

根据上述分析,可以建立应急条件下的动态规划模型。

首先定义符号参数如下。

R:卫星资源集合。

T_d:动态规划的决策时刻点。

DT:动态规划前待插入的成像任务集合。

DT′:动态规划后未被安排的成像任务集合。

DT′:动态规划前已安排给卫星 r 但尚未执行的成像任务序列,$r \in R$。对在 T_d 时刻正在执行的成像任务,则不包含在 $Q(r)$ 中,且 $DT \cap (\bigcup_{r \in R} Q(r)) = \varnothing$。

$Q'(r)$:动态调度后安排给卫星 r 的成像任务序列,$r \in R$。

g_i:成像任务 i 的收益,$i \in \in DT \cup (\bigcup_{r \in R} Q(r))$。

R_i:成像任务 i 的可用卫星集合,$i \in \in DT \cup (\bigcup_{r \in R} Q(r))$,$R_i \subseteq R$。

a_i:成像任务 i 的最早开始时间,$i \in \in DT \cup (\bigcup_{r \in R} Q(r))$。

b_i:成像任务 i 的最晚开始时间,$i \in \in DT \cup (\bigcup_{r \in R} Q(r))$。

n_{ir}:成像任务 i 占用卫星 r 的可行时间窗口的数目,$i \in \in DT \cup (\bigcup_{r \in R} Q(r))$,$r \in R_i$。

tw_{ir}^k:成像任务 i 占用卫星 r 的第 k 个可行时间窗口,$tw_{ir}^k = [ws_{ir}^k, we_{ir}^k]$,$i \in DT \cup (\bigcup_{r \in R} Q(r))$,$r \in R_i$,$1 \leq k \leq n_{ir}$。

dt_i^r:成像任务 i 由卫星 r 完成时需要的持续时间,$i \in DT \cup (\bigcup_{r \in R} Q(r))$,$r \in R_i$。

s_{uv}^r:若成像任务 u 和 v 同时占用卫星 r,u 执行完成后,紧接着继续执行 v 时的转换时间,$s_{uv}^r \geq 0$,$u,v \in DT \cup (\bigcup_{r \in R} Q(r))$,$r \in R$。如果卫星 r 不能满足 u 或 v 的要求,则 $s_{uv}^r = 0$。

$ttrack_r$:卫星 r 的单圈飞行时间,$r \in R$。

$duty_r$:卫星 r 的单圈最长工作时间,$r \in R$。

a:规划周期开始时间,为正整数。

b:规划周期结束时间,为正整数。

变量。

st_i:成像任务 i 的开始时间,$i \in \in DT \cup (\bigcup_{r \in R} Q(r))$。

x_{ir}^k:布尔变量,$x_{ir}^k = 1$ 表示卫星 r 的第 k 个时间窗口被成像任务 i 选中;$x_{ir}^k = 0$ 表示卫星 r 的第 k 个时间窗口未被成像任务 i 选中,$r \in R_i$,$i \in \bigcup_{r \in R} Q'(r)$,$1 \leq k \leq n_{ir}$。

$Itrack_{r,t_c}$:卫星 r 上从时刻 t_c 开始时长为 $ttrack_r$ 的时间段内安排的任务集,即

$$\text{Itrack}_{r,t_c} = i \mid (x_{ir}^k = 1) \wedge (ws_{ir}^k \leq t_c) \wedge (we_{ir}^k \geq t_c + \text{ttrack}_r), \exists\, 1 \leq k \leq n_{ir}, r \in R$$

根据上述符号定义,对地观测卫星应急条件下的动态规划问题可以描述如下:已知一个对地观测卫星资源集 R,在动态规划决策时刻点 T_d,当前需要进行插入的新成像任务集合为 DT,当前已安排给卫星 r 但尚未执行的任务序列为 $Q(r)$。要求在满足成像任务的诸多约束条件的基础上,将成像任务集合 DT $\cup$ ($\bigcup_{r \in R} Q(r)$) 中的任务分配给多颗卫星资源执行,使得卫星资源集 R 能够完成的任务的总收益最高,新老规划方案的差异最小。

根据以上分析,建立应急条件下的动态规划模型为

$$\min \sum_{i \in \text{DT}'} g_i \tag{7-1}$$

$$\max \left| \left(\bigcup_{r \in R} Q'(r) \right) \cap \left(\bigcup_{r \in R} Q(r) \right) \right| \tag{7-2}$$

s.t.

$$\text{DT}' \cup \left(\bigcup_{r \in R} Q'(r) \right) = \text{DT} \cup \left(\bigcup_{r \in R} Q(r) \right) \tag{7-3}$$

$$\text{DT}' \cap \left(\bigcup_{r \in R} Q'(r) \right) = \varnothing \tag{7-4}$$

$$\bigcap_{r \in R} Q'(r) = \varnothing \tag{7-5}$$

$$\forall\, r \in R, Q'(r) = (t_1^r, t_2^r, \cdots, t_m^r) \text{ 满足}$$

$$\sum_{1 \leq k \leq n_{t_i^r, r}} x_{t_i^r, r}^k = 1, \quad \forall\, 1 \leq i \leq m \tag{7-6}$$

$$x_{t_i^r, r}^k (st_{t_i^r} - ws_{t_i^r, r}^k) \geq 0, \quad \forall\, 1 \leq i \leq m; 1 \leq k \leq n_{ir} \tag{7-7}$$

$$x_{t_i^r, r}^k (st_{t_i^r} + dt_{t_i^r}^r - we_{t_i^r, r}^k) \leq 0, \quad \forall\, 1 \leq i \leq m; 1 \leq k \leq n_{ir} \tag{7-8}$$

$$x_{t_i^r, r}^k (st_{t_i^r} - a_{t_i^r}) \geq 0, \quad \forall\, 1 \leq i \leq m \tag{7-9}$$

$$x_{t_i^r, r}^k (st_{t_i^r} - b_{t_i^r}) \leq 0, \quad \forall\, 1 \leq i \leq m \tag{7-10}$$

$$x_{t_i^r, r}^k (st_{t_i^r} + dt_{t_i^r}^r + s_{t_i^r t_{i+1}^r}^r - st_{t_{i+1}^r}) \leq 0, \quad \forall\, 1 \leq i \leq m-1 \tag{7-11}$$

$$\sum_{j \in \text{Itrack}_{r,t_c}} dt_j^r \leq \text{duty}_r, \quad \forall\, t_c \in [a, b - \text{ttrack}_r] \tag{7-12}$$

目标函数式(7-1)表示最小化未被安排的成像任务收益之和;目标函数式(7-2)表示新老调度方案的差异尽可能最小。

约束条件式(7-3)表示所有成像任务集在动态规划前后应该是一样的(包括未被安排的成像任务和所有被安排执行的卫星资源任务序列中的任务)。

约束条件式(7-4)和式(7-5)表示每个成像任务只能被某个卫星资源执行或不安排。

约束条件式(7-6)说明每个成像任务只能在某个卫星资源上被安排一次。

约束条件式(7-7)、式(7-8)说明在某个卫星资源的当前任务序列中,成像任务只能在某个时间窗口内执行,任务的起止时间不能超出该时间窗口范围。

约束条件式(7-9)、式(7-10)说明在某个卫星资源的当前任务序列中,成像任务的起止时间不能超出用户指定的有效期限范围。

约束条件式(7-11)说明了被某个卫星资源执行的成像任务与它的后续任务之间的时间推进关系,该关系也保证了由同一卫星执行的所有任务序列中不存在环路。约束条件式(7-12)说明了在卫星资源运行的任意时长为 $ttrack_r$ 的时间段内,执行的所有任务的累积持续时间不超过给定的单圈最长工作时间。

应急条件下的动态规划模型与其他常规对地观测卫星的任务规划模型的区别,主要在于问题的初始状态不同,优化目标也不尽相同。应急条件下的动态规划模型是基于已有的卫星任务规划结果调度的结果,根据应急任务及其他不确定性因素的扰动带来的动态规划要求进行的。优化目标是尽量满足新的成像任务需求以及新老规划结果的差异尽可能小。由于应急条件下的动态规划模型涉及的约束条件多、问题复杂,可采用启发式算法快速解决此类问题。

3) 面向应急任务的动态调整方法

应急条件下的动态规划模型本质上就是在满足成像任务的诸多约束条件基础上,将成像任务集合 $DT \cup (\bigcup_{r \in R} Q(r))$ 中的任务分配给多颗卫星资源执行。因此,可以采用完全重规划的方法对成像任务进行重新分配,以获得满足新的任务需求的成像任务规划结果。但是,完全重规划方法不能充分利用已有任务规划结果的整体优良性能,不能保证动态规划的时效性和新老规划结果差异尽可能小,不能很好地解决动态规划问题。基于已有的规划结果进行适应性调整,可以有效利用已有卫星任务规划结果的优良性能,还能大幅度降低动态规划的工作量,提高动态调整的反应速度。因此,可以采用动态插入任务启发式算法。

该算法主要由 3 个基本过程组成:任务直接插入过程、任务迭代插入过程和任务替代插入过程。

(1) 任务直接插入过程。任务直接插入的基本思想是:在不改变当前规划结果安排的资源与顺序的前提下,按照任务收益的高低顺序,依次判断待插入任务集中所有的任务能否在满足约束条件的情况下,插入某个资源的任务序列中。在插入高收益任务时,应尽可能避开与其他任务冲突的时间窗口,以获得尽可能高的收益。任务的插入取决于插入任务时间窗口的拥挤度。

$Con(tw)$:时间窗口 tw 的拥挤度,定义为同时可安排在该时间窗口的待插入任务的数量。

基于拥挤度规则的任务直接插入过程具体步骤如表 7-1 所列。在任务直接插入过程中,考虑了任务时间窗口拥挤度的概念。由于不同收益的任务之间可能存在时间窗口的冲突,在按收益顺序选择任务插入时,可能会造成高收益任务占用了低收益任务或其他后插入的同等收益的任务的可靠时间窗口,从而造成资源的冲突。由于问题具有多时间窗口特性,在插入高收益任务时,应尽可能避开与其他任务冲突的时间窗口,以安排更多的任务。因此,在插入任务时,应选择与其他任务的可靠时间窗口相冲突的机会最少的时间窗口插入,可以最大限度地保证插入尽可能多的任务。同时,这也在一定程度上减少了对任务迭代插入和替代插入的需求,提高了任务插入的效率。

表 7-1　基于拥挤度规则的任务直接插入过程

```
Begin
设置待插入任务集 WT=DT
for i from 1 to |WT|
    计算任务 i 的各可行时间窗口 tw 的拥挤度 Con(tw);
end for
按照收益高低顺序,对 WT 中的任务进行分类排序;
while WT≠∅
    从 WT 中收益最高的若干个任务中随机选取一个任务 j;
    按拥挤度由低到高的顺序尝试插入任务 j;
        If 在卫星资源 r 上插入任务 j 成功 then
            更新 Q′(r) 和 DT′;
        end if
    更新 WT;
    更新 WT 中各任务可行时间窗口的拥挤度;
end while
if DT′=∅ then
    任务全部插入成功,结束任务插入;
end if
End
```

(2) 任务迭代插入过程。迭代修复方法是一类应用于动态调度领域的启发式方法,该方法的主要思想是:暂时生成一个不可行结果,通过不断地迭代修改,以希望获得一个更好的结果。对于应急条件下的动态规划问题,可以借鉴迭代修复方法的思想,放松高收益任务优先于低收益任务这一约束,以暂时获得一个"不可行结果"。从当前规划结果出发,针对新任务集 DT,在新任务的可行时间窗口范围内进行一定程度的迭代修复搜索。在对某个特定的任务 i 进行修复搜索时,需要采用新的规则而非收益高低来决策下一个需暂时取消的任务,高收益的任务也可能被低收益的任务取代。对给定新任务,如果通过迭代搜索,能够在不删除原规划方案中任务的情况下将任务 i 插入调度方案中,那么,此新方案可以被接受。接下来,对下一个新任务 j 采用同样的方法进行修复搜索。如果通过迭代搜索,在不删除原规划结果中任务的情况下,不能将任务 i 插入规划结果中,则恢复此前的规划结果,任务 i 保持为未安排。

对新任务进行修复搜索是任务迭代插入的核心过程。在修复搜索过程中,为了将某特定成像任务插入一个可靠的时间窗口内,需要退出一个或多个已安排任务,如图 7-8 所示。

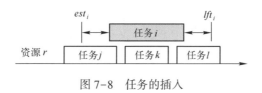

图 7-8 任务的插入

在图 7-8 中,要在该时间窗口内插入新任务 i,要么退出任务 j 和 k,要么退出任务 k 和 l。因此,可定义任务集合 $\{j,k\}$ 和 $\{k,l\}$ 为任务 i 的冲突,$\{\{j,k\},\{k,l\}\}$ 为任务 i 在资源上时间窗口 $[est_i, lft_i]$ 内的冲突集。对卫星应急条件下的动态规划问题来说,成像任务一般可在多个卫星资源的多个时间窗口内完成。因此,任务 i 的冲突集是 i 在所有可行时间窗口内的冲突构成的集合。

基于上述思想,采用一种基于自由度规则的任务迭代插入过程,具体步骤如表 7-2 所列。在新任务的迭代插入过程中,为了防止插入的新任务或退出的任务被再次退出,从而造成搜索过程的震荡,可设置保护集,保护集的任务不能再次进行调整。在任务迭代过程中,基于自由度的退出启发式规则和尝试有限搜索是两个主要的内容。

表 7-2 基于自由度规划的任务迭代插入过程

Begin 设置保护集 PT=∅,最大迭代深度为 D_{max}; 设置待插入任务集 WT=DT';

(续)

```
repeat
按照任务收益顺序,从 WT 中选择新任务 i;
设置临时任务集 TT=∅,当前迭代深度 d_r=0;
TT=TT+{i},PT=PT+{i};
    do
从 TT 中随机选择任务 j,计算任务 j 的冲突集 Conflictset_j;
从 Conflictset_j 中按基于自由度的退出启发式规则选出暂时退出任务集 RT,并将其中的任务加入保护集 PT;
        if RT=∅,then
            Break out;
        else
将任务 j 插入被退出任务的时间窗口内,确定该任务的开始和结束时间,更新 TT;
对 RT 中能直接插入的任务确定其开始和结束时间;
对 RT 中不能直接插入的任务加入 TT,令 d_r=d_r+1;
        end if
    while(TT=∅) or (d_r>D_max)
    if TT=∅ then
更新 Q'(r) 和 DT'
    end if
更新 WT
until WT=∅
if DT'=∅ then
任务全部插入成功,结束任务插入;
end if
End
```

① 基于自由度的退出启发式规则。在新任务迭代插入的过程中,最核心的部分就是确定退出任务的启发式规则的设计。在引入冲突的自由度这一概念的基础上,设计了两种基于自由度的退出启发式规则。定义以下符号。

Taskset(tw):在某卫星资源上的时间窗口 tw 内可行的任务集。若有保护集中的任务位于该时间窗口,则可行任务集中不包括与保护集中任务冲突的任务。

TWset$_i$:成像任务 i 在可选卫星资源上的所有可行时间窗口集。

Conflictset$_i$:成像任务 i 的冲突集;

Conflictset$_i^j$:成像任务 i 的冲突集中的第 j 个冲突;

首先,对某一特定时间窗口的需求度做以下定义,即

$$\text{req}(tw) = \sum_{i \in \text{Taskset}(tw)} \frac{w_i}{|\text{TWset}_i|} \quad (7-13)$$

上述定义描述了成像任务对该时间窗口的需求程度。有的任务只能在此时间窗口内完成,因此,对该时间窗口的需求程度就相对较高。有的任务可以在多个资源、多个时间窗口内安排,那么,该任务对此时间窗口的需求程度就相对较低。因此,直接用可安排在该时间窗口内的所有任务的收益之和定义时间窗口的需求度是不合适的,还需要考虑任务的可行时间窗口数。

在定义了时间窗口的需求度后,将某一特定任务的自由度定义为该任务在所有可行时间窗口内最小的需求度的倒数,即任务的最小需求度越小,其自由度越大,任务可获重新安排的可能性越大。

$$\text{flex}_i = \min_{tw \in \text{TWset}_i} 1/\text{req}(tw) \tag{7-14}$$

在退出任务的启发式规则的设计中,冲突往往由多个任务组成,即为了插入一个新任务,需退出多个任务。冲突中具有最小自由度的任务决定了重新安排冲突中所有任务的难易程度。因此,可以定义冲突的自由度为

$$\text{flex}(\text{Conflictset}_i^j) = \min_{k \in \text{Conflictset}_i^j} \text{flex}_k \tag{7-15}$$

在冲突自由度定义的基础上,可采用基于最大自由度的退出启发式规则和基于自由度比例的退出启发式规则。

在设计退出启发式规则时,通常的目标是退出具有最大可行时间窗口数目的任务。计算某个任务的可行时间窗口的数目比较容易,也能提供对任务安排的难易程度的近似估计。但是,这种方法并没有提供对这些可行时间窗口的需求程度的估计。如果某个任务具有较多的可行时间窗口,但同时有很多其他的任务也可以安排在这些时间窗口内,那么,退出该任务可能会造成无法重新安排。因此,在冲突的自由度定义的基础上,可以采用基于最大自由度的退出启发式规则,即

$$\text{Retrackttask}_i = \text{Conflictset}_i^j : \text{flex}(\text{Conflictset}_i^j) \geq \text{flex}(\text{Conflictset}_i^k), \quad \forall k \neq j \tag{7-16}$$

根据上述规则,在新任务迭代插入过程中,选择具有最大自由度的冲突中的任务退出。

在任务迭代插入过程中,任务迭代插入的性能非常依赖于退出启发式规则,而启发式规则并不一定是最有效的。对一个给定问题,即使再好的启发式算法有时也可能做出错误的决策。有时,即使一个简单的随机退出策略也可能得到好的结果。因此,在退出启发式中加入一定程度的随机性,可能会达到更好的效果。基于此,可以采用基于自由度比例的退出启发式规则。在此规则

中，首先计算各冲突的自由度在待插入任务的所有冲突的自由度之和中所占的比例，然后以此作为该冲突中的任务被选中退出的概率。基于自由度比例的退出启发式规则定义为

$$\text{Prob}(\text{Retrackttask}_i = \text{Conflictset}_i^j) = \frac{\text{flex}(\text{Conflictset}_i^j)}{\sum_{1 \leq k \leq \text{Conflictset}_i} \text{flex}(\text{Conflictset}_i^k)} \quad (7-17)$$

在基于自由度比例的退出启发式规则中，自由度最大的冲突中的任务被退出的可能性最大，自由度最小的冲突中的任务被退出的可能性最小。假设某冲突的自由度是另一个冲突的自由度的3倍，那么，选择该冲突中的任务退出的概率就是选择另一个冲突中的任务退出的概率的3倍。这种方法的好处在于所有的冲突中的任务都有可能被退出，只是被退出的可能性不同，从而避免了搜索陷入局部极值。

在新任务迭代插入过程中，既可以分别使用上述两种退出启发式规则，也可以结合起来使用。首先，使用基于最大自由度的退出启发式规则进行修复搜索，得到一个较好的解；在此基础上，采用基于自由度比例的退出启发式规则进行随机搜索，得到的解就是最终的调整方案。实验表明，采用混合退出启发式规则能获得较好的综合效益。

② 深度有限搜索。为了解决插入任务与其冲突集任务之间的冲突，需要暂时退出冲突集中的任务。退出的任务在插入时，又可能与别的任务发生冲突。这是一个不断迭代搜索的过程，迭代的层次有时会很深，有时甚至要到最底层才能得到能否插入某个任务的结论。事实上，随着迭代搜索的深入，退出启发式规则对搜索的引导作用越来越小。例如，对基于最大自由度的退出启发式规则来说，在迭代搜索的初期，确定退出的是具有最大可能重新分配的任务。随着迭代搜索的深入，退出任务的自由度越来越低，退出的任务能够重新安排的可能也越来越小。同样，对其他的退出启发式规则来说，随着迭代搜索进程的深入，其对搜索的引导能力也越来越弱。

实验表明，如果迭代搜索的深度超过8~10层，搜索大多会以失败告终。随着迭代搜索的逐步深入，迭代搜索成功的机会越来越小。因此，可以通过限定迭代搜索深度值，以尽早结束成功机会很小的搜索。在设定该值时，希望一方面能够尽早终止无效的搜索任务，以节省大量的时间；同时，也要对最终的结果影响尽可能小，以保证调整后的调度方案的性能。通常，该值可以设定为10。

（3）任务替代插入过程。动态调整问题中，常希望在插入任务的同时，尽

可能不要删除原方案中已安排的任务。前面介绍的任务直接插入和任务迭代插入过程都是在不删除原方案中任务的前提下进行任务插入的。但如果在未插入的任务中,有收益很高的任务(应急任务或其他必须要完成的任务),且该任务与星上已有任务时间冲突。此时,需要在原方案中删除某些低收益任务,以保证这些高收益任务的插入,从而提升总体收益,称为任务替代插入,具体过程如表 7-3 所列。

表 7-3　任务替代插入过程

```
Begin
设置待插入任务集 WT=DT';
按照收益高低顺序,对 WT 中的任务进行分类排序;
repeat
从 WT 中收益最高的若干个任务中随机选取一个任务 j;
从任务 j 的所有可行时间窗口中选择可替换的收益之和最低的任务集 ET;
if 任务 j 的收益大于任务集 ET 的收益之和 then
用任务 j 替换任务集 ET 中的所有任务;
更新 Q'(r) 和 DT';
    end if
更新 WT;
until WT=∅;
if DT=∅ then
设置待插入任务集 WT=DT';
按任务收益高低顺序依次从 WT 选择任务尝试直接插入;
更新 Q'(r) 和 DT';
end if
for i from 1 to |R|
    output Q(r);
end for
if DT'≠∅ then
    output DT';
end if
End
```

在任务替代插入过程中,当成像任务的持续时间长短不一时,除了一对一的任务替代之外,还可能出现一对多的任务替代和多对一的任务替代方式。由于在插入持续时间较长的任务时,可能替代多个持续时间较短的任务。因此,在任务替代插入过程的第一部分,可以处理一对一的任务替代和一对多的任务替代。在插入持续时间较短的任务时,由于其替代的任务可能持续时间较长,有可能在插入该任务的同时,还能插入别的任务。因此,在任务替代插入过程的第二部分,处理多对一的任务替代。

4) 基于重叠度的插入启发式规则

在上述 3 种任务插入过程中,都需要确定插入的新任务或退出任务的时间和结束时间。由于任务的持续时间是确定的,所以仅需要确定任务的开始时间。通常,将成像任务的最早开始执行时间设置为其实际开始时间,这种方式比较简单易行,但有时候会降低算法的性能。如图 7-9 所示,在插入任务 j 时,若按最早开始执行时间规则插入,那么,任务 i 由于可行时间窗口的限制无法分配资源 r,i 就失去了一个获得安排的机会。若按图 7-10 所示确定任务 j 的开始时间,则任务 j 和任务 i 都可以分配资源 r。因此,需要设计新的任务插入启发式规则。

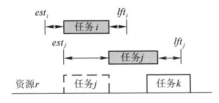

图 7-9　按最早开始执行时间规则插入

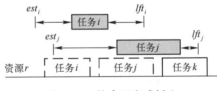

图 7-10　按合理方式插入

假设在资源 r 上某时间段 $[est_i, lft_i]$ 内插入任务 i,对该时间段内的每个时间点 t_j,可以计算该任务的重叠度。

(1) 对每个可能在 t_j 时刻安排的任务 $task_k$,设 $pc_k=1$。

(2) 任务 i 在资源 r 上 t_j 时刻的重叠度 $overlap_{rj} = \sum pc_k$。

可以利用计算出的任务重叠度,设计基于重叠度的插入任务启发式规则,以决定任务的开始时间和结束时间。该启发式规则描述如下。

假设任务 i 可在时间段 $[est_i, lft_i]$ 内插入。计算任务 i 在该时间段内各时间点的重叠度。从 est_i 开始,针对每个可能插入任务的时间段,选择其中的最大重叠度,然后选择最大重叠度最小的时间段作为插入任务 i 的时间段。

如图 7-11 所示,对任务 i 来说,计算从时间段 $[3,10]$ 内各时间点的重叠度。其结果为 $\{3,3,3,3,2,1,1\}$。任务 i 的持续时间为 3,则可能插入任务的时间段的数目有 5 个。各时间段的最大重叠度分别为{3,3,3,3,2}。因此,任务 i 选择在重叠度最小的时间段[7,10]内插入。由图 7-11 可以看出,如此安排任务可以确保任务 j 和 k 都能在相应的时间窗口内插入。

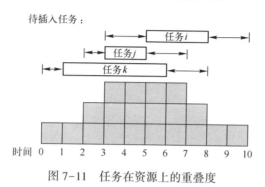

图 7-11　任务在资源上的重叠度

5) 应急条件下的动态调整流程

与常规任务一样,应急任务也需要经过多用户任务智能辅助分析流程,以明确用户的需求,包括明确任务的需求参数、匹配资源、区域目标的分解、元任务合成等,获得需要进行动态规划的元任务集,此外,还包括根据任务规划结果执行情况,对动态调度模型输入参数数据的更新,如从待插入任务集中剔除已经完成的任务、更新任务所剩的可行时间窗口数等,如图 7-12 所示。根据这些预处理过程,以已有卫星任务规划结果为基础,以最小化未被安排执行的任务收益之和以及最小化方案的差异为目标建立卫星动态调度模型。根据卫星动态调度问题的特点和需求,采用动态插入任务启发式算法进行求解,其 3 个基本过程具有各自的特点。

对任务直接插入过程来说,在插入任务时,能够在满足约束条件和不影响其他任务安排的情况下,直接将任务插入,对原规划结果的影响最小。因此,对于所有待插入任务,只要有可能,应尽量直接插入。

对任务迭代插入过程来说,通过对已安排任务的调整,能够在不删除原规划结果中任务的情况下插入新任务。任务迭代插入一方面可以尽量保证新规划结果获得较好的收益,另一方面也可以保持新老规划结果的差异尽可能小。

在经过任务直接插入和任务迭代插入过程后,若待插入任务集中仍有任务未插入,则使用任务替代插入过程进行剩余任务的插入。任务替代插入过程的主要思想是用高收益任务去替换低收益的任务。任务替代插入过程在上述两种过程的基础上,以牺牲解的稳定性为代价,进一步提高任务规划结果的收益。

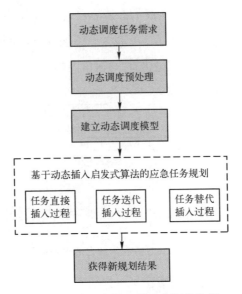

图 7-12　应急条件下的动态调整流程

在动态调度过程中,若不能删除原任务规划结果中的已安排任务,则可以由任务直接插入过程和任务迭代插入过程组合成动态插入任务启发式算法。该算法的特点是:能在不影响原任务规划结果安排的情况下,尽可能多地插入高收益的任务,调整前后的任务规划结果的差异较小,规划结果的稳定性较好。若允许删除原任务规划结果的已安排任务,则可以由任务直接插入过程、任务迭代插入过程和任务替代插入过程组合成动态插入任务启发式算法。该算法的特点是:当经过任务直接插入和任务迭代插入过程后,若仍有部分任务未插入,此时,可以通过删除原任务规划结果中的任务以插入更多高收益的任务,尽可能保证任务规划结果的收益。

第 8 章

未来技术展望

近年来,随着卫星性能的不断提升以及人工智能、大数据等新兴技术的发展,为高分辨率卫星任务管控带来新的技术发展方向。可以预料,未来一段时间内,为了不断提高卫星任务管控效能,大量应用新技术的卫星任务管控新方法将会不断涌现。卫星精准操控技术、卫星自主任务管控技术、基于天地一体化宽带网络、基于分布式云架构等都是较为典型的新研究方向。

8.1 卫星精准操控技术

随着高分辨率对地观测技术的不断发展,高分辨率卫星任务管控技术,特别是对卫星的操控技术也面临新的挑战。一是卫星空间分辨率的提升压缩了成像幅宽,要维持甚至提升卫星的时间分辨率,就必须更精确地控制卫星的姿态机动过程,甚至需要在精确控制机动过程的基础上进行"动中成像";二是同平台多载荷、多极化 SAR 等技术的运用,以及各类型卫星及载荷的相互配合应用,将使卫星的控制管理更趋复杂;三是卫星的日趋小型化、敏捷化大幅提升了卫星的姿态指向机动能力,但同时也降低了卫星平台的机动稳定性;四是空间、时间、光谱、辐射分辨率的提升导致单目标遥感数据量的增大,加大了星载固态存储器、数据下行通道带宽、地面站数量等资源的使用压力等。提高卫星操控技术的精准度成为应对这些挑战的手段之一。

针对未来高分辨率对地观测卫星的高分辨率、多工作模式、快速机动成像的精准姿态控制和精确成像参数设置要求,卫星精准操控涉及的关键技术包括以下几方面。

1. 动中成像目标访问计算误差影响分析及指向精度提升方法

动中成像是未来对地观测卫星的发展趋势,卫星在姿态机动过程中完成对地成像,可一次性获取不规则区域的边缘影像数据,如国家边境线、海岸线的影像数据,大大提高了卫星应用效能。动中成像目标访问计算是控制卫星实现动中成像的基础和前提。

2. 基于目标特性的卫星成像控制参数精确设置技术

卫星在不同成像模式下,卫星姿态、地物光照条件、大气环境等成像条件对图像质量的影响都不尽相同,若采用统一的预设成像参数,获取的图像质量不一定都能满足性能指标和任务要求,影响卫星的使用效率和效果。需研究不同成像条件下参数设置方法,包括面向点目标的成像参数设置模型及方法和面向区域目标的成像参数设置模型及方法。

其中,点目标成像参数精确设置的难点,是需要选取出用户最关注的典型目标,建立典型目标最优成像参数精确设置方法和模型,并通过对典型目标设置成像参数,制定并优化基于目标时空特性(不同目标背景及使用条件下)的卫星成像参数精确设置策略。

实际应用中,对区域目标成像主要是通过长条带成像模式实现,一次长条带成像可以覆盖的多个高收益目标。此时,若实现对卫星进行精准操控,需解决多个目标之间的不同地形、地物差异所带来的成像参数差异问题,研究面向区域目标的成像参数设置模型及方法。

3. 卫星资源精确管控技术

卫星任务规划的一个重要目标是充分发挥星地资源使用效益,尽量产生最大的效费比。卫星资源主要包括星上搭载的电源、存储器等。卫星平台及有效载荷动作会消耗能源,卫星数据记录和回放会占用存储器和接收资源,同时,由于卫星天线和地面接收天线的相对位置关系,在某些情况下会产生遮挡,而卫星对地面接收设备的过顶时间也是有限的,因此,卫星下传数据时间窗口也可以认为是一种数据传输资源。

从卫星资源使用角度来说,精细化的卫星任务规划就是要精确管控这些卫星资源,根据星上真实状态对使用约束进行动态预估,合理地进行工作模式和任务规划修正,规划卫星的动作序列,实现任务的最大化安排,最大限度地发挥卫星的使用效能。需要建立能源平衡计算、数据平衡分析计算、天线预置时间及数据传输弧段计算等模型,以及基于这些模型的精细化任务规划。具体包括以下几方面。

1）卫星资源精确控制模型的建立

这是实现精确管控卫星资源的先决条件，需要将传统的以最恶劣条件下能源、数据能力约束星上任务的方式转变为根据地面规划任务动态计算星上约束的方式，从而大幅提升卫星的在轨效能。

（1）卫星能源平衡分析精确计算模型。可以将按照最大机动角度、最大工作模式下能源约束限制机动次数和成像时间的传统方式，改为利用真实能源平衡模型动态计算任务的能源平衡情况。卫星任务管控系统可根据实际卫星放电深度，更加合理和精准地安排卫星载荷动作。

（2）卫星数据平衡分析精确计算模型。传统模式下，数据资源约束按照最大条件下的录放比计算固存占用和数据下传时间，而实际应用中，卫星在不同工作模式下，对不同条件的目标实施成像记录时间有很大的差别。可以根据卫星的机动角度、轨道位置、对任务的数据量及回放时长等进行精准预估，从而充分利用星上固存及对地弧段资源，提高数据记录和下传效率，实现数据资源的精确控制。

（3）天线预置时间及数据传输弧段精确计算模型。传统卫星天线预置时间均按天线最大角度转动所需时间预留，任务的执行效率不高。可以考虑真实卫星对数传天线的遮挡，根据任务的姿态、轨道对卫星进出对地数传弧段的时间进行预估，并对数传天线的指向进行计算，根据天线真实位置预估天线真实预置时间，从而提高任务执行效率。

2）基于卫星资源精确控制模型的任务管控技术

卫星姿态机动范围的增大以及机动次数的增多对整星能源平衡、测控弧段、数传弧段、数据传输速率等诸多卫星使用条件存在动态影响，再考虑卫星复杂构形在不同轨道、姿态条件下对太阳翼及测控、数传天线的遮挡影响，任务安排会更加复杂。传统的卫星任务管控根据星上最大边界条件下能源平衡、数据平衡、天线弧段等因素确定使用约束，限制了卫星最大效能的发挥。通过卫星资源精确控制，可根据星上真实状态对星上使用约束进行动态预计，建立精确规划模型，在此基础上完成精细化的卫星任务规划，最大限度地发挥卫星使用效能。

8.2 卫星智能自主任务管控技术

目前，国际上非常重视卫星智能技术的研究，卫星自主任务管控就是卫星智能技术中非常关键的一环。卫星自主任务管控就是利用人工智能等现代控制技术,在卫星上建立远程智能体,使卫星能够自我管理并完成飞行任务。它的目标是实现不依赖外界的信息注入和控制或者尽量少依赖外界控制而能够准确地感知自身的状态及外部环境,根据这些信息和用户任务做出恰当的决策,并能够自主地控制卫星完成各种任务。卫星自主任务管控主要包括自主生存和自主任务管控两个方面。为了实现自主生存,卫星需要保持正常的工作状态,包括自主姿态控制、自主导航、自主热控、自主监控卫星健康状态,在出现故障时利用冗余资源进行系统重构等。

自主任务管控包括根据用户任务进行自主规划与调度并制定合适的飞行计划指令序列,自主控制并协调卫星上各分系统和有效载荷的工作。同时,监控飞行计划的执行情况,在获取有效载荷数据后自主进行在轨数据处理,并根据数据处理的结果采取进一步的行动等。

对于对地观测卫星来说,卫星自主任务管控就是希望卫星达到能感知、能决策、能执行、能协同4项关键能力的智能水平。

其中,能感知要求卫星不仅能够针对目标执行有效的观测任务,而且能够依据观测结果利用人工智能方法在星上直接提取有价值的信息,并且具备从提取出的信息中生成任务的能力,使卫星具备强大的信息感知和任务生成能力。

能决策要求突破传统采用地面的卫星任务管控的方式,引入星上自主任务规划策略,自主决策执行哪些任务以及如何执行,从而使卫星具备快速响应能力,并提升任务执行效率、提高卫星应用效能、减少地面人员工作量和复杂度。

能执行要求卫星的载荷与平台具备超强的任务执行能力,包括载荷高分辨率、高灵敏度,平台的敏捷机动能力、大容量电源存储能力、高效能存储空间能力等,满足用户日益复杂的任务要求。

能协同要求突破传统单颗卫星的工作模式,具备多种星地智能交互方式获取地面资源的支持从而实现星地协同应用,具备星间链路的通信手段以及多星协同任务策略从而实现星星协同应用。

8.2.1 各国卫星自主任务管控技术发展现状

随着航天技术的不断进步,研究者对于观测卫星星上自主规划技术的认识也在不断演化。卫星自主任务管控同时对星载计算机、各种传感器、有效载荷以及执行机构等卫星硬件提出了很高的要求。目前,国外卫星系统已朝着智能卫星的方向迈进。NASA、ESA 和法国航天局(Centre National d'Études Spatiales, CNES)等很多机构在研究航天器的星载规划与调度技术,以支持航天器的自主运行,完成复杂的任务目标,实现部分的智能化功能。

美国的 NASA 从 20 世纪 80 年代开始研究基于人工智能的航天器自主运行技术并取得了很大的成果。在此基础上,NASA 将自主能力划分为 10 级。这些技术首先作为地面辅助工具在 NASA 得到了广泛的应用。

1999 年 4 月,NASA 试验了第一颗自主运行卫星"深空"一号(Deep Space-1,DS-1)。DS1 是 NASA 在新千年计划(New Millennium Program)中发射的第一颗深空探测卫星,它是一颗试验卫星,验证了 12 项新技术,自主控制是其中非常重要的一项。自主控制的主体是远程智能体(Remote Agent),它和地面控制系统、航天器实时控制软硬件、传感器等协调工作,完成对航天器的控制。远程智能体由三大部分组成,分别为规划与调度(Planning and Scheduling,PS)、智能执行体(Smart Executive,EXEC)、模式识别与故障恢复(Mode Identification and Reconfiguration,MIR),此外,还有一个任务管理器(Mission Manager, MM)。DS-1 的自主控制侧重于试验航天器自主完成使命级任务和故障恢复的能力。DS-1 试验取得了很好的试验结果。NASA 的许多后续项目都不同程度地使用了自主运行技术。

随着 NASA 的太空项目日趋复杂,航天器采集的有效数据也日益增加。为了获取更加详细的有效数据,NASA 越来越倾向于采用多航天器完成其太空项目。这些航天器以星座或者云团的拓扑结构进行组合,能够更加有效地获取科学数据,但却在星间/星地通信、星座定位、地面操作等方面带来了巨大的挑战。在过往项目中,航天项目的实施和运行均伴随着大量操作人员的加入,航天器运行管理的耗费急剧上升。为了控制运行管理费用,需要大量削减地面运行管理人员的数量,同时不能影响卫星的使用效益。对此,NASA 给出的应对方法是为太空项目增加自主运行功能。

典型的多星自主运行项目如表 8-1 所列。为了降低项目耗费,提升卫星的运行效益,NASA 已经在这些项目,尤其是多星项目中加入了一定的自主任务控制的功能。

表 8-1 NASA 多星项目情况

项目名称	项目任务	自主运行技术的应用
ANTS	小行星探测	星团自主组网、飞行任务规划、目标识别

(续)

项目名称	项目任务	自主运行技术的应用
NMP ST5	磁层测量	飞行任务规划、星间通信
STEREO	太阳活动监测	飞行任务规划、星间通信、探测识别
MMS	磁层、等离子层测量	构型测量与保持、星间通信
TDRS	数据通信中继	通信中继、计算服务

以 ANTS 为例,该项目利用小卫星集群搜寻具有特定特征的小行星。首先由一个母箭将探测任务所需的卫星集群运输至小行星带附近,并释放组网。其中的一些卫星为工作星(Worker),主要功能是携带各类探测仪器,采集试验数据并进行处理。另一些卫星为管理星(Ruler),主要功能是配置决策系统,检测探测数据和小行星是否与探测任务相关,并据此调整工作星的运行状况。最后一类卫星为通信星(Messenger),它的功能是协调卫星集群内部以及与地球控制中心之间的通信。在长期运行中,工作星检测其遇见的每一个小行星,并将探测信息传输给管理星。管理星根据探测数据判断小行星与任务的相关性,必要时,协调其他类型的工作星进行探测,以获得更多类型的探测信息。由于整个卫星集群远离地球,并且小行星的探测机会是随机出现的,因此,整个项目应用了大量的自主任务管控技术,以确保高效的探测感兴趣的小行星。

NASA 在多星项目中应用自主运行技术,一方面是为未来的自主运行系统做技术验证,另一方面自主任务管控功能的加入,确实在一定程度上降低了地面运行控制的工作量,对卫星的在轨运行效益也有不同程度的提升。NASA 将自主任务管控在航天任务中的应用和作用分为几类。

(1) 减少通信延迟的影响。对于星地通信延迟达到数分钟,或者存在地面不可见区域的航天任务领域,自主任务管控技术的应用能够提升数据获取效率,提高卫星的安全系数,已经被证明是不可或缺的。

(2) 控制航天器集群/多个航天器。航天器数量越多,就需要更多的任务控制人员,从而增加运行费用。

(3) 航天器间信息交互。对于编队飞行,或者相互配合的航天器,需要通过自主运行技术实现编队构型保持和协同任务管控。

(4) 降低费用。随着航天器有效载荷的发展,卫星采集的数据急剧增加,所需的数据存储、传输设备以及相应的供电设备也日趋复杂。通过星上数据预处理,可以实现星地系统性能的平衡,降低任务费用。

在 NASA 的引导下,美国很多著名研究机构也对卫星自主任务管控技术进行了深入研究。约翰·霍普金斯大学应用物理实验室(The Johns Hopkins University Applied physics Laboratory,APL)是一家从事民用和军用太空计划研究的机构,主要为美国国防部、NASA 和其他政府机构提供项目研发和技术支持。从早期的 GeoSat 到最新的 KeyHole-12 军用光学侦察卫星,都应用了 APL 提供的自主任务管控软件或设备。

APL 在卫星自主任务管控方面的研究重点在于星上自主任务管控软件的设计。截至目前,已经经历了 3 代系统数十年的发展,如表 8-2 所列。

表 8-2 APL 3 代自主任务管控系统

代别	项目名称	发射时间	项目任务	技 术 特 点
第一代	ACE	1997.08	太阳活动监测	1. 自主任务管控软件与硬件系统的分离 2. 实现了部件健康管理、整星姿态健康、电源管理 3. 核心规则采用"if-then"语句形式 4. 单优先级任务系统
第二代	NEAR	1997	近地行星监测	1. 多自主管控单元联合运行 2. 核心规则数量增加 3. 实现了日常任务规划 4. 多优先级任务系统 5. 在轨调整规则
	TIMED	2001	彗星探测	
	CONTOUR	2002	大气动力学研究	
第三代	MESSENGER	2004	水星探测	1. 核心规则数量减少,复杂度增加 2. 系统封装性和抽象性增加
	New Horizons	2006	冥王星探测	
	STEREO	2006	太阳活动监测	

APL 历经 3 代前后数十年的自主任务管控系统发展过程,主要趋势表现如下。

(1) 自主运行技术和自主任务管控技术日益得到研制人员的重视,系统功能从简单的单器件状态监控发展到系统级的管理控制功能,复杂度不断上升,在航天任务中的应用不断扩展。

(2) 自主任务管控中的故障管理与恢复功能始终存在于各个航天任务中。每个航天任务中都设计了自主管控规则用于应对部件健康检测、系统状态控制等,同时,还针对航天任务特点设计了故障保护等功能。

(3) 在最初的故障管理功能的基础上,自主任务管控的功能边界迅速扩展到日常操作的自主规划、非关键故障处置、有效载荷管理和自主运行等方面。

对于自主任务管控技术的发展以及在未来航天任务中的应用,APL 根据美国太空战略进行了详细规划，将相关功能需求分为 4 个主题，并分别规划了 3 个逐步深入的发展阶段，如图 8-1 所示。

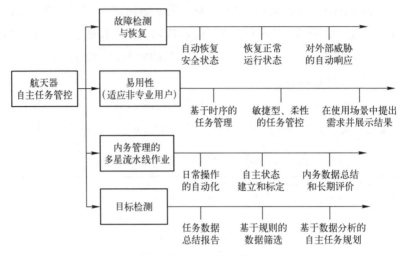

图 8-1 自主任务管控技术分类

规划与调度是自主运行中最能体现智能性的功能，是卫星能够自主完成任务的关键。为了使卫星对环境变化具备更强的反应能力，同时降低其对预测模型的依赖，美国喷气推进实验室的 S. Chien 将任务规划分为长期规划、中期规划和短期规划，并将规划与实际执行过程结合起来，在规划过程中考虑动作执行对系统状态的影响。该团队在另外一个研究项目中提出一种规划实时修正方案，依据地面目标上空云层情况的变动、突发任务下达以及成像卫星丧失工作能力等情况，通过增加、移动或删除任务实现具有资源自主调度特性的成像卫星规划方法。

美国普林斯顿卫星系统公司开发了专门用于集群卫星控制的多 Agent 系统 OA(Object Agent)，系统中每颗卫星均被视为一个独立的 Agent，具备一定的智能性和自主性。喷气推进实验室采用 CASPER 实现星上自主任务规划调度。CASPER 通过实时修正、不断改进的方式达到对外界变化做出快速反应的目的，其星上规划算法的基本思想是基于领域知识的迭代修复机制。

TechSat21 是美国空军研究实验室(Air Force Research Laboratory，AFRL)提出的一个分布式空间任务概念，即"通过编队飞行的多个卫星的合作以执行任务"。该卫星系统主要验证的技术包括编队飞行、星座管理、精确测时与授时以及合成孔径雷达信号处理等。试验的任务包括地面移动目标识别、跟踪

(Ground Moving Target Indication,GMTI)、分布式稀疏阵列合成孔径雷达成像等复杂任务。

TechSat21 的实验对象是由 3 颗卫星组成的星群,飞行在 600km 轨道上。美国航宇局 NASA 曾经在 EO-1 卫星与 LandSat-7 卫星做过低水平的线性编队飞行尝试且两星之间没有任何沟通,相比之下,TechSat21 的编队飞行要复杂得多,是三维非线性的,卫星之间的距离和相位可以根据不同任务需要进行调整,3 颗卫星间距维持在 100m~5km,卫星之间有通信链路可以实现功能互补,星座中任何 1 颗卫星都能通过星间链路对整个星座和另外 2 颗实施控制与管理。当 1 颗卫星工作"疲倦"或信号减弱时,另 1 颗卫星就会自动接替。卫星在编队飞行过程中,可以很好地实现对地面活动目标的跟踪。目前美国在轨的雷达成像卫星(如"长曲棍球"卫星)虽然分辨率很高,但其雷达天线孔径还不够大,并且不灵活,不能胜任跟踪活动目标的任务。而 3 颗 TechSat21 编队飞行可以构成 1 副有效孔径巨大且能调整的虚拟天线(图 8-2)。

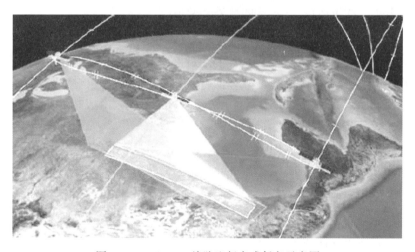

图 8-2　TechSat21 编队飞行完成任务示意图

美国空军计划在 TechSat21 演示验证的技术和平台的基础上建立由 3~8 颗小卫星组成的实用性编队飞行星座用于监视战场势态,特别是跟踪地面活动目标和实现快速军事响应。TechSat21 还可以针对不同的使命任务进行"按需"扩张,并可为不同的任务阶段重构卫星轨道,实现不同的任务应用,其任务示意图如图 8-3 所示。

TechSat21 系统在任务过程中,3 颗卫星间距维持在 100m~5km,通过三星联合观测实现了地面移动目标识别(GMTI)和天基稀疏阵列合成孔径雷达成像

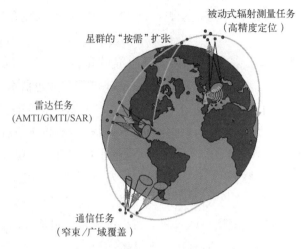

图 8-3 TechSat21 计划任务示意图

(SAR)等复杂任务,该系统验证了卫星编队系统的性能,进一步证明了卫星编队系统有更好的灵活性,可执行的任务类型很广。

欧洲一些国家和日本等也对航天器的自主控制进行了研究,其中比较著名的例子是 ESA 在 2001 年发射的星载自主计划系统(Project for On-Board Autonomy,PROBA),ESA 的许多成员国参与了这一计划。PROBA 的主要目的是展示和技术验证航天器在轨自主运行优点。PROBA 是一颗低成本的小卫星,卫星搭载的有效载荷包括以下几方面。

(1) 对地观测载荷 CHRIS。成像谱段:450～1050nm,星下点分辨率为 25m,具备滚动和俯仰成像能力。

(2) 空间辐射环境监测载荷 SREM。能够测量空间电子和质子的影响,以及收到的总辐射量。

(3) 在轨碎片评估载荷 DEBIE。能够测量空间碎片和粉尘的质量、撞击速度和穿透能力。

(4) 高分辨率相机 HRC。能够拍摄分辨率为 10m 的图像。

之所以选择搭载这些有效载荷,一方面是因为它们本身具有重要科学研究价值和现实应用价值,更重要的是它们对姿态控制、导航、数据处理、资源管理等方面都有严格要求,对它们进行自主控制能够充分展示卫星自主运行的优点。PROBA 展示的自主运行功能主要包括以下几方面。

(1) 自主导航。PROBA 装备有 GPS 定位装置,能够提供高精度的轨道位置信息和授时信息。

(2）自主姿态控制。星上安装的高精度星敏感器能够提供精确的卫星姿态信息，在卫星姿态信息错误时，能够自主重构卫星的姿态。

（3）自主任务控制。卫星配置有自主任务规划和星上资源管理软件，能够根据预定规则自动安排飞行任务。

（4）自主数据处理。星上安装有高速数字信号处理器（DSP），能够进行图像数据处理，包括压缩编码、加密等功能。

（5）自主日常管理。卫星能够自主处理所有日常管理工作，包括故障检测、故障定位和初级恢复动作。此外，卫星还能自主下传卫星状态的总结报告。

（6）自主数据分发。卫星能够自动接收地面的数据请求信息，并据此下传有效数据。

除此之外，为了更好地体现自主控制的优越性，PROBA 卫星的地面运控系统也大量采用了自动化技术，许多日常工作都自动完成，大大减少了人力消耗。从 PROBA 发射起，仅用了 1 年时间就完成了全部的科学试验任务。作为一颗体积不足 $0.3m^3$、质量约 100kg 的微型卫星，在后续的 7 年中，PROBA 持续提供了大量有效的对地观测数据和空间环境监测数据。因此，ESA 评价 PROBA 为"非常成功的自主试验卫星"。PROBA 上验证的自主任务管控技术在 ESA 后续的太空项目上进行了大量的应用，如 Cosmo-skymed、SPOT、Pleiades 等。

8.2.2 典型航天器自主任务管理规划系统

目前，已经在轨应用的典型航天器自主任务管理、规划系统包括喷气推进实验室（Jet Propulsion Laboratory，JPL）的自动规划与调度系统（Automated Scheduling and Planning Environment，ASPEN）、连续迭代任务规划与调度系统（Continuous Activity Scheduling Planning Execution and Replanning，CASPER）、德国航天中心（German Aerospace Center，DLR）的星载自主任务规划试验（Verification of Autonomous Mission Planning On-board a Spacecraft，VAMOS）、法国国家太空研究中心的自动化通用体系结构演示验证试验平台（Autonomy Generic Architecture-Tests and Application，AGATA）以及 8.2.1 节提到的 ESA 的 PROBA。

1. ASPEN 与 CASPER

在本书第 1 章中，已经对 ASPEN 系统进行了介绍。ASPEN 以人工智能为基础，建立了一个普适的任务规划与调度系统。ASPEN 支持自主任务规划结果的优化，通过修复算法改进规划调度结果。支持任务的重规划，能够根据卫星的资源和星上环境实时调整规划序列，实现了对任务规划与调度的实时响应。

ASPEN 规划调度系统已经在 NASA 的多个任务得到了应用,如 EO-1 卫星和 ST-4 卫星等。CASPER 是 ASPEN 在航天器自主规划在轨应用方面的扩展,其在任务执行过程中持续监控航天器的状态、环境数据以及新任务的输入,进而对已规划方案进行迭代更新,实现了在轨动态任务规划。

2. DLR 的星载自主任务规划试验

VAMOS 主要为了验证星上自主资源状态的检查调整的能力,以提高实际卫星规划效率与资源利用率。该试验包括星上和地面组件两大部分,地面组件(On-Ground component of VAMOS)通过整理不同用户的需求和预测的资源与环境状态,参考 TerraSAR-X 和 TanDEM-X 的任务规划算法,给出一个全局任务规划方案,并将其上注卫星。星上根据观测反馈结果与环境、资源的变化情况,可实时调整星上实际资源使用情况,以保证星上重规划方案的可行性。VAMOS 还可快速规划由星载图像处理模块(VIMOS)实时产生的新的潜在需求,以实现星上自主发现、自主监视目标等功能。

3. CNES 的自动化通用体系结构演示验证试验平台

AGATA 的软件体系结构设计支持对航天器在规划、监督和诊断等混合能力上的星上自主,并且需要经过测试验证过程。其主要目标包括:研究高自主水平航天器的可行性;演示验证自主对地面操作和操作员技巧的影响;开发一个快速原型工具来评估未来项目中的自主概念;定义并测试自主软件的开发验证过程。仿真平台主要由以下对象组成:空间部分由一个或若干个航天器组成;地面部分包括地面站、控制中心和任务中心。

8.3 卫星任务管控系统发展趋势展望

随着未来航天技术、通信技术、互联网技术、云计算、人工智能等技术的发展和成熟,卫星任务管控系统的形态和功能也必将发生深刻的变化,特别是通信技术和云计算技术,将会为卫星任务管控系统的建设理念和运行模式带来根本性变革。

8.3.1 基于天地一体化宽带网络的卫星任务管控模式构想

从前面章节可以看出,在卫星对地观测系统中,地面测控和接收资源是卫星任务规划中的重要内容,地面测控站和数据接收站也因此占据相当重要的地位。随着卫星制造技术的成熟,卫星制造成本大幅降低,在轨卫星数量将急剧增加。受多种因素制约，地面站的建设往往滞后于卫星发展，越来越难以满足对卫星测控和数传的需求，致使卫星能力不能充分发挥，对地观测需求不能充分满足。

天地一体化宽带网络就是指利用互联网技术实现互联网、移动通信网、卫星通信网的互联互通，将3种网络业务承载方式打通，采用通用平台承载实现各类信息覆盖的网络系统。随着航天技术、通信技术、互联网技术的发展成熟，建立覆盖全球的天地一体化宽带网络已成为通信网络技术的发展趋势，成为国际互联网巨头争夺的焦点。美国卫星互联网公司OneWeb计划从2018年起，发射680颗小型卫星组成宽带低轨卫星星座，实现可覆盖全球的卫星通信网络。SpaceX公司则计划采用数量更加庞大的低轨卫星构建空间互联网基础设施，目前已经发射了数百颗。我国也提出相应的发展计划。

天地一体化宽带网络建成后，将形成一个对全球近地空间无缝覆盖的宽带网络，全球近地空间任意位置将可以采用无线方式快速接入进行数据传输，卫星对地观测系统组成和运行模式也将发生革命性的改变。届时，测控时间窗口、数据传输时间窗口等概念将不再存在，系统将不再需要依赖有限的测控站在指定的时间窗口上注卫星指令，而是可以借助无处不在的天地宽带网络随时上注指令，而且上注指令时卫星可以在近地空间任何位置；同样，对地观测数据的下传也将摆脱对数据接收站在合适时间窗口的限制，卫星可以在空间任何位置将对地观测数据传输至全球任意位置，数据存储延后回放的数据传输模式也将消失，届时所有卫星的数传模式都将以实时传输为主。在某种程度上可以认为测控资源和接收资源是无限的，对地观测系统的观测能力将再也不受测控资源和接收资源的限制，从而实现需求最大化满足、资源最大化利用。

在天地一体化宽带网络基础上，高分辨率卫星对地观测系统依然由对地观测卫星、测控系统、卫星任务管控系统和数据处理系统组成，但每个系统的职能或工作方式将与现在有很大变化，如图8-4所示。

对地观测卫星将作为重要的信息节点，无缝接入天地一体化宽带网络，其接收指令和下传数据的方式将依托天地一体化宽带网络执行，可以根据任务需要随时随地进行。

测控系统的职能将不再包含上注卫星指令，而主要为对卫星进行测量定轨和轨道维持，届时，测控系统对卫星的测定轨工作将主要依托天地一体化网络中的测控节点进行，不受时间窗口的限制，实现全球实时测控，地面测控站将作为保留手段在特殊情况下发挥作用。

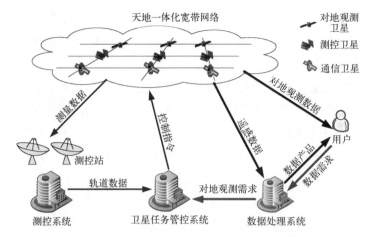

图 8-4 天地一体化宽带网络时代高分辨率卫星对地观测系统组成构想

此时,卫星任务管控系统将随时接收各用户的观测需求,仅需对卫星观测资源进行统筹分配,不再需要考虑数据接收资源分配的问题,从而大幅降低任务规划的难度,形成的卫星控制指令也不必提前较长时间集中上注,而是在该需求观测时刻之前即时上注,上注后将很快执行,星上不会预存大量待执行的指令。

因为所有的观测需求都是即时上注到卫星的,因此,常规观测需求和应急观测需求的界限将只有优先级的差别,突发事件的应急观测需求不会对已有观测需求造成太大的冲击,并且因为不再使用测控站上注卫星指令,所以不存在申请测控资源的问题,也不会因申请测控资源失败导致应急观测需求不能执行;因为不再使用数据接收站接收数据,所以也不存在执行应急任务的卫星与其他卫星争夺接收资源的问题,借助天地一体化宽带网络,应急观测需求的数据将会实时下传,大幅缩短应急响应时间。

当天地一体化宽带网络发展到一定高度,IPV4 将不能满足物联网的容量需求,IPV6 便成为主流网络协议,而万物互联时代人工智能技术必将高度成熟和广泛应用,届时,每一颗对地观测卫星都是一个具有对地观测功能的智能网络终端,都有一个独立的 IP 地址,通过授权,用户将可以通过天地一体化宽带网络直接控制卫星执行对地观测任务、获取对地观测数据。

卫星任务管控系统的职能也将发生改变,其主要职能不再是对卫星观测资源进行分配,而是进行卫星观测资源使用授权。卫星任务管控部门根据任务需要和用户级别,将不同的卫星观测资源授权给相应的用户,向用户发布卫星位置和空闲时段,用户可以使用专用卫星应用终端,通过天地一体化宽带网络将对地观测需求直接发送至卫星,当不同用户的观测需求产生冲突时,将根据需求的优先级进行仲裁,并将仲裁结果反馈给卫星应用终端;当卫星受理新需求,观测资源状态改变后,通过天地一体化宽带网络通知卫星任务管控部门更新卫星观测资源状态。卫星执行完任务后,可以将数据通过天地一体化宽带网络发送至数据处理系统或直接发送至用户的卫星应用终端。

8.3.2 基于分布式云架构对等多中心的卫星任务管控系统

传统的卫星任务管控系统都是按卫星管理部门的业务职能独立开展建设和运营管理,这种模式带来若干问题:一是单独的卫星任务管控系统所依托的资源受到建设成本限制,并且弹性不足,有可能随着卫星的不断发展而出现资源不足的情况;二是不同系统之间资源重复建设问题较为严重;三是容灾备份能力不足,一旦运行中心出现故障,将导致整个卫星系统不能正常运转。

互联网和云计算技术的成熟,为建设分布式对等多中心架构的跨领域卫星任务管控系统成为可能。在该模式下,每个卫星任务管控系统均作为该系统的一个对等云中心,每个云中心的计算/存储/网络等资源进行虚拟化后按业务需要进行分配,形成满足需求的虚拟化服务器、工作站、网络设备。每个云中心都具有对各自所管理卫星的任务管控能力,根据中心职能定位不同,不同任务占用资源比例不同;所有卫星任务管控的基础服务、应用服务、应用程序全部部署在云中心的虚拟设备上运行;分布式调度服务支持多种类型的终端接入,进行远程操作,完成相应业务,从而使整个系统的易用性、灵活性、安全性均有大幅提升。

参考文献

[1] 龚燃,刘韬. 2018年国外对地观测卫星发展综述[J]. 国际太空,2019(02):48-55.

[2] 郭晗. 高分五号、六号卫星正式投入使用[J]. 卫星应用,2019(04):54-55.

[3] 童旭东. 中国高分辨率对地观测系统重大专项建设进展[J]. 遥感学报,2016,20(5):775-780.

[4] 关晖,宁永忠. 我国在轨卫星测控发展历程及展望[J]. 国际太空,2018(01):55-59.

[5] Rabideau G, Knight R, Chien S, et al. Iterative Repair Planning for Spacecraft Operations in the ASPEN System[C]. In the Proceedings of 5th International Symposium on Artificial Intelligence Robotics and Automation in Space, Noordwijk, Netherlands, 1999.

[6] Chien S, Rabideau G, Knight R, et al. Aspen-automated Planning and Scheduling for Space Mission Operations[C]. Proc. Of the Space Operations, 2000:1-10.

[7] Fukunaga A, Rabideau G, Chien S, et al. ASPEN:A Framework for Automated Planning and Scheduling of Spacecraft Control and Operations[J]. Robotics and Automation in Space(I-SAIRAS), 1997:375-386.

[8] Sherwood R, Govindjee A, Yan D, et al. Using Aspen to Auto-mate EO-1activity Planning[C]. Proc of the IEEE Aerospace Conference, 1998:145-152.

[9] Cohen R. Automated Spacecraft Scheduling:the ASTER Example. [C]. Ground System Architectures Workshop, 2002:1-12.

[10] Muraoka H, Cohen R H, Ohno T, et al. Aster Observation Scheduling Algorithm[C]. Proc. of the Space Operations, 1998:1-8.

[11] Frank J, Jonsson A, Morris R, et al. Planning and Scheduling for Fleets of Earth Observing Satellites[C]. Proc. of the IEEE Aerospace Conference, 2007:1-12.

[12] Rivett C, Pontecorvo C, Adelaide. Improving Satellite Surveillance through Optimal Assignment of Assets. DSTO[J]. Information Sciences Laboratory, 2003.

[13] Bensana E, Lemaitre M, Verfaillie G. Earth Observation Satellite Management[J]. Con-

straints,1999,4(3):293-299.

[14] Sherwood R,Govindjee A,Yan D,et al. Using Aspen to Auto-mate EO-1activity Planning[C]. Proc. of the IEEE Aerospace Conference,1998:145-152.

[15] Verfaillie G, Lemaitre M. Tutorial on Planning Activities for Earth Watching and Observation Satellites and Constellations:from Off-line Ground Planning to On-line On-board Planning[C]. In the Proceeding of the 16th International Conference on Automated Planning and Scheduling,Cambria,UK,2006.

[16] Lin W C, et al. Daily Imaging Scheduling of an Earth Observation Satellite[J]. IEEE Transaction on Systems,Man,and Cybernetics Part A:System and Humans,2005,35(2):213-223.

[17] Smith G,Davis R. Frameworks for Cooperation in Distributed Problem Solving[J]. IEEE Transactions on Systems,Man and Cybernetics,1981,11(1):61-70.

[18] Globus A,Crawford J,Lohn J,et al. Scheduling Earth Observing Fleets Using Evolutionary Algorithms:Problem Description and Approach[J]. In the Proceedings of the 3rd NASA International Workshop on Planning and Scheduling for Space,Houston,USA,2002.

[19] Chien S,Sherwood R,Tran D, et al. The Autonomous Science Craft Embedded Systems Architecture[C]. In the Proceedings of 2005 IEEE International Conference on Systems, Man and Cybernetics,Big Island,USA,2005.

[20] Baysal O,Kauffmann P. Current Status and Future Tendency of Sensors in Earth Observing Satellites[C]. In the Proceedings of the 2002 Conference on Pecora 15/Land Satellite Information IV/ISPRS Commission I/FIEOS,2002.

[21] Nicola Bianchessi,Giovanni Righini. Planning and Scheduling Algorithms for the COSMO-SkyMed Constellation[J]. Aerospace Science and Technology,2008,12(7):535-544.

[22] Deb K,Pratap A,Agarwal S,et al. A Fast and Elitist Multi-objective Genetic Algorithm:NSGA-II,Evolutionary Computation[J]. IEEE Transactions on System,2002,6(2):182-197.

[23] Chaube A, Benyoucef L, Tiwari M K. An Adapted NSGA-2 Algorithm Based Dynamic Process Plan Generation for a Reconfigurable Manufacturing System[J]. Journal of Intelligent Manufacturing,2012,23(4):1141-1155.

[24] Mancel C, Lopez P. Complex Optimization Problems in Space Systems[C]. 13Th International Conference on Automated Planning & Scheduling(ICAPS'03),2003.

[25] Toutin T,Cheng P. QuickBird—a Milestone for High-resolution Mapping[J]. Earth Observation Magazine,2002,11(4):14-18.

[26] 陈宇. 基于典型任务的多星协同调度关键问题研究[D]. 武汉:武汉大学,2012.

[27] 王明远,等. 空间对地观测技术导论[M]. 北京:军事谊文出版社,2002.

[28] 李晓萌．航天测控与数传任务动态处理模式与响应流程研究[D]．长沙:国防科技大学,2017.

[29] 王茂才,等．成像卫星任务规划与调度算法研究[M]．北京:科学出版社,2016.

[30] 王建江,胡雪君．对地观测卫星不确定任务规划[M]．北京:科学出版社,2019.

[31] 张冰．面向多源信息协同探测的成像卫星任务规划及覆盖性能分析技术研究[D]．长沙:国防科技大学,2014.

[32] 牛力耕．高时效卫星管控技术研究[D]．西安:西安电子科技大学,2015.

[33] 许语拉．卫星成像观测任务聚类方法研究[D]．长沙:国防科技大学,2010.

[34] 刘锋,李琳,孟新．遥感卫星系统能力指标体系构建模式研究[J]．航天返回与遥感,2017,38(06):40-45.

[35] 韩成鸣,李耀东,史小康．云分析预报方法研究进展[J]．地球科学进展,2015,30(4):505-516.

[36] 王志信,黄鹏,林友明,等．面向遥感卫星数据获取应用的时间序列云量预测方法[J]．遥感信息,2014,29(3):08-13.

[37] 熊秋芬,胡江林,陈永义．天空云量预报及支持向量机和神经网络方法比较研究[J]．热带气象学报,2007,23(3):255-260.

[38] 胡邦辉,刘丹军,王学忠,等．最小二乘支持向量机在云量预报中的应用[J]．气象科学,2011,31(2):187-193.

[39] 赵文婧,赵中军,汪结华,等．基于支持向量机的云量精细化预报研究[J]．干旱气象,2016,34(3):568-574.

[40] 王志信,林友明,黄鹏,等．基于时间序列的中亚地区云量特征分类及云量变化趋势[J]．遥感技术与应用,2014,29(5):839-845.

[41] 王喆文,黄鹏,林友明．利用小波分解的时间序列云量预测方法[J]．遥感信息,2016,31(4):01-08.

[42] 刘健,王锡津．主要卫星云气候数据集评述[J]．应用气象学报,2017,28(6):654-665.

[43] 陈海山,孙照渤．陆面模式 CLSM 的设计及性能检验 II[J]．大气科学,2005.29(2):272-282.

[44] 张贺,林朝晖,曾庆存．IAP AGCM-4 动力框架的积分方案及模式检验[J]．大气科学,2009.33(6):1267-1285.

[45] 黄嘉佑．气象统计分析与预报方法[M]．北京:气象出版社,2004.

[46] Tiedtke M. The Sensitivity of the Time-mean Large-scale Flow to Cumulus Convection in the ECMWF Model[C]. Proc. ECMWF Workshop,1984.

[47] Beaunet G, Verfailie G, Charmeau M C. Feasibility of Autonomous Decision Making on Board an Agile Earth-oberving Satellite[J]. Computational Intelligence,2011,27(1)123-139.

[48] 刘晓路,何磊,陈英武. 中国系统工程学会第十八届学术年会论文集——A12 系统科学与系统工程理论在各个领域中的应用研究[C].[出版地不详]:[出版者不详], 2014:65-68.

[49] Lin W, Chang S. Hybrid Algorithms for Satellite Imaging Scheduling[C]. Proceedings of the IEEE International Conference on Systems, Man and Cybernetics, 2005.

[50] Sarkheyli A, Bagheri A, Ghorbani-Vaghei B, et al. Using an effective tabu search in interactive resources scheduling problem for LEO satellites missions[J]. Aerospace Science and Technology, 2013, 29(1):287-295.

[51] 安丰光,宋树华,程承旗,等. 基于地球剖分的卫星成像调度研究[J]. 测绘通报, 2014(2):30-33.

[52] 黄瀚. 基于成像卫星星座的任务规划方法研究[D]. 哈尔滨:哈尔滨工业大学, 2014.

[53] 何苗,贺仁杰. 考虑云层遮挡的敏捷成像卫星调度方法研究[J]. 科学技术与工程, 2013, 28(13):8373-8379.

[54] 何磊,刘晓路,陈英武,等. 面向敏捷卫星任务规划的云层建模及处理方法[J]. 系统工程与电子技术, 2016, 38(4):852-858.

[55] Bensana E, Verfaillie G, Michelon-Edery C, et al. Dealing with Uncertainty When Managing an Earth Observation Satellite[C]. European Space Agency, ESA SP, 1999, 440:205-210.

[56] Liao D, Yang Y. Satellite Imaging Order Scheduling with Stochastic Weather Condition Forecast[C]. Proceedings of the IEEE international Conference on System, Man and Cybernetics, 2005.

[57] 王海波,徐敏强,王日新,等. 灰色尹群系统求解多目标卫星观测调度问题[J]. 哈尔滨工业大学学报. 2010, 42(11):1686-1689.

[58] 王建江,胡雪君. 对地观测卫星不确定任务规划[M]. 北京:科学出版社, 2020.

[59] Barbulescu L, Watson J P, Whitley L D, Howe A E. Scheduling Space-Ground Communications for the Air Force Satellite Control Network[J]. Journal of Scheduling, 2004, 7(1):7-34.

[60] Barbulescu L, Howe A E, Whitley L D, et al. AFSCN Scheduling:How the Problem and Solution Have Evolved.[J] Mathematical and Computer Modeling, 2006, 43(9):1023-1037.

[61] 王钧. 成像卫星综合任务调度模型与优化方法研究[D]. 长沙:国防科技大学, 2007.

[62] 白保存,慈元卓,陈英武. 基于动态任务融合的多星观测调度方法[J]. 系统仿真学报, 2009, 21(9):2646-2649.

[63] 白保存,陈英武,贺仁杰,等. 基于分解优化的多星融合观测调度算法[J]. 自动化学报, 2009, 35(5):596-604.

[64] 徐雪仁,宫鹏,黄学智,等. 资源卫星(可见光)遥感数据获取任务调度优化算法研究[J]. 遥感学报, 2007, 11(1):109-114.

[65] 伍国华,马满好,王慧林,等. 基于任务聚类的多星观测调度方法研究[J]. 航空学报,2011,32(7):1275-1282.

[66] 郭玉华. 多类型对地观测卫星联合任务规划关键技术研究[D]. 长沙:国防科学技术大学,2009.

[67] 冷猛. 卫星对地观测需求分析方法及其应用研究[D]. 长沙:国防科学技术大学,2011.

[68] 马万权,张学庆,崔庆丰,等. 多用户对地观测需求统筹处理模型研究[J]. 测绘通报,2014(S1):141-143,162.

[69] 冉承新,王慧林,熊纲要. 航天测控资源优先级设计分析[J]. 中国空间科学技术,2009(3):78-83.

[70] 谈群,邱涤珊,李志猛,等. 卫星侦察需求价值量化的改进 STT 分析方法[J]. 火力与指挥控制,2012,(10):59-62.

[71] 陈书剑,李智,胡敏,等. 第六届高分辨率对地观测学术年会[C]. [出版地不详]:[出版者不详],2019:632-652.

[72] Walton J T. Models for the Management of Satellite-based Sensors[J]. Massachusetts Institute of Technology,1993.

[73] 李曦. 多星区域观测任务的效率优化方法研究[D]. 长沙:国防科学技术大学,2005.

[74] Kardoulas N G,Bird A C,Lawan A I. Geometric Correction of SPOT and Landsat Imagery:a Comparison of Map and GPS-derived Control Points[J]. Photogrammetric Engineering and Remote Sensing,1996,62(10):1173-1177.

[75] Kratky V. On-line Aspects of Stereophotogrammetric Processing of SPOT Images[J]. Photogrammetric Engineering and Remote Sensing,1989,55(3):311-316.

[76] Lemaître M,Verfaillie G,Jouhaud F,et al. Selecting and Scheduling Observations of Agile Satellites[J]. Aerospace Science and Technology,2002,6(5):367-381.

[77] 白国庆,白保存,徐一帆,等. 多星协同对区域目标观测的动态划分方法[J]. 测绘科学,2010,35(6):32-34.

[78] 郭玉华. 多类型对地观测卫星联合任务规划关键技术研究[D]. 长沙:国防科学技术大学,2009.

[79] 孙凯. 基于启发式算法的成像卫星星地联合调度问题研究[D]. 长沙:国防科学技术大学,2008.

[80] 黄小军,祝江汉,马满好. 基于变邻域搜索的电子侦察卫星动态调度问题研究[J]. 科学技术与工程,2010(14):102-106.

[81] 阮启明. 面向区域目标的成像侦察卫星调度问题研究[D]. 长沙:国防科学技术大学,2006.

[82] 王炎娟,张辉. 基于遗传算法的成像侦察卫星调度问题研究[J]. 兵工自动化,2008

(10):83-85,91.

[83] 王炎娟,张辉. 对地观测卫星成像调度与约束修正方法研究[D]. 长沙:国防科学技术大学,2007.

[84] 王沛,谭跃进. 多星联合对地观测调度问题的列生成算法[J]. 系统工程理论与实践,2011,31(10):1932-1939.

[85] 贺仁杰. 成像侦察卫星调度问题研究[D]. 长沙:国防科学技术大学,2004.

[86] 经飞. 卫星联合观测的资源配合模型及决策算法[D]. 长沙:国防科学技术大学,2010.

[87] 郭玉华,李军,赵珂,等. 多星联合任务规划中的启发式求解方法研究[J]. 宇航学报,2009,30(2):652-659.

[88] 靳肖闪,李军,王钧,等. 基于随机搜索与松弛方法的多卫星联合成像优化调度研究[J]. 兵工学报,2009,30(1):49-55.

[89] 李军,郭玉华,王钧,等. 基于分层控制免疫遗传算法的多卫星联合任务规划方法[J]. 航空学报,2010(08):142-151.

[90] 谢平. 敏捷成像卫星自主调度技术综述[J]. 宇航学报,2019,40(2),127-138.

[91] 张新伟,戴君,刘付强. 敏捷遥感卫星工作模式研究[J]. 航天器工程,2011,20(4):32-38.

[92] 董轩鸿. 敏捷光学成像卫星多类型任务组合规划方法研究[D]. 哈尔滨:哈尔滨工业大学,2017.

[93] 杜彬. 敏捷成像卫星任务规划方法研究[D]. 南京:南京航空航天大学,2019.

[94] 郭雷. 敏捷卫星调度问题关键技术研究[D]. 武汉:武汉大学,2015.

[95] 向仍湘. 敏捷卫星任务调度技术研究[D]. 长沙:国防科学技术大学,2010.

[96] 潘小彤. 敏捷光学成像卫星多目标任务规划方法研究[D]. 哈尔滨:哈尔滨工业大学,2013.

[97] Nash J. Non Cooperative Games[J]. Annals of Mathematics,1951,54(2):286-295.

[98] 邱涤珊,谈群,马满好,等. 卫星成像侦察需求满足度评价方法研究[J]. 计算机工程,2012,38(8):256-259.

[99] 沈如松,张育林. 光学成像侦察卫星作战效能分析[J]. 火力与指挥控制,2006,31(1):16-20.

[100] 舒宇. 基于能力需求的武器装备结构建模方法与应用研究[D]. 长沙:国防科学技术大学,2009.

[101] 李云芝,罗小明,彭征明,等. 航天装备体系作战效能评估研究[J]. 装备指挥技术学院学报,2003,14(2):24-28.

[102] 陈浩光,李云芝. 武器系统效能评估与评估创新[J]. 装备指挥技术学院学报,2004,15(4):1-5.

[103] 刘锋. 遥感卫星系统任务效能评估方法研究[D]. 北京:中国科学院国家空间科学中心,2017.

[104] 李颖,张占月,陈庆华. 基于VFT和BN组合方法的空间对地观测系统效能评估[J]. 军事运筹与系统工程,2012,26(1):61-66.

[105] 李怡勇,李智,管清波,等. 武器装备体系贡献度评估刍议与示例[J]. 装备学院学报,2015(4):5-10.

[106] 原伟强,陆军,匡纲要. 侦察与监测系统效能评估[J]. 火力与指挥控制,2004,29(6):68-72.

[107] 贺东雷,李国平,侯宇葵. 天基对地观测系统效能评估初探[J]. 中国空间科学技术,2014(1):18-25.

[108] 陈世平. 关于遥感图像品质的若干问题[J]. 航天返回与遥感,2009,30(2):10-17.

[109] 秦国政,马益杭,郝胜勇,等. 基于层次分析法的天基信息应用效能评估研究[J]. 指挥与控制学报,2015,1(3):335-340.

[110] 唐铁军,徐浩军. 应用兰彻斯特法进行体系对抗效能评估[J]. 火力与指挥控制,2007,32(8):52-54.

[111] 巫兆聪,徐卓知,杨帆. 遥感卫星应用需求满足度的模糊评估[J]. 应用科学学报. 2015,33(3):299-308.

[112] 日本遥感研究会. 遥感精解[M]. 北京:测绘出版社,2011.

[113] Hurley M B,Jones Peter. Performance Assessment of the C2ISR Enterprise [R/OL]. [2011-03-22]http://www.dodccrp.org/events/12th_ICCRTS/CD/html/papers/016.ppt.

[114] Perry Walter,Signori David,Boon John. Exploring Information Superiority:A Methodology for Measuring the Quality of Information and its Impact on Shared Awareness[R/OL]. [2011-03-06]http://www.rand.org/pubs/monograph_reports/2005/MR1467.pdf.

[115] 刘晨涛,项磊,朱国权. 第三十一届中国控制大会论文集[C]. [出版地不详]:[出版者不详],2012:2851-2854.

[116] 沈如松,张育林. 基于Petri网的航天装备体系作战效能评估方法[J]. 系统仿真学报,2005,17(3):538-541.

[117] 徐培德,汪彦明. 卫星军事应用系统作战效能评估的网络层次分析法研究[J]. 海军工程大学学报,2006,18(5):37-42.

[118] 陈浩光,秦大国,李云芝. 军用卫星系统效能评估的基本原则与方法研究[J]. 装备指挥技术学院学报,2001,12(2):27-30.

[119] 张荣,管清波,罗小明. 利用影响图方法进行卫星应用效能评估[J]. 指挥技术学院学报,2002,13(2):36-40.

[120] 军情. 全球作战——21世纪美国空军远景[J]. 太空探索,2000(11):44-45.

[121] 黄树彩,周延延,韦刚. 基于天基信息的反导作战效能分析[J]. 系统工程与电子技

术,2009,31(10):2414-2417.

[122] 陈浩光,罗小明,吴嵘.军事卫星信息支援下飞机攻地作战效能评估的数学模型[J].装备指挥技术学院学报,2001,12(3):76-79.

[123] 吴炜琦,张育林.支持导弹作战的天基信息系统效能评估方法[J].装备指挥技术学院学报,2006,17(2):52-56.

[124] 项磊,杨新,等.基于层次分析法与模糊理论的卫星效能评估[J].计算机仿真,2013,30(2):55-61.

[125] 王玉菊,岳丽军.基于模糊层次分析法的卫星探测效能评估算法[J].系统仿真学报,2012,24(8):1665-1668.

[126] 孟锦,李千目,张宏.基于ADC模型的侦察卫星效能评估研究.计算机科学,2009,36(6):41-43.

[127] 杨峰.面向效能评估的平台级体系对抗仿真跨层次建模方法研究[D].长沙:国防科学技术大学,2003.

[128] 付东,方程,王震雷.作战能力与作战效能评估方法研究[J].军事运筹与系统工程,2006(12)

[129] 秦国政,马益杭,郝胜勇,等.第一届中国空天安全会议论文集[C].[出版地不详]:[出版者不详],2015:138-142.

[130] 赵超,文传源.作战系统综合效能评估方法探索[J].电光与控制,2001(1):63-6.

[131] 高尚,娄寿春.武器系统效能评定方法综述[J].系统工程理论与实践,1998(7):109-114.

[132] Lemaitre M,Verfaillie G,Jouhaud F. How to Manage the New Generation of Agile Earth Observation Satellites[C]. In the Proceedings of SpaceOPS 2000,Toulouse,France,2000.

[133] Bianchessi N. Planning and Scheduling Problems for Earth Observation Satellite: Models and algorithms[D]. Milan:Milan University,2006.

[134] Bianchessi N,Cordeau J F,Desrosiers J,et al. A Heuristic for the Multi-Satellite, Multi-Orbit and Multi-User Management of Earth Observation Satellites[J]. European Journal of Operational Research,2007,177:750-762.

[135] 袁孝康.星载合成孔径雷达导论[M].北京:国防工业出版社,2004.

[136] 保铮,等.雷达成像技术[M].北京:电子工业出版社,2005.

[137] 黄岩,陈杰,等.高分辨率星载总体参数分析[J].宇航学报,1999,3(4):26-30.

[138] 徐辉.星载SAR系统参数设计[D].南京:南京电子技术研究所,2014.

[139] 杨斌.星载雷达手工增益控制(MGC)数据管理系统的设计及关键技术研究[D].北京:北京邮电大学,2009.

[140] 李劲东,等.卫星遥感技术[M].北京:北京理工大学出版社,2018.

[141] 尹洪.基于数据驱动的卫星故障诊断关键技术研究[D].长沙:国防科学技术大

学,2015.

[142] 王嘉轶,闻新. 航天器故障诊断技术的研究现状与进展[J]. 航空兵器,2016,5:71-76.

[143] 秦巍,郭永富. 一种基于历史遥测数据的在轨卫星故障预警系统[J]. 航天器工程,2010,19(06):40-45.

[144] 王晓峰,毛德强,冯尚聪. 现代故障诊断技术研究综述[J]. 中国测试,2013,39(6):93-98.

[145] 邵继业. 基于模型的故障诊断方法研究及在航天中的应用[D]. 哈尔滨:哈尔滨工业大学,2009.

[146] 王东. 基于数据驱动的卫星电源系统故障诊断研究[D]. 南京:南京航空航天大学,2015.

[147] 卞德坤. 基于信号处理的卫星故障诊断方法研究[D]. 沈阳:沈阳理工大学,2016.

[148] 王振华. 卫星姿态控制系统故障诊断方法研究[D]. 哈尔滨:哈尔滨工业大学,2010.

[149] 王继彪. 航天器单组元推进系统故障诊断方法研究及实现[D]. 哈尔滨:哈尔滨工业大学,2012.

[150] 唐琪佳. 卫星在轨状态综合检测及可视化技术[D]. 上海:上海交通大学,2013.

[151] 闻新,张兴旺,秦钰琦,等. 国外航天器在轨故障模式统计与分析[J]. 质量与可靠性,2014(6):13-18.

[152] 郭小红,徐小辉,赵树强,等. 基于新息灰预测的卫星遥测参数状态预测及应用[J]. 宇航学报,2010(8):1939-1943.

[153] 罗荣蒸,孙波,张雷,等. 航天器预测与健康管理技术研究[J]. 航天器工程,2013,22(4):95-102.

[154] Pecht M. Prognostics and Health Management of Electronics[J]. Encyclopedia of Structural Health Monitoring,2009:222-229.

[155] 彭宇,刘大同. 数据驱动故障预测和健康管理综述[J]. 仪器仪表学报,2014,35(3):481-495.

[156] 韩东,杨震,许葆华. 基于数据驱动的故障预测模型框架研究[J]. 计算机工程与设计,2013,34(3):1054-1058.

[157] Mcmahon P,Lavèn R. Results from 10 Years of Reaction/momentum Wheel Life Testing[C]. 11th European Space Mechanisms and Tribology Symposium,ESMATS 2005:299-305.

[158] 刘强. 基于失效物理的性能可靠性技术及应用研究[D]. 长沙:国防科学技术大学,2011.

[159] 田静. 基于动态故障树的卫星姿态控制系统寿命预测方法研究[D]. 南京:南京航

空航天大学,2016.

[160] Wang X J, Yang S L, et al. Dynamic GM(1,1) Model Based on Cubic Spline for Electricity Consumption Prediction in Smart Grid. 中国通信,2010,7(4):83-88.

[161] Lu J, Wang C, Zhang A, et al. Residual GM(1,1) Model-Based Prediction Method for Chaotic Time Series[J]. Journal of Grey System,2012,24(4):379-388.

[162] Dai C, Pi D, Fang Z, et al. A Novel Long-Term Prediction Model for Hemispherical Resonator Gyroscope's Drift Data[J]. Sensors Journal IEEE,2014,14(6):1886-1897.

[163] 房红征,史慧,韩立明,等. 基于粒子群优化神经网络的卫星故障预测方法[J]. 计算机测量与控制,2013,21(7):1730-1733.

[164] 马凯航,高永明,李磊,等. 基于遥测数据的在轨卫星性能预测方法研究[J]. 现代电子技术,2017,40(21):1-5,9.

[165] 范俊. 基于支持向量机的动量轮寿命预测方法研究[D]. 长沙:国防科学技术大学,2013.

[166] 钟足华. 卫星遥测时序数据中预测算法研究[D]. 南京:南京航空航天大学,2015.

[167] 李培华,杨海龙,孙伶俐,等. 灰预测与时间序列模型在航天器故障预测中的应用[J]. 计算机测量与控制,2011,19(1):111-113.

[168] 肖飞. 基于时间序列分析和智能算法的故障预测方法研究[D]. 北京:北京化工大学,2014.

[169] 戴维夫. 卫星在轨状态异变的演变趋势分析与预测算法研究[D]. 北京:电子科技大学,2016.

[170] Liu D, Luo Y, Peng Y, et al. Lithium-ion Battery Remaining Useful Life Estimation based on Nonlinear AR Model Combined with Degradation Feature[C]. Annual Conference of Prognostics and Health Management Society,2012:1-7.

[171] 吴明辉,许爱强,周小程,等. 基于时间序列分析的动调陀螺仪故障预测研究[J]. 计算机测量与控制,2014,22(2):321-324.

[172] 王建江,朱晓敏,吴朝波,等. 面向应急条件的多星动态调度方法[J]. 航空学报,2013,34(5):1151-1164.

[173] Wang J J, Zhu X M, Wu C B, et al. Multi-satellite Dynamic Scheduling Method for Emergencies.[J] Acta Aeronautica et Astronautica Sinica,2013,34(5):1151-1164.

[174] 郭超,熊伟,刘呈祥. 基于优先级与时间裕度的卫星应急观测任务规划[J]. 电讯技术,2016,56(7):744-749.

[175] 贺川,邱涤珊,朱晓敏,等. 基于滚动优化策略的成像观测卫星应急调度方法[J]. 系统工程理论与实践,2013,33(10):2685-2694.

[176] 陈金勇. 航天对地观测运行机制与快速响应系统研究[J]. 无线电工程,2017,47(2):1-6.

[177] 刘晓丽,杨斌,高朝晖,等. 遥感卫星滚动式动态任务规划技术[J]. 无线电工程,2017,47(9):68-72.

[178] 刘晓丽,白晶,高朝晖. 第十六届全国遥感遥测遥控学术年会论文集[C].[出版地不详]:[出版者不详],2018:147-151.

[179] 王鹏,刘晓东,郭建恩,等. 面向突发事件的遥感卫星动态管控模式[J]. 无线电工程,2015,45(11):60-63.

[180] 杨正磊,张海威,王瑞花,等. 应急条件下星地资源综合运用模式研究[J]. 航天器工程,2017,26(1):6-11.

[181] 杨正磊,钟文冬,席涛,等. 面向应急需求的成像卫星单任务综合规划[J]. 系统工程与电子技术,2018,40(9):2000-2003.

[182] 张学庆,马万权,高朝晖,等. 卫星管理控制体系结构研究[J]. 无线电工程,2006,36(5):36-38.

[183] 刘洪刚. 基于SOA的卫星地面管控中心设计[J]. 计算机与网络,2014,40(14):49-51.

[184] 王士成. 卫星运行控制系统混合模式架构研究[J]. 无线电工程,2013,43(3):1-23.

[185] 高朝晖,张琦,陈金勇,等. 支持插件扩展的卫星任务管控平台研究[J]. 无线电工程,2015,45(3):41-44.